JN098483

―― 読者の皆様へ ――

本書に登場する新人は，電験道場で先輩の指導を受けながら，電気主任技術者の修行をしています．電験3種を受けるべく日々学習していますが，難解な試験であると自覚しているところです．身近に先輩がいるので，折につけ質問しようとしますが，なかなか的を射た質問は難しいと思っているのです．

そこで，先輩はアドバイスを送ります．「電験を攻略するためには，ある問題に対して，それはなぜこうなるのかという疑問をもったならば，その解決のために，参考書で調べて考えるという地道な努力が必要となるわ．それは，電気という学問が，他の学問に比べて奥が深く，複雑な現象があるからよ．日々の努力を継続することによって，おぼろげだった電気の本質に，くっきりと焦点が合ってくるようになるわ．このときが，本当にわかったということなのよ．」

「なぜこんな解き方をするのだろうか．その根拠は何なのだろうか．」と，疑問は次々に沸いてくるものです．疑問を解決したら，その先の疑問が出てきます．これに対して質問する力が大切なのです．最初はどうやって質問したらいいか，それがわからないものです．質問の仕方は，最初は下手でもいいのです．的確な質問ができるようになったら，問題解決のすぐそばまで来ていることになります．

電験3種合格を目指すことは，一つの志といえます．電験という高い険しい山を登るには，並々ならぬ精神力が必要となります．一度掲げた志を是非貫いてもらいたいと願っています．

電験学習では，奥深く強い探求心をもって臨まなくてはなりません．そこで筆者は，この難しい電験を少しでもわかりやすく紐(ひも)解くために工夫を加えております．文章だけでは理解しにくいことを，オリジナルなイラストにより補完し，読者の皆さんに伝えるべく努めています．そこで，電験初心者の方々に伝承したいテーマや，経験者の方々でも，何となくやり過ごしてしまっていて，“今さら，知らないとは言えないな”というような事がらについて解説します．

本書は，筆者が新人の頃から現在に至るまで，電験を通じて疑問に思ったことを調べてノートにまとめていたものや，その後，新たに取り組んで得た知識・自ら考案したアイデアなどを盛り込んでいます．いわば，筆者の経験の集大成です．

内容については，以下の点に留意してまとめました．

① 「理論」「電力」「機械」「法規」の４本立てとし，１テーマごと，見開きで解説しました．

② すべてのテーマにイラストを入れ，これを見ただけでも，イメージが膨らんできて，概要が理解できるよう工夫しました．

ここでは，“イラストでわかる　電験3種 疑問解決道場”と題し，電験3種を受験する人が知っておきたい基本的な項目を解説します．初めて受験する方は初歩的な学習として，何回か受験しても結果が得られていない方は知識の確認やレベルアップに活用していただきたいと思います．

なお本書は，2018年9月号から2020年1月号まで，電気計算に連載しました“イラスト版　電験3種の「素朴な，なぜ？」を解明する”をもとに加筆・修正を加え再編集したものです．わかりやすく，やさしい解説を心がけました．皆様の電験3種への理解の一助となれば，筆者の喜びとするところです．末尾ながら電気書院編集部はじめ，諸先輩のご指導のおかげで書籍化できたことに感謝し，お礼申し上げます．

2020年5月

武智 昭博

目　次

第1章 理　論

電気回路の疑問解決！

静電気の疑問解決！

施設管理の疑問解決！

第1章　　理　論

電気回路の疑問解決！

静電気の疑問解決！

電磁気の疑問解決！

電気計測の疑問解決！

電子回路の疑問解決！

電気回路の疑問解決！

1 回路にコイル（インダクタンス）があると，なぜ電流は遅れるのだろうか？

「先輩．電気回路にコイルが入っていると，なぜその電流は遅れるのですか．」

「最初はだれでも疑問に思うものよ．だけど，この説明は簡単ではないわ．電気磁気の理論と数学的知識が必要だからよ．」

「まず，コイルすなわちインダクタンス（L）のある回路を解明するわよ．これは電磁気の基本原理から導くことができるの．回路の電流が変化すると，磁束鎖交数も変化する．そしてファラデーの法則によって起電力が生じるわ．その方向はレンツの法則より，電流変化による磁束変化を妨げるように逆起電力が生じるのよ．この現象が自己誘導作用よ．」

「ここで，磁束鎖交数Φは回路の電流iに比例するから，$\Phi = Li$となる．このLを自己インダクタンスというのよ．したがって，逆起電力vは，

$$v = L\frac{\mathrm{d}i}{\mathrm{d}t}$$

$i = \sqrt{2}I\sin\omega t$ とすると

$$v = L\frac{\mathrm{d}(\sqrt{2}I\sin\omega t)}{\mathrm{d}t} = \sqrt{2}\omega LI\cos\omega t = \sqrt{2}\omega LI\sin\left(\omega t + \frac{\pi}{2}\right)$$

vはiより$\pi/2$進む．すなわち，iはvより$\pi/2$遅れることになるのよ（**第1図**参照）．」「うーん．こんな計算から証明できるのか．」

「このインダクタンスによって電流が遅れる原理を利用したものに，高圧の世界では調相設備があるわ．具体的には分路リアクトルや直列リアクトルね．分路リアクトルは送電線系統に接続して，系統の進相電流を打ち消すことができるので，フェランチ現象による系統電圧の上昇を抑制できるのよ．直列リアクトルは，高調波の抑制やコンデンサ投入時の突入電流を抑制できるわよ．」

「なるほど．電気理論はこんなふうに応用されているんだな．」

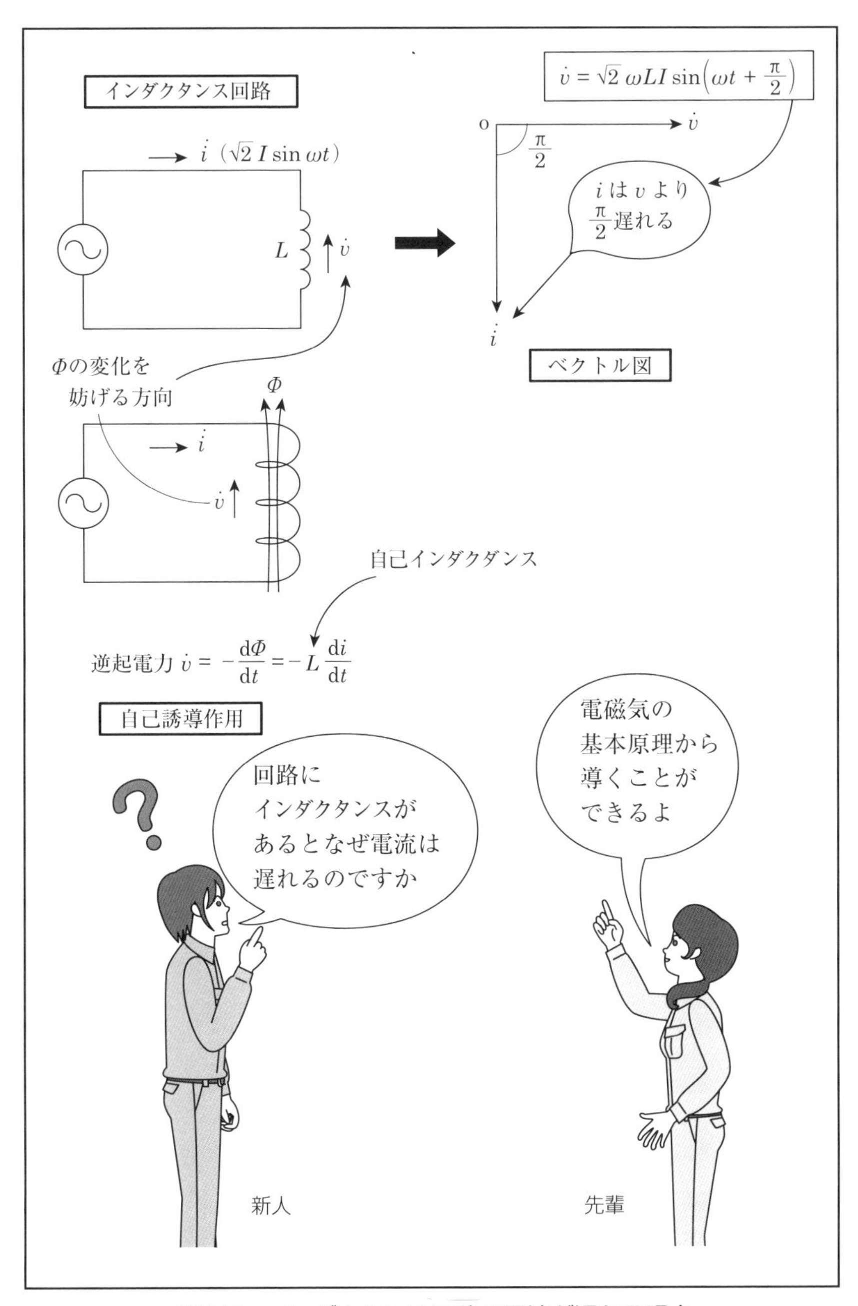

第１図　インダクタンス回路の電流が遅れる理由

2

電気回路の疑問解決！

回路にコンデンサ(静電容量)があると，なぜ電流は進むのだろうか？

「先輩．電気回路にコンデンサが入っていると，なぜその電流は進むのですか．」

「これも多数の人が疑問に思うものよ．これも説明は簡単ではないわ．静電気の理論と数学を使わなければ証明できないからね．」

「まず，コンデンサすなわち静電容量（C）のある回路を解明するわよ．これは静電気の基本原理から導くことができるのよ．そもそも電流とは，単位時間の電荷の移動量なの．言い方を変えれば，電流は電荷の時間的変化で表されるの．

数式で表すと，微分を使うことになるけど，次のようになるわ．

$$i = \frac{\mathrm{d}q}{\mathrm{d}t}$$

ここで，電圧をvとすると，$q = Cv$の関係があるから，

$$i = C\frac{\mathrm{d}v}{\mathrm{d}t}$$

$v = \sqrt{2}\,V\sin\omega t$とすると

$$i = C\frac{\mathrm{d}(\sqrt{2}\,V\sin\omega t)}{\mathrm{d}t} = \sqrt{2}\omega CV\cos\omega t = \sqrt{2}\omega CV\sin\left(\omega t + \frac{\pi}{2}\right)$$

よって，iはvより$\pi/2$進むことになるの（**第2図**参照）．」

「コンデンサの電流位相は，インダクタンスの位相と180°違っているから，両者は逆の作用をすることになるの．このコンデンサによって電流が進む原理を利用したものに，高圧の世界では調相設備があるわ．具体的には，高圧進相コンデンサがあるわね．身近なところでは，自家用変電所で負荷力率が遅れているときに，力率改善用として使われているわね．送電線では，系統の遅れ電流を打ち消すための直列コンデンサとしても使われているのよ．」

「そうか，コンデンサとインダクタンスは逆の働きをするんだな．」

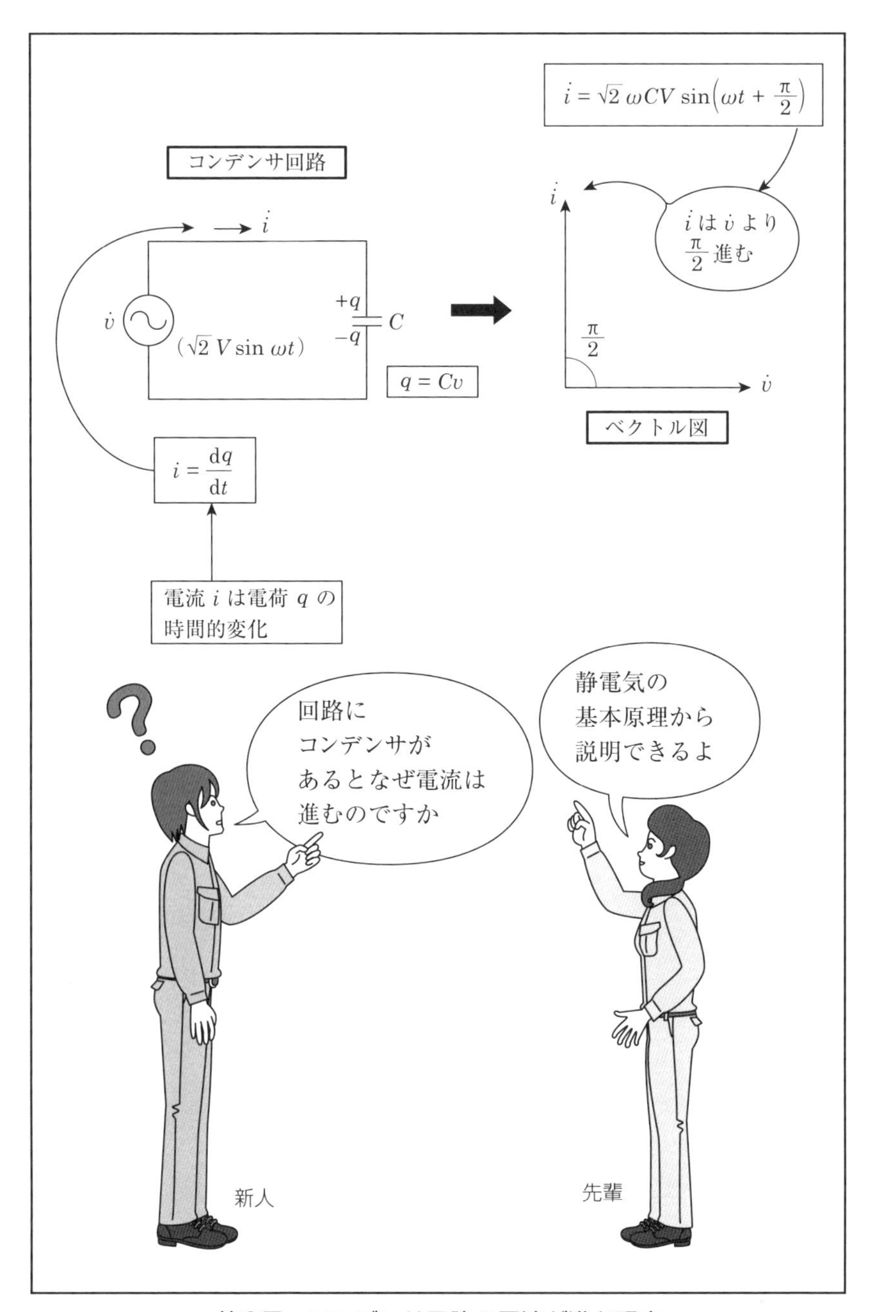

第2図　コンデンサ回路の電流が進む理由

3

電気回路の疑問解決！

過渡現象でコイルLとコンデンサCの動作はどのようになっているの？

「先輩．過渡現象の問題がよく出てきますが，コイルとコンデンサの動作はどのようになっているかよくわからないので，教えてください．」

「まず，コイルやコンデンサは抵抗とは違って，エネルギーの蓄積・放出があることを理解しなければならないわね．抵抗だけだと過渡現象は起こらない．これは抵抗がエネルギーを消費するだけで，蓄積することがないからよ．」

「コイルすなわちインダクタンスがある回路に直流電源を加えた場合，その瞬間，ファラデーの電磁誘導の法則により，逆起電力が発生するわ．インダクタンスには電流の変化を妨げようとする性質があるからよ．だから，電流が流れようとしても流れることはできないの．この現象をもっと深く解釈すると，インダクタンスは，電圧を加えた瞬間においては，開放状態と考えることができるの．その後，電流が流れるようになると（電流変化がなくなると），インダクタンスに逆起電力は生じなくなる．このときの状態は，インダクタンスは短絡していると考えることができるの．」

「コンデンサすなわち静電容量の場合は，インダクタンスの場合と逆の現象が起きるわ．直流電圧を加えた場合，その瞬間は，コンデンサには電荷が蓄えられていない．よって，その端子電圧はゼロである．この現象は別な視点から考えると，コンデンサは短絡状態であるといえるの．その後，電流が増加して，コンデンサの充電が始まり，充分に電荷が蓄えられると，それ以上電流は流れなくなるの．このことは，コンデンサは開放していると考えればいいのよ（**第3図**参照）．」

「過渡現象には数式が出てきて難しいようだけど，3種ではその物理的意味の理解が大切なのよ．」

「そうか．開放・短絡の考え方が大切なのか．」

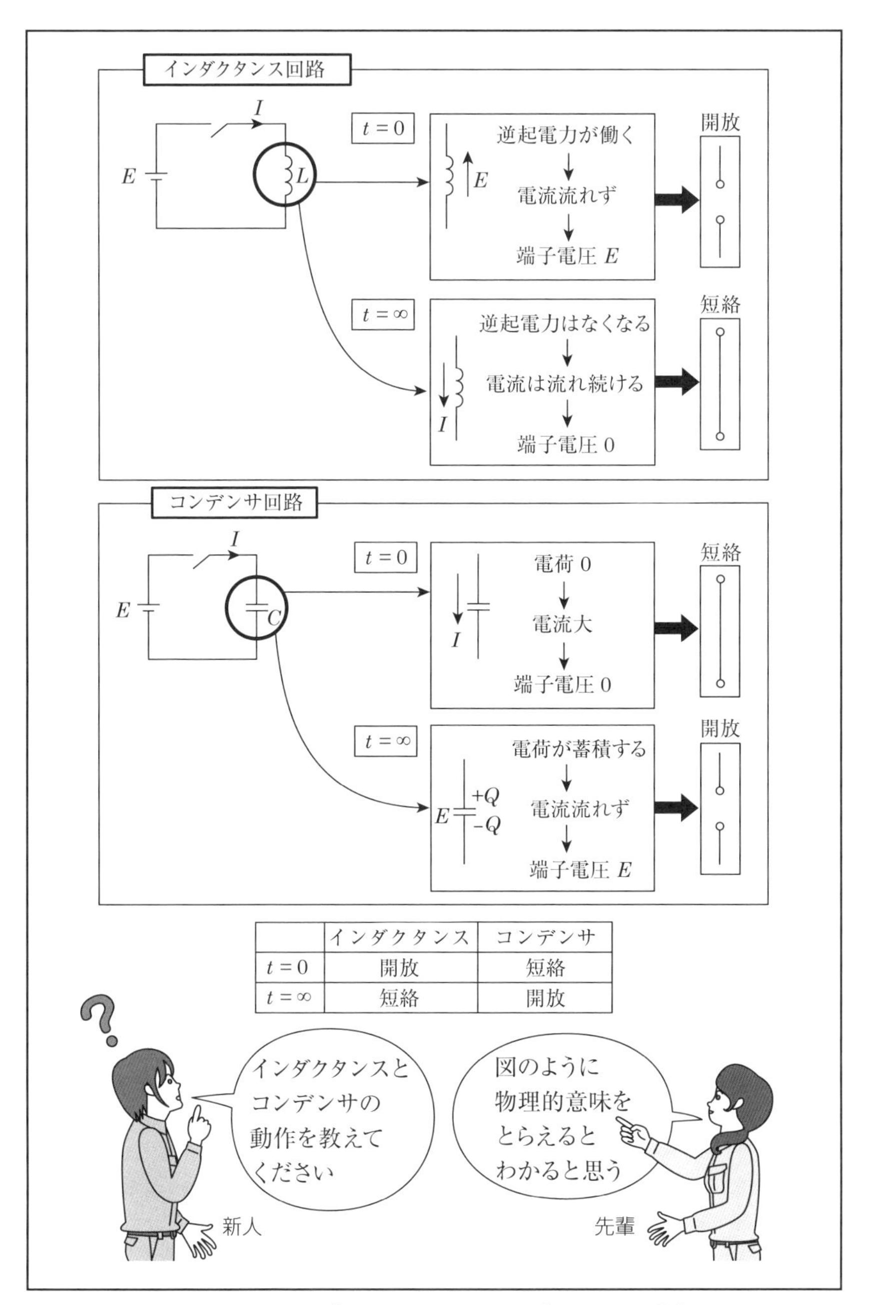

	インダクタンス	コンデンサ
$t=0$	開放	短絡
$t=\infty$	短絡	開放

第3図　インダクタンスLとコンデンサCの動作

4

電気回路の疑問解決！

RL 回路の電流，電圧の変化は基本原理から導くことができる！

「先輩．**第4図**の回路に抵抗RとインダクタンスLがあって，スイッチSを閉じたあとの電流，電圧はどのように変化するのですか．」

「それは過渡現象で，3種受験者には少し難しいかも知れないわ．正確に理解するには，微分方程式を解かないといけないの．難しいけど一応聞いていてね．回路方程式（微分方程式）は

$$Ri + L\frac{\mathrm{d}i}{\mathrm{d}t} = E,\quad i(t) = \frac{E}{R}(1 - \mathrm{e}^{-\frac{R}{L}t})\,[\mathrm{A}]$$

抵抗の端子電圧$e_{\mathrm{R}}(t)$ [V]は，　$e_{\mathrm{R}}(t) = Ri(t) = E(1 - \mathrm{e}^{-\frac{R}{L}t})\,[\mathrm{V}]$

コイルの端子電圧$e_{\mathrm{L}}(t)$ [V]は，　$e_{\mathrm{L}}(t) = E - e_{\mathrm{R}}(t) = E\mathrm{e}^{-\frac{R}{L}t}\,[\mathrm{V}]$

波形を表すと図のようになるわ．」

「うーん．難しいなー．」

「では，数式を使わないでわかりやすい説明にするわね．電磁気と回路を使ってね．」

「最初にスイッチを閉じると，インダクタンスLに電流が流れ，磁束が発生するけど，この磁束を妨げるように逆起電力が発生するの．直流電源Eに対して逆に電圧がかかるから，回路には電流が流れない．Lは開放状態となり，電流は0だよ．電源投入後充分時間が経過すると，Lの逆起電力はなくなる．すなわちLは短絡状態となって，回路にはRしか存在しないと考えていいの．電流はE/Rとなるわ．」

「抵抗の端子電圧は，最初，電流は流れないから0だね．時間が経つと電流はE/Rだから，$E/R \times R = E$だね．最初，電流が0で，Rの端子電圧は0となるからコイルの端子にはEが現れる．時間が経つとLは短絡状態になるから，Lの端子電圧は0だね．これを踏まえてグラフを描くといいわよ．」

「そうか．この問題は数式を使わなくても解けるのか．」

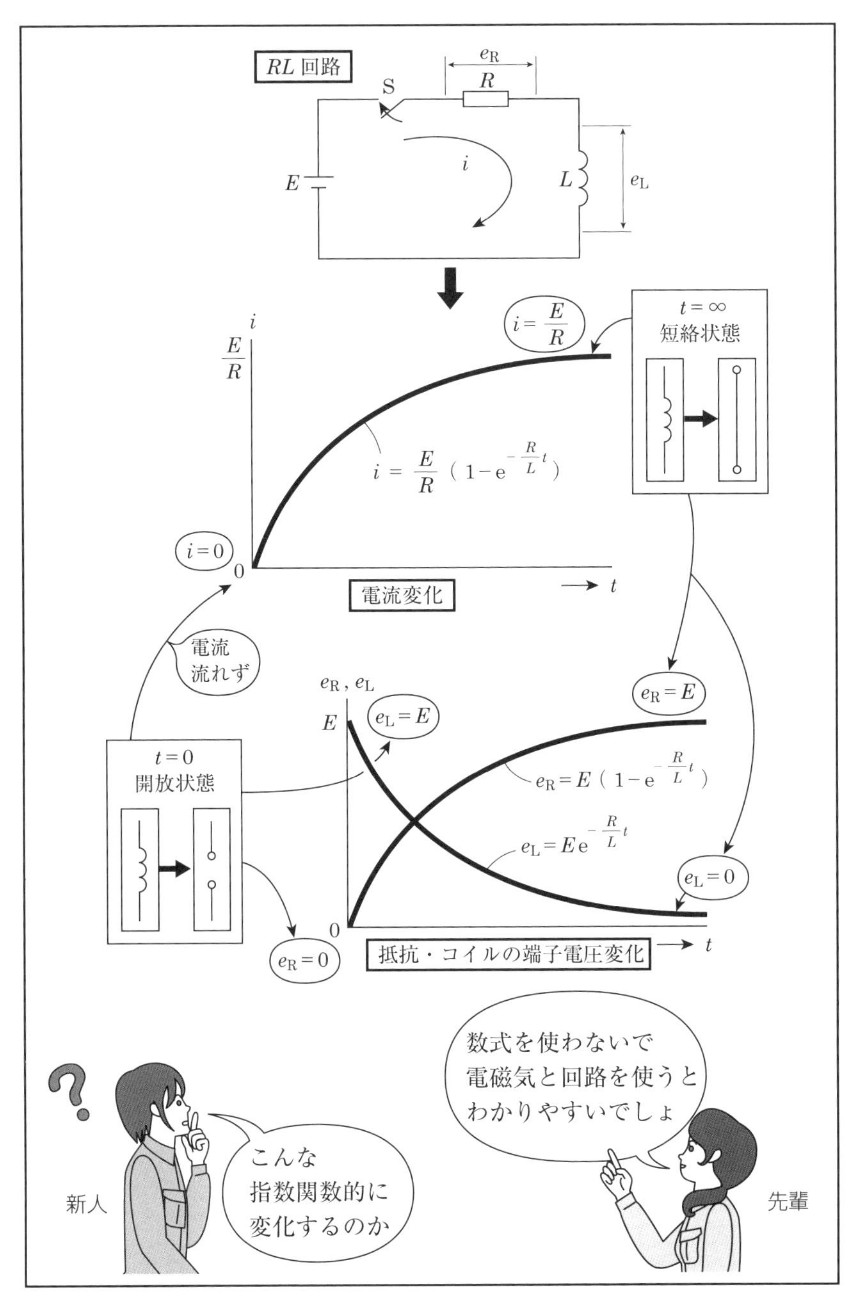

第4図　RL 回路の電流・電圧変化

電気回路の疑問解決！

5

*RC*回路の電流，電圧の変化も基本原理から導くことができる！

「先輩．第5図の回路に抵抗RとコンデンサCがあって，スイッチSを閉じたあとの電流，電圧はどのように変化するのですか．」

「これもRL回路同様に過渡現象で，3種受験者には少し難しいかも知れないわね．正確に理解するには，やはり微分方程式を解かないといけないの．

回路方程式（微分方程式）は，　$Ri+\dfrac{q}{C}=E$

$i=\mathrm{d}q/\mathrm{d}t$だから

$$R\frac{\mathrm{d}q}{\mathrm{d}t}+\frac{q}{C}=E \qquad q=CE(1-\mathrm{e}^{-\frac{t}{CR}}) \qquad i(t)=\frac{\mathrm{d}q}{\mathrm{d}t}=\frac{E}{R}\mathrm{e}^{-\frac{t}{CR}}\,[\mathrm{A}]$$

抵抗の端子電圧$e_{\mathrm{R}}(t)$ [V]は，　$e_{\mathrm{R}}(t)=Ri(t)=E\mathrm{e}^{-\frac{t}{CR}}\,[\mathrm{V}]$

コンデンサの端子電圧$e_{\mathrm{C}}(t)$ [V]は，

$$e_{\mathrm{C}}(t)=E-e_{\mathrm{R}}(t)=E(1-\mathrm{e}^{-\frac{t}{CR}})\,[\mathrm{V}]$$

波形を表すと図のようになるわ．」

「最初にスイッチを閉じた瞬時には，コンデンサCには電荷が蓄えられていないため，Cは短絡状態となり，その端子電圧は0である．よって，スイッチを閉じた瞬時には，電源電圧はすべて抵抗に加わることになるから，回路を流れる電流は，E/Rとなるわ．抵抗Rには電源電圧Eがかかるわね．」

「充分に時間が経過して，コンデンサの充電が完了するとCは開放状態となり，回路には電流が流れない．よって，Cの端子電圧は電源電圧Eに等しくなり，抵抗Rの端子電圧は0になるね．」

「これを踏まえて概略のグラフを描くと電流や各部の電圧の変化状況がわかると思うわ．」

「わかった．電験3種の過渡現象は，数式を使わないでも，こんなふうにその変化の物理的意味を解釈すればいいのか．」

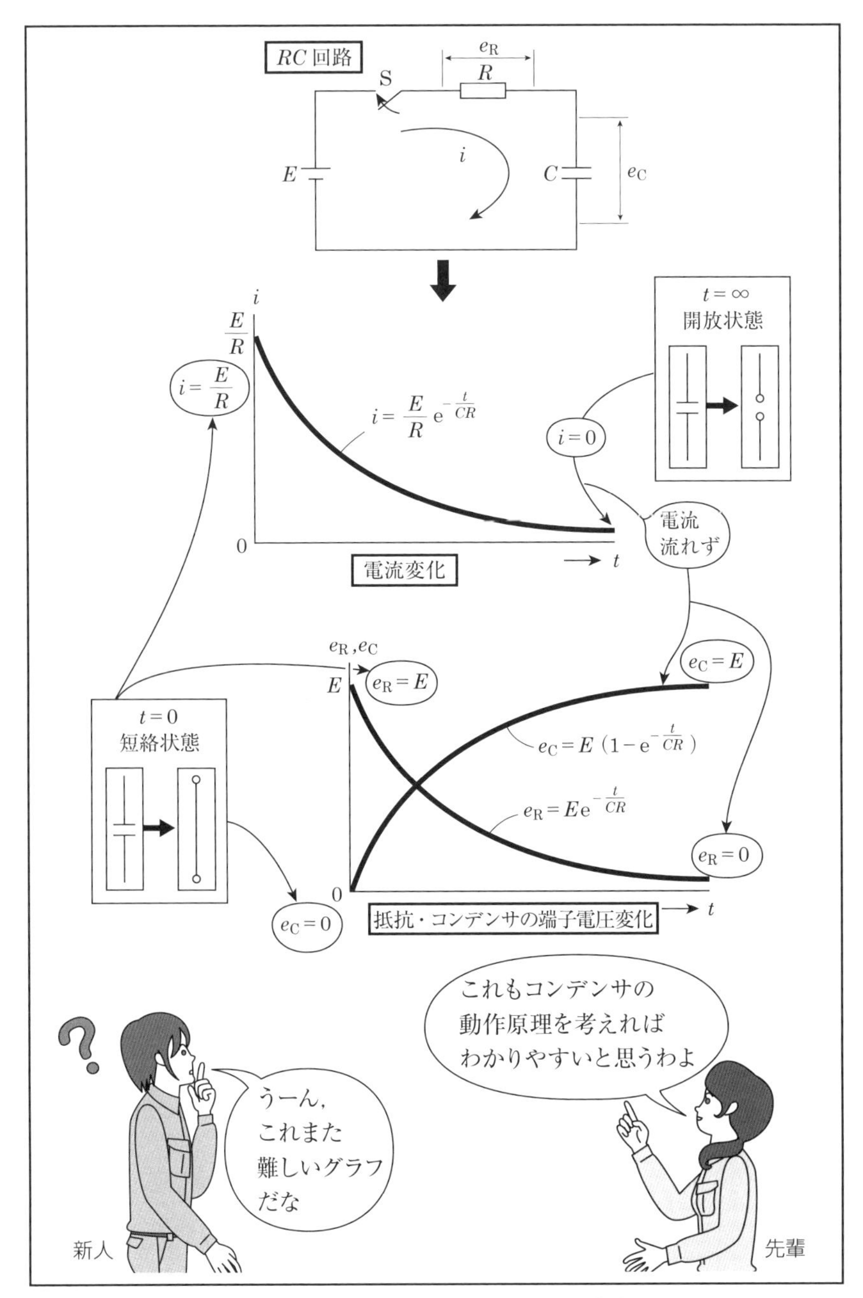

第5図　RC 回路の電流・電圧の変化

電気回路の疑問解決！　**6**

*RL*直列回路・*RL*並列回路のベクトル図は，どのようになるの？

「先輩．インダクタンスLのある回路のベクトル図では，電流$\dot{I}$は電圧$\dot{V}$より90°遅れることはわかったのですが，この回路に抵抗Rが入ると，どのようになるのですか？」

「では，RL直列回路について考えてみようね．この場合は，抵抗部の電圧を$\dot{V}_{\mathrm{R}}$，インダクタンス部の電圧を$\dot{V}_{\mathrm{L}}$とすると，

$\dot{V} = \dot{V}_{\mathrm{R}} + \dot{V}_{\mathrm{L}} = (R + \mathrm{j}\omega L)\dot{I}$　となるわね．

第6図のように，電流のベクトルは抵抗Rがある分だけ，$-90°$から$\dot{V}$の方向へ移動するの．ベクトル図の描き方は，まず$\dot{I}$に沿って$\dot{V}_{\mathrm{R}} = R\dot{I}$を描くの．その$\dot{V}_{\mathrm{R}}$から90°進んだ$\dot{V}_{\mathrm{L}} = \mathrm{j}\omega L\dot{I}$を描く．$\omega L\dot{I}$に$\mathrm{j}$をかけることは，90°進むことを表すからね．$\dot{V}$，$\dot{V}_{\mathrm{R}}$，$\dot{V}_{\mathrm{L}}$が三角形になるでしょ．これは，ベクトル的には，$\dot{V}$は$\dot{V}_{\mathrm{R}}$と$\dot{V}_{\mathrm{L}}$の和を表すことになるわ．90°遅れのインダクタンスLだけの遅れ電流$\dot{I}_{\mathrm{L}}$が，抵抗Rによって$\dot{V}$に近づくと考えればいいわ．つまり，$\dot{I}$は$\dot{V}$よりθ遅れるということなのよ．このように，直列回路のベクトル図は，電圧で考えるのよ．」

「次に，RL並列回路を考えてみるわね．並列回路のベクトル図は電流で考えるのよ．抵抗部の電流を$\dot{I}_{\mathrm{R}}$，インダクタンス部の電流を$\dot{I}_{\mathrm{L}}$とすると，

$$\dot{I} = \dot{I}_{\mathrm{R}} + \dot{I}_{\mathrm{L}} = \frac{\dot{V}}{R} + \frac{\dot{V}}{\mathrm{j}\omega L} = \left(\frac{1}{R} - \mathrm{j}\frac{1}{\omega L}\right)\dot{V}$$

ベクトル図の描き方は，まず$\dot{V}$に沿って$\dot{I}_{\mathrm{R}} = \dot{V}/R$を描くの．その$\dot{I}_{\mathrm{R}}$から90°遅れた$\dot{I}_{\mathrm{L}} = -\mathrm{j}\dot{V}/\omega L$を描く．$\dot{V}/\omega L$に$-\mathrm{j}$をかけることは，90°遅れることを表すわね．$\dot{I}$，$\dot{I}_{\mathrm{R}}$，$\dot{I}_{\mathrm{L}}$が三角形になるでしょ．これは，ベクトル的に考えると，$\dot{I}$は$\dot{I}_{\mathrm{R}}$と$\dot{I}_{\mathrm{L}}$の和を表すことになるわ．やはり，$\dot{I}$は$\dot{V}$よりθ遅れるということなのよ．」

「そうか．こんなふうに考えるのか．」

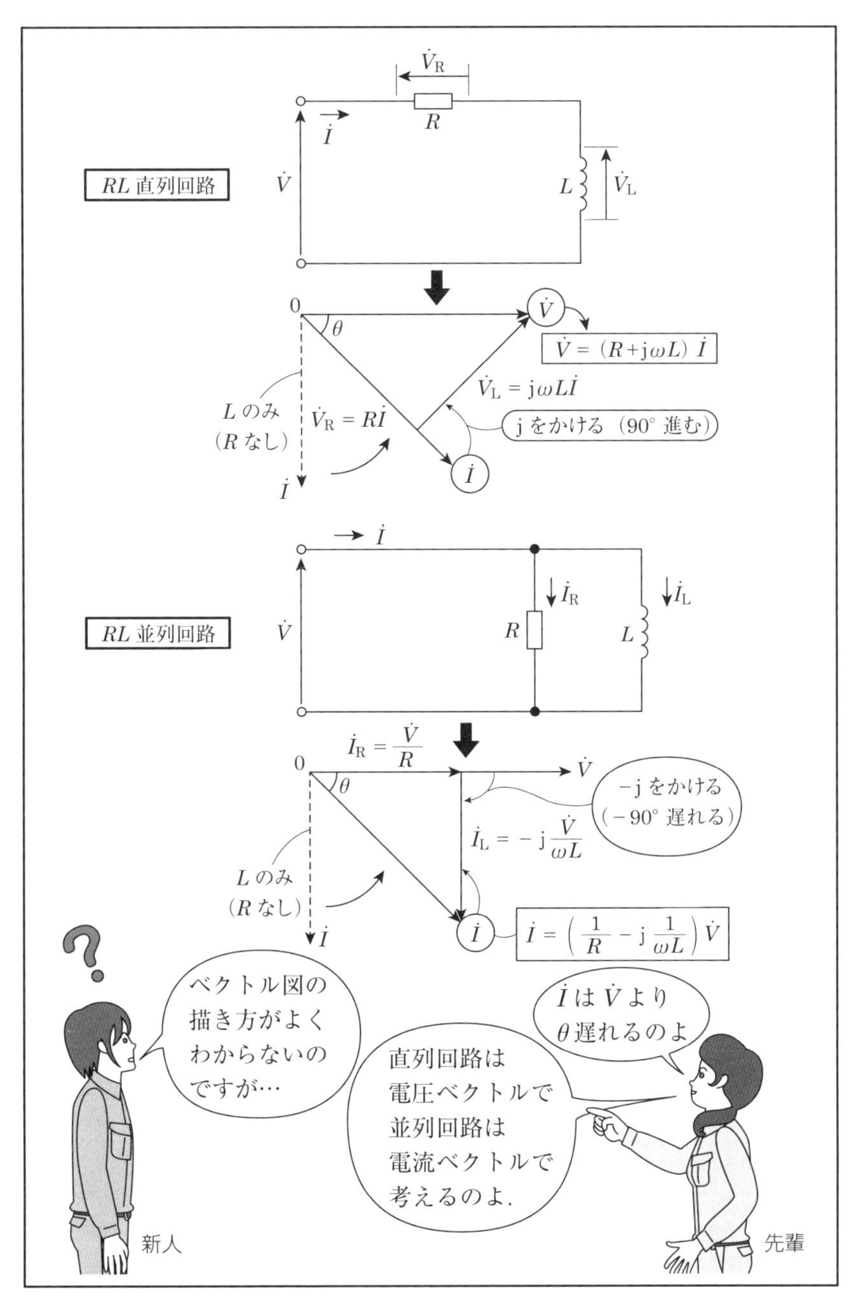

第6図　RL 直列回路・RL 並列回路のベクトル図

電気回路の疑問解決！

7

RC直列回路・RC並列回路のベクトル図は，どのようになるの？

「先輩．コンデンサCのある回路のベクトル図では，電流$\dot{I}$は電圧$\dot{V}$より90°進むことはわかったのですが，この回路に抵抗Rが入ると，どのようになるのですか？」

「では，RC直列回路について考えてみようね．この場合は，抵抗部の電圧を$\dot{V}_{\mathrm{R}}$，コンデンサ部の電圧を$\dot{V}_{\mathrm{C}}$とすると，

$$\dot{V} = \dot{V}_{\mathrm{R}} + \dot{V}_{\mathrm{C}} = \left(R - \mathrm{j}\frac{1}{\omega C}\right)\dot{I}$$ となるわね．

第7図のように，電流のベクトルは抵抗Rがある分だけ，+90°から$\dot{V}$の方向へ移動するの．ベクトル図の描き方は，まず$\dot{I}$に沿って$\dot{V}_{\mathrm{R}} = R\dot{I}$を描くの．その$\dot{V}_{\mathrm{R}}$から90°遅れた$\dot{V}_{\mathrm{C}} = -\mathrm{j}\dot{I}/\omega C$を描く．$\dot{I}/\omega C$に$-\mathrm{j}$をかけることは，90°遅れることを表すわね．$\dot{V}$，$\dot{V}_{\mathrm{R}}$，$\dot{V}_{\mathrm{C}}$が三角形になるでしょ．これは，ベクトル的には，$\dot{V}$は$\dot{V}_{\mathrm{R}}$と$\dot{V}_{\mathrm{C}}$の和を表すことになるわ．90°進みのコンデンサ$C$だけの進み電流$\dot{I}_{\mathrm{C}}$が，抵抗$R$によって$\dot{V}$に近づくと考えればいいわ．つまり，$\dot{I}$は$\dot{V}$より$\theta$進むということなのよ．このように，直列回路のベクトル図は，電圧で考えるのよ.」「次に，RC並列回路を考えてみるわね．並列回路のベクトル図は電流で考えるのよ．抵抗部の電流を$\dot{I}_{\mathrm{R}}$，コンデンサ部の電流を$\dot{I}_{\mathrm{C}}$とすると，

$$\dot{I} = \dot{I}_{\mathrm{R}} + \dot{I}_{\mathrm{C}} = \frac{\dot{V}}{R} + \frac{\dot{V}}{1/\mathrm{j}\omega C} = \left(\frac{1}{R} + \mathrm{j}\omega C\right)\dot{V}$$

ベクトル図の描き方は，まず$\dot{V}$に沿って$\dot{I}_{\mathrm{R}} = \dot{V}/R$を描くの．その$\dot{I}_{\mathrm{R}}$から90°進んだ$\dot{I}_{\mathrm{C}} = \mathrm{j}\omega C\dot{V}$を描く．$\omega C\dot{V}$に$\mathrm{j}$をかけることは，90°進むことを表すわね．$\dot{I}$，$\dot{I}_{\mathrm{R}}$，$\dot{I}_{\mathrm{C}}$が三角形になるでしょ．これは，ベクトル的に考えると，$\dot{I}$は$\dot{I}_{\mathrm{R}}$と$\dot{I}_{\mathrm{C}}$の和を表すことになるわ．やはり，$\dot{I}$は$\dot{V}$よりθ進むということなのよ.」

「そうか．考え方はRL回路と同じだな.」

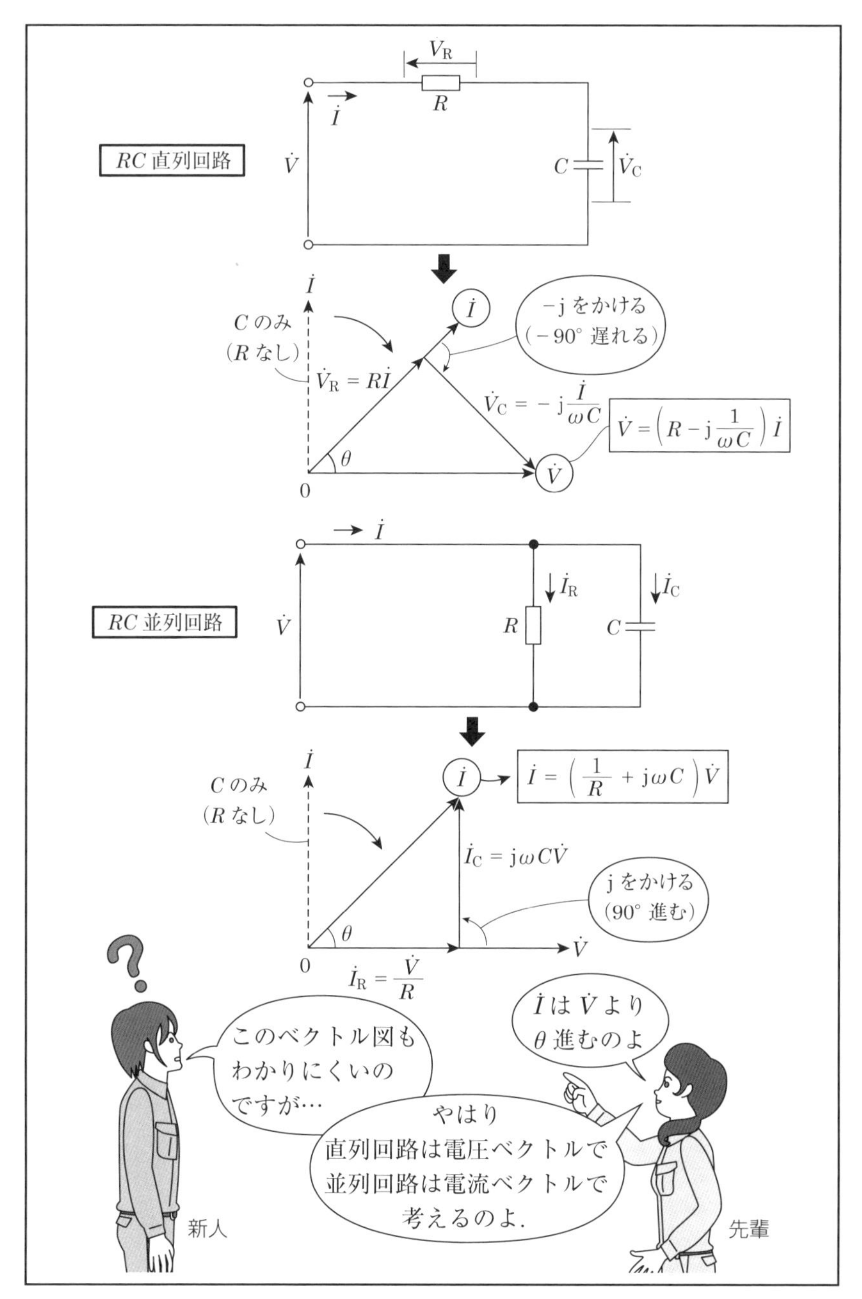

第7図　*RC*直列回路・*RC*並列回路のベクトル図

電気回路の疑問解決！

8

直列共振では，LとCは消えてしまうのだろうか？

「先輩．理論科目で直列共振が出てきたのですが，どのような現象なのですか？」「**第8図**のようなRLC直列回路において，インピーダンス$\dot{Z}$のリアクタンス部，すなわち虚数部が0となったときの状態を直列共振というのよ．式で表すと次のようになるわ．

$$\dot{Z}=R+\mathrm{j}\left(\omega L-\frac{1}{\omega C}\right)$$

の虚数部が0となるのは，$\omega L=1/\omega C$のときだね．

$$\omega_0=\frac{1}{\sqrt{LC}}\qquad f_0=\frac{1}{2\pi\sqrt{LC}}$$

となって，ω_0を共振角周波数，f_0を共振周波数というのよ．このときのインピーダンス$\left|\dot{Z}\right|$はRのみで最小となって，電流$\left|\dot{I}\right|$はE/Rとなり最大となるわ．」「はい．では，図の問題ではどのようになりますか．」

「電源電圧$\dot{E}$と電流$\dot{I}$が同相となる条件は，直列インピーダンスが抵抗のみで構成されて，リアクタンス部が0となるときね．先ほど説明したように，$\omega_0=1/\sqrt{LC}$となるから，これに数値を当てはめればいいのよ．」「直列共振時のベクトル図では，$\mathrm{j}\omega L$と$-\mathrm{j}1/\omega C$は相殺されて，リアクタンス部はなくなり，抵抗分だけが残ることになるの．したがって，見かけ上，LとCはないものと考えても差し支えないの．図のように，LとCは短絡状態と考えてよいことになるの．」

「えー．LとCは消えてしまうのですか．」

「そういうわけではないの．LとCには電流が流れているから，それぞれにエネルギーが蓄積されているの．」「うーん．LとCは存在しないようで，存在するのですね．」

「そうよ．回路上のトリックのようなものよ．電験の問題では，直列共振となる回路の特徴を見抜いて，L，Cを排除することなど，回路を簡素化して計算しやすくするテクニックが必要となってくるのよ．」

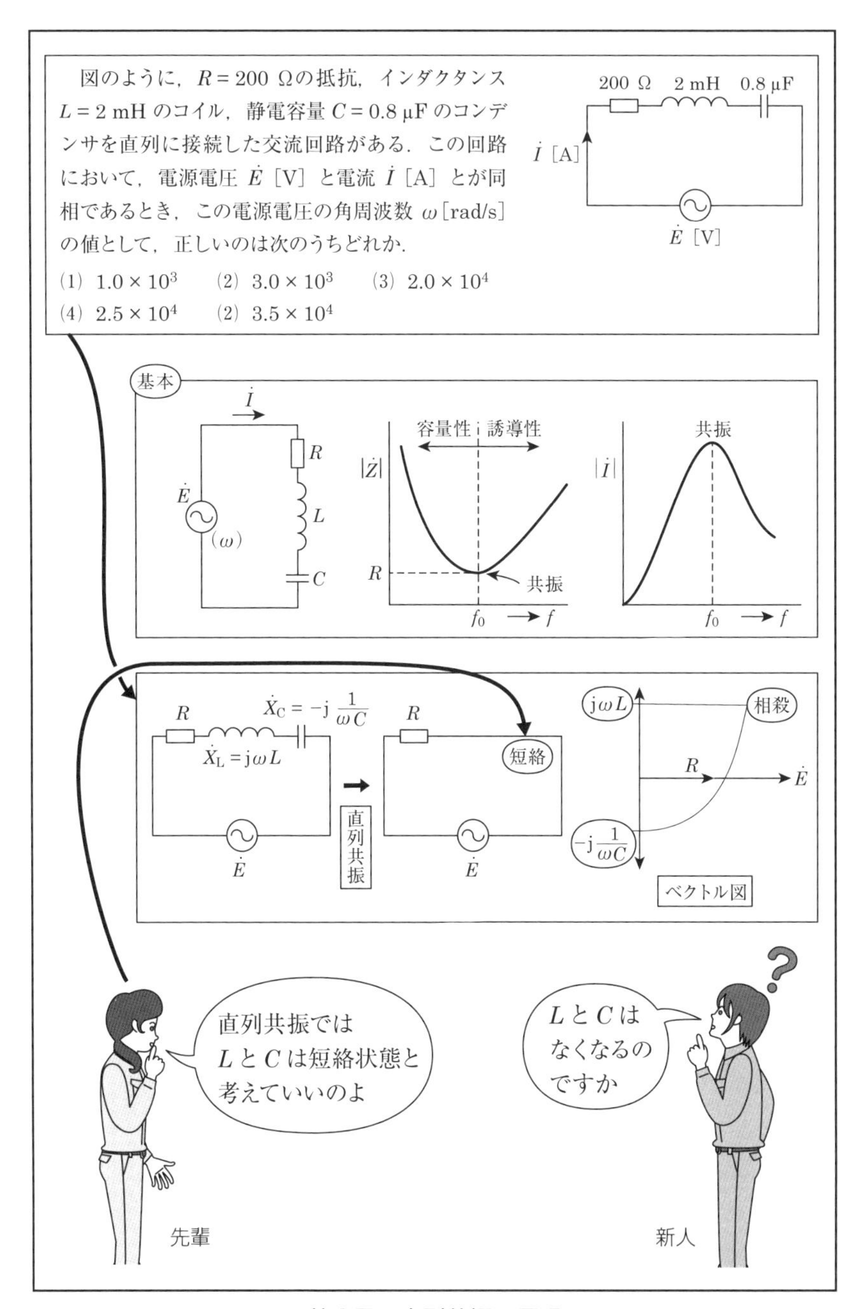
図のように，$R = 200$ Ωの抵抗，インダクタンス $L = 2$ mH のコイル，静電容量 $C = 0.8$ μF のコンデンサを直列に接続した交流回路がある．この回路において，電源電圧 $\dot{E}$［V］と電流 $\dot{I}$［A］とが同相であるとき，この電源電圧の角周波数 ω［rad/s］の値として，正しいのは次のうちどれか．
(1) 1.0×10^3　(2) 3.0×10^3　(3) 2.0×10^4
(4) 2.5×10^4　(2) 3.5×10^4
200 Ω
2 mH
0.8 μF
$\dot{I}$［A］
$\dot{E}$［V］
基本
$\dot{I}$
R
L
C
$\dot{E}$
(ω)
容量性
誘導性
$|\dot{Z}|$
R
共振
f_0
f
共振
$|\dot{I}|$
f_0
f
R
$\dot{X}_C = -j\dfrac{1}{\omega C}$
$\dot{X}_L = j\omega L$
$\dot{E}$
直列共振
R
短絡
$\dot{E}$
$j\omega L$
相殺
R
$\dot{E}$
$-j\dfrac{1}{\omega C}$
ベクトル図
直列共振では
L と C は短絡状態と
考えていいのよ
L と C は
なくなるの
ですか
?
先輩
新人

第8図　直列共振の原理

9

電気回路の疑問解決！

並列共振では，LとCは消えてしまうのだろうか？

「先輩．理論科目で並列共振が出てきたのですが，どのような現象なのですか？」「第9図のようにRLC並列回路において，アドミタンス$\dot{Y}$のサセプタンス部，すなわち虚数部が0となったときの状態を並列共振というのよ．式で表すと次のようになるわ．

$$\dot{Y}=\frac{1}{R}+\mathrm{j}\left(\omega C-\frac{1}{\omega L}\right)$$

の虚数部が0となるのは，$\omega C=1/\omega L$のときだね．

$$\omega_0=\frac{1}{\sqrt{LC}}\qquad f_0=\frac{1}{2\pi\sqrt{LC}}$$

となって，ω_0を共振角周波数，f_0を共振周波数というの．このときのアドミタンス$\left|\dot{Y}\right|$は$1/R$のみで最小となって，電流$\left|\dot{I}\right|$はV/Rで最小となり，その変化は$\left|\dot{Y}\right|$と同じ形よ．」「はい．図の問題ではどうなりますか．」

「コイルとコンデンサのリアクタンスを，X_L，X_Cとして，$f=10$ Hzで計算すると，$X_L=X_C$となり，並列共振となって，回路には抵抗R_1とR_2のみとなるわね．$f=10$ MHzで計算すると，$X_C=5\times10^{-6}$ $\Omega\fallingdotseq0$ Ωとなり，コンデンサは短絡状態と考えていいから，回路には抵抗R_1のみとなって簡素化できるの．」

「並列共振時のベクトル図は，$\mathrm{j}\omega C$と$-\mathrm{j}1/\omega L$は相殺されて，サセプタンス分はなくなり，コンダクタンス分だけが残ることになるの．したがって，見かけ上，LとCはないものと考えても差し支えないの．図のように，LとCは開放状態と考えてよいことになるのよ．」

「また，LとCは消えてしまうのですか．」

「そういうわけではないわ．LとCには電圧がかかっているから，それぞれにエネルギーが蓄積されているの．」「うーん．やはり，LとCは存在しないようで，存在するのですね．」「そうよ．このような考え方で，簡単な回路に直していくことができるのよ．」

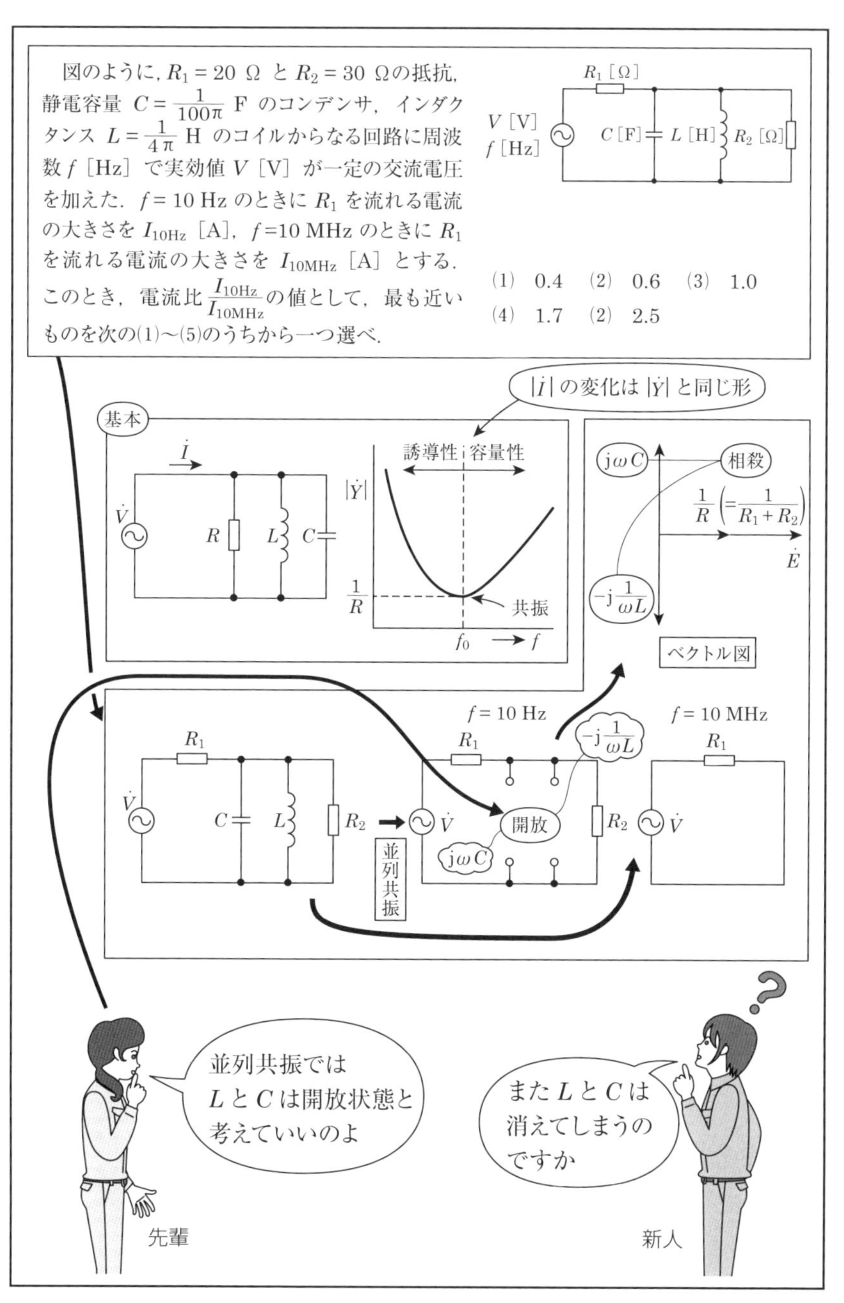
図のように，$R_1 = 20\ \Omega$ と $R_2 = 30\ \Omega$ の抵抗，静電容量 $C = \frac{1}{100\pi}$ F のコンデンサ，インダクタンス $L = \frac{1}{4\pi}$ H のコイルからなる回路に周波数 f［Hz］で実効値 V［V］が一定の交流電圧を加えた．$f = 10$ Hz のときに R_1 を流れる電流の大きさを $I_{10\mathrm{Hz}}$［A］，$f = 10$ MHz のときに R_1 を流れる電流の大きさを $I_{10\mathrm{MHz}}$［A］とする．このとき，電流比 $\frac{I_{10\mathrm{Hz}}}{I_{10\mathrm{MHz}}}$ の値として，最も近いものを次の(1)～(5)のうちから一つ選べ．
R_1［Ω］
V［V］
f［Hz］
C［F］
L［H］
R_2［Ω］
(1) 0.4 (2) 0.6 (3) 1.0
(4) 1.7 (2) 2.5
$|\dot{I}|$ の変化は $|\dot{Y}|$ と同じ形
基本
$\dot{I}$
$\dot{V}$
R
L
C
誘導性
容量性
$|\dot{Y}|$
$\frac{1}{R}$
共振
f_0
f
$\mathrm{j}\omega C$
相殺
$\frac{1}{R}\left(=\frac{1}{R_1+R_2}\right)$
$\dot{E}$
$-\mathrm{j}\frac{1}{\omega L}$
ベクトル図
$f = 10$ Hz
$f = 10$ MHz
R_1
R_2
並列共振
開放
$\mathrm{j}\omega C$
$-\mathrm{j}\frac{1}{\omega L}$
並列共振では
L と C は開放状態と
考えていいのよ
また L と C は
消えてしまうの
ですか
先輩
新人

第9図　並列共振の原理

10

電気回路の疑問解決！

なぜ△結線の線電流は相電流の$\sqrt{3}$倍になるの？

「先輩．電気回路の△結線で，テキストでは線電流が相電流の$\sqrt{3}$倍になるとなっていますが，その理由を教えてください．」

「そうね．これをわかりやすく解説しているテキストはあまり見当たらないわね．私が考えた，ベクトル図を使ったオリジナル解説をするわね．」

「まず，**第10図**のように△結線の頂点をa，b, cとおくわよ．そして線電流を$\dot{I}_{\mathrm{a}}$，$\dot{I}_{\mathrm{b}}$，$\dot{I}_{\mathrm{c}}$，相電流$\dot{I}_{\mathrm{ab}}$，$\dot{I}_{\mathrm{bc}}$，$\dot{I}_{\mathrm{ca}}$とするの．」

「次に相電流$\dot{I}_{\mathrm{ab}}$のベクトルの起点をaからbに移動して描き直すと，図1のようになるわね．ベクトルは大きさと方向が同じであれば，このように移動してもいいのよ．数学で習ったでしょ．」

「はい．思い出しました．こんなところに応用できるのですね．」

「$\dot{I}_{\mathrm{bc}}$，$\dot{I}_{\mathrm{ca}}$も同様にc，aを起点として描き直すの．そして，ここがポイントなのだけれど，今度は，$\dot{I}_{\mathrm{ab}}$，$\dot{I}_{\mathrm{bc}}$，$\dot{I}_{\mathrm{ca}}$のベクトルの始点を移動してつなげるのよ．そうすると，図2のようになるわね．0を起点として120°ずつ位相がずれた電流になったでしょ．」「はい．」

「ここで，キルヒホッフの第一法則から，

$$\dot{I}_{\mathrm{a}}=\dot{I}_{\mathrm{ab}}-\dot{I}_{\mathrm{ca}}$$

になるから，これを図2に適用すると，$\dot{I}_{\mathrm{a}}$は$\dot{I}_{\mathrm{ab}}$と$-\dot{I}_{\mathrm{ca}}$のベクトル和となるから，図3のようになるわね．ここで，三角形0bdに着眼して，図3のように辺の比を考えると，相電流2に対して線電流は$2\sqrt{3}$になるわね．」

「こういうわけで，線電流は相電流の$\sqrt{3}$倍になるというわけなの．」

「そうか．これならよくわかります．こんなベクトル的考え方があったのですね．」

「あとは，$\dot{I}_{\mathrm{b}}=\dot{I}_{\mathrm{bc}}-\dot{I}_{\mathrm{ab}}$，$\dot{I}_{\mathrm{c}}=\dot{I}_{\mathrm{ca}}-\dot{I}_{\mathrm{bc}}$だから，同様にベクトル図を描くといいわ．」

新人の今まで秘めていた疑問は，やっと解決したのである．

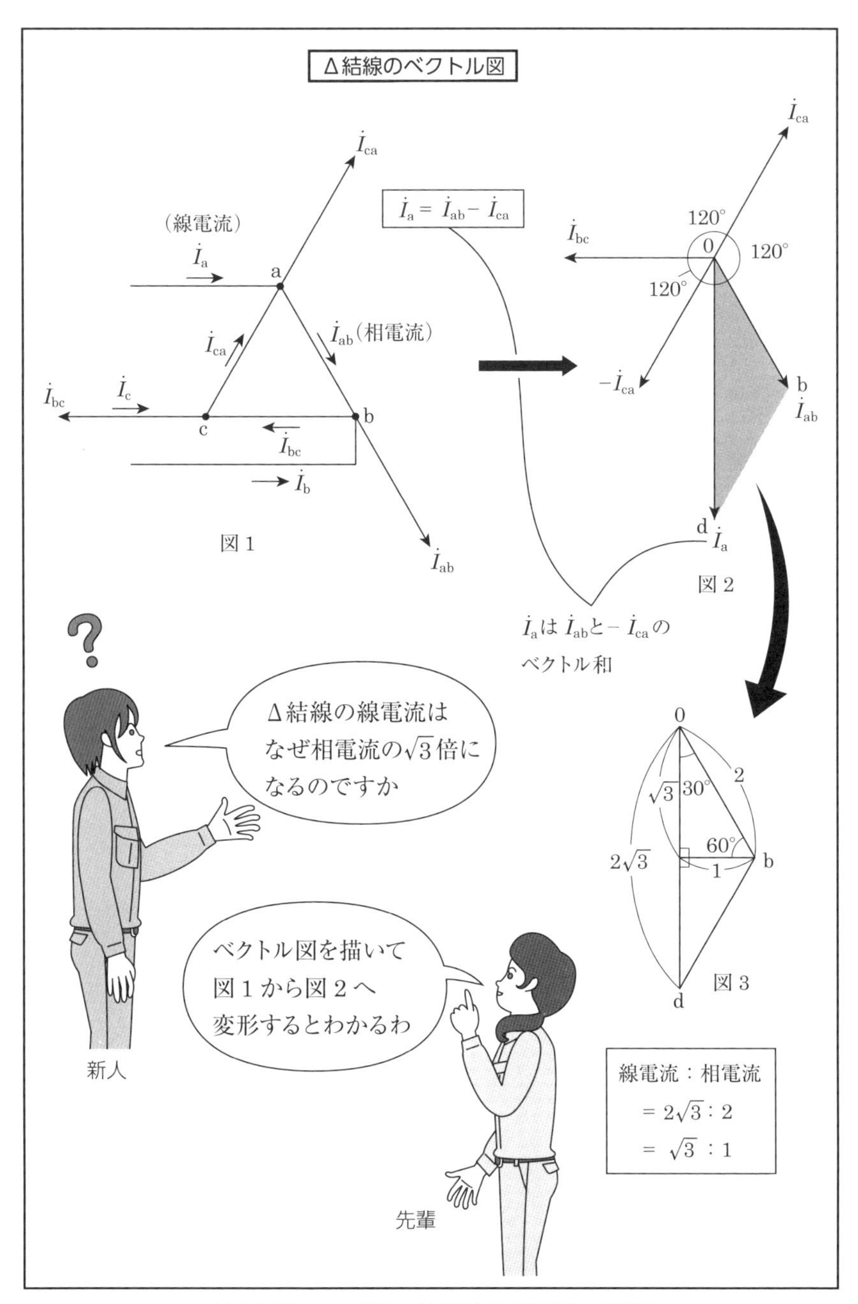

第10図　△結線の線電流と相電流の関係

電気回路の疑問解決！

11 直列回路の力率は $\cos\theta = R/Z$ だが，並列回路ではなぜ $\cos\theta = Z/R$？

「先輩．交流回路において，直列回路と並列回路の力率は，どのように考えればいいのですか？」「まず，RL 直列回路の場合，交流電圧を加えたときの電流を $\dot{I}$，R と X_L の端子電圧を $\dot{V}_R$，$\dot{V}_L$ とするわよ．ベクトル図は**第11図**のようになるわね(テーマ6参照)．有効電力を P，皮相電力を S，インピーダンスを Z とすると，

$$P = VI\cos\theta = V_R \cdot I = (RI)\cdot I = RI^2, \quad S = VI = (ZI)\cdot I = ZI^2$$

ここで，$\dot{V} = \dot{V}_R + \dot{V}_L = R\dot{I} + jX_L\dot{I} = (R + jX_L)\dot{I}$ より，

$$Z = \sqrt{R^2 + X_L{}^2}$$

よって，直列回路の力率は，$\cos\theta = \dfrac{P}{S} = \dfrac{RI^2}{ZI^2} = \dfrac{R}{Z}$

次に RL 並列回路の場合を考えるわよ．R と X_L に流れる電流を，$\dot{I}_R$，$\dot{I}_L$ とすると，ベクトル図は第11図のようになるわ．

$$P = VI\cos\theta = V \cdot I_R = V \cdot \frac{V}{R} = \frac{V^2}{R}$$

$$S = VI = V \cdot \frac{V}{Z} = \frac{V^2}{Z}, \quad \cos\theta = \frac{P}{S} = \frac{V^2/R}{V^2/Z} = \frac{Z}{R}$$

となるわね．並列回路の力率は，直列回路での力率の分母，分子が入れ替わるの．ちょっと不思議な気がするでしょ．」「はい．でも，この計算でわかりました．」「アドミタンスを Y とすると，

$$\dot{I} = \dot{I}_R + \dot{I}_L = \frac{\dot{V}}{R} + \frac{\dot{V}}{jX_L} = \left(\frac{1}{R} - j\frac{1}{X_L}\right)\dot{V}$$

$$\dot{Y} = \frac{1}{R} - j\frac{1}{X_L} \qquad Y = \sqrt{\left(\frac{1}{R}\right)^2 + \left(\frac{1}{X_L}\right)^2}$$

$$Z = \frac{1}{Y} = \frac{1}{\sqrt{(1/R)^2 + (1/X_L)^2}}$$

このように，Z の値は，もちろん直列回路と並列回路で違うけどね．」

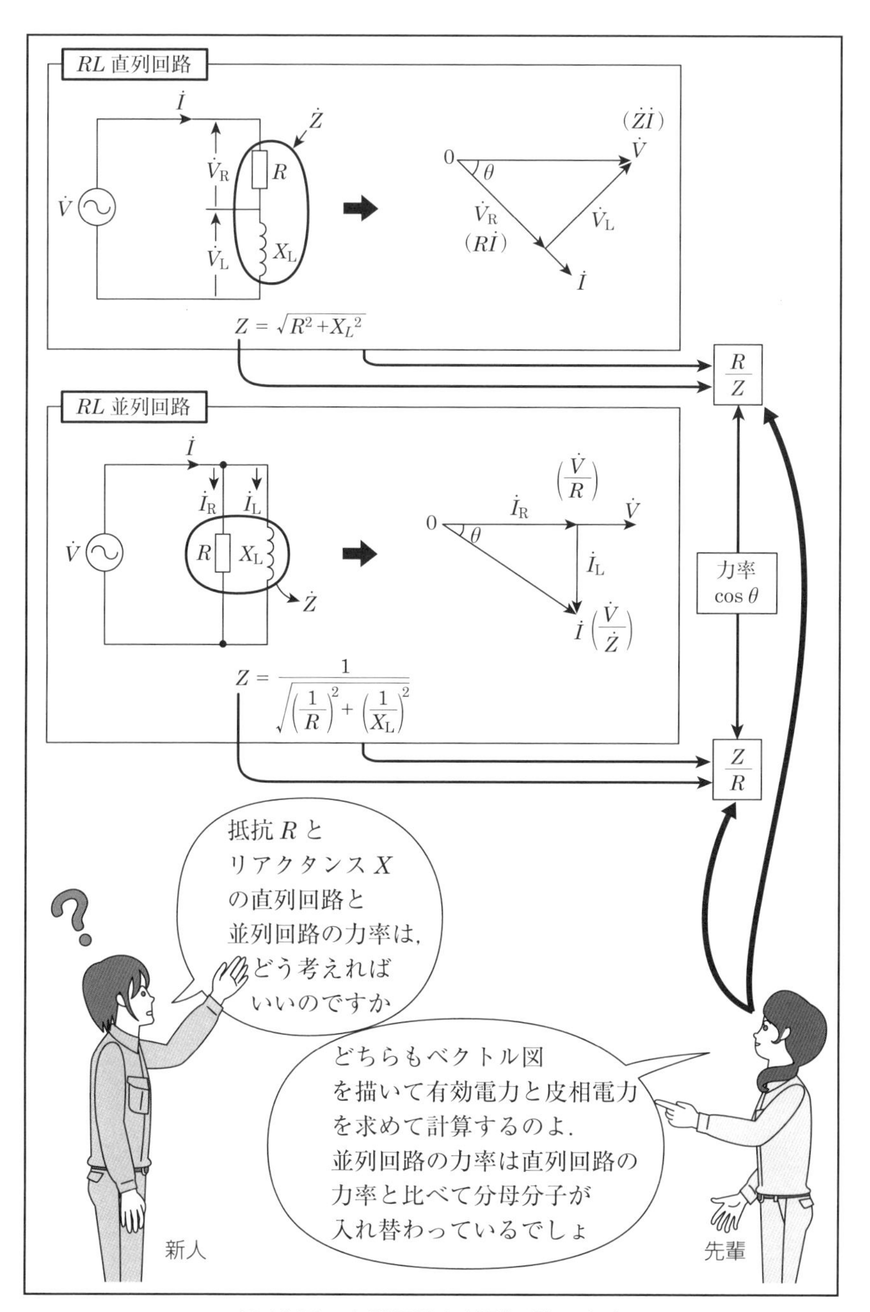

第11図　直列回路と並列回路の力率

12

電気回路の疑問解決！

見慣れない回路は自分の知っている回路に描き直す！

「先輩ー．**第12図**の回路は，何だか見慣れない回路で，どうやって解いたらいいか見当がつかないのですが．」

「そうね．なじみのない回路は，とっつきにくいかも知れないね．一見難しそうな回路には，何かヒントになるものが隠されているものよ．解法のきっかけとなるもの，つまり回路に何か特徴的なものはないか，よく見てみるのよ．この回路には，10 Ωの抵抗が左右にあるでしょ．つまり，左右対称となっていることがヒントね．図にA，B，C，Dをプロットすると，AB間とAC間の電圧が等しいわね．そのことで，B点とC点の電位は等しくなるでしょ．電流は電位差がないと流れないからね．このことから，5 Ωの抵抗には電流が流れないことがわかるよね．すなわち，5 Ωの抵抗は開放状態となるので，ないものと考えていいから，回路から取り外していいことになるのよ．」

「そうか．この回路には，そんなからくりがあったのか．」

「このことを踏まえて，回路図を描き直すわよ．点B，C，Dは同電位だから，これをつなげるの．すると，図のようになるわね．さらに描き直すと，その下図のような直並列回路になるわね．この図なら，よく見かける回路図だよね．」

「はい．この回路ならわかります．」

「合成抵抗Rは，　$R = 20 + \dfrac{10 \times 10}{10 + 10} = 20 + 5 = 25\,\Omega$　となって，

　$I = 25/25 = 1\ \mathrm{A}$　ですね．」

「そうよ．このような回路は，柔軟に変化させるの．それができるのが電気回路の特徴よ．そして段々，単純な回路に直していくのがコツなのよ．」

「先輩．わかりました．今後は，こういう視点で回路をながめてみます．」

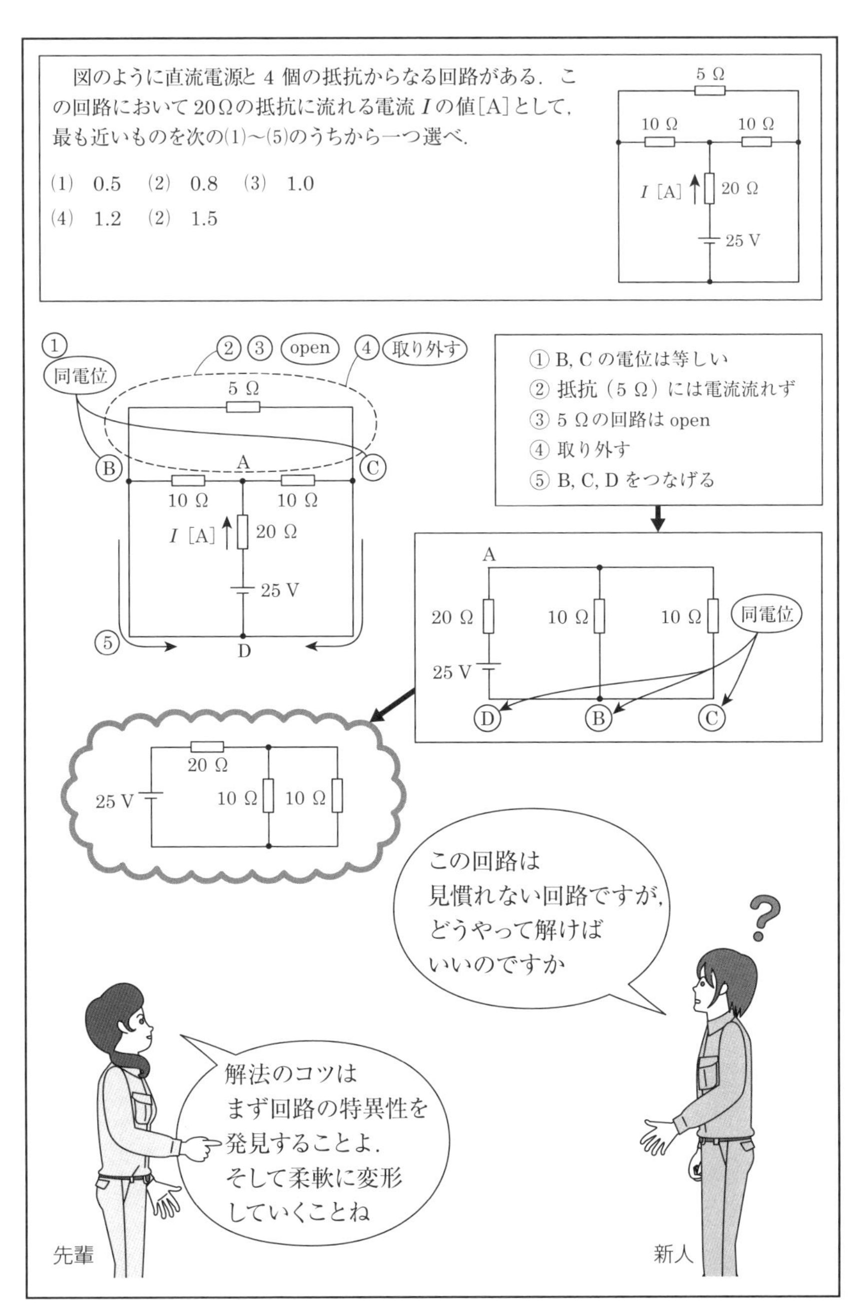

第12図　見慣れない回路の攻略法

13

電気回路の疑問解決！

L，Cの入った回路の定常状態では，LとCの動作原理を考える！

「先輩―．**第13図**の回路は，RとLとCがあって，その定常状態のときのL_1，L_2，C_1，C_2に蓄えられるエネルギーの総和を求める問題ですが，考え方を教えてください．」

「そうね．これはLとCが定常状態でどのようになるか，その現象を問う問題だわね．テーマ3（過渡現象でのLとCの動作）に出てきたことの応用ね．」「まず，Cの動作を考えてみるわね．Cは初期状態では電荷はないから短絡状態で，定常状態のとき，Cには電荷が蓄積しているから，電流が流れないのだったわね．すなわち，Cは開放状態だから，C_1，C_2は取り外して考えていいことになるの．そうすると，図のように，L_1，R_1，L_2，R_2の直列回路になるわね．」

「次に，Lの動作を考えるわよ．Lは初期状態では逆起電力が働いて，開放状態になり，定常状態では短絡状態になるのだったわね．すなわち，Lは単なる導線と考えていいわけよ．すると，回路にはR_1とR_2だけが残ることになって，その電流を求めることになるわね．」

「これならわかります．電流Iは，　$I=\dfrac{E}{R_1+R_2}=\dfrac{100}{20+30}=2\ \mathrm{A}$

電圧V_1，V_2は，

$$V_1=R_1I=20\times2=40\ \mathrm{V},\quad V_2=R_2I=30\times2=60\ \mathrm{V}$$

ですね．」「そうよ．」

「次に，Lは短絡状態でも電流が流れているからエネルギーは蓄えられるの．Cは開放状態でも電圧がかかっているから，エネルギーは蓄えられているのよ．」「わかりました．LとCのエネルギーは，それぞれ$(1/2)L_1I^2$，$(1/2)L_2I^2$，$(1/2)C_1V_1^2$，$(1/2)C_2V_2^2$で計算して総和を求めればいいのですね．」

「そうよ．LとCの動作原理がわかっていれば，それほど難しい問題ではないわ．」

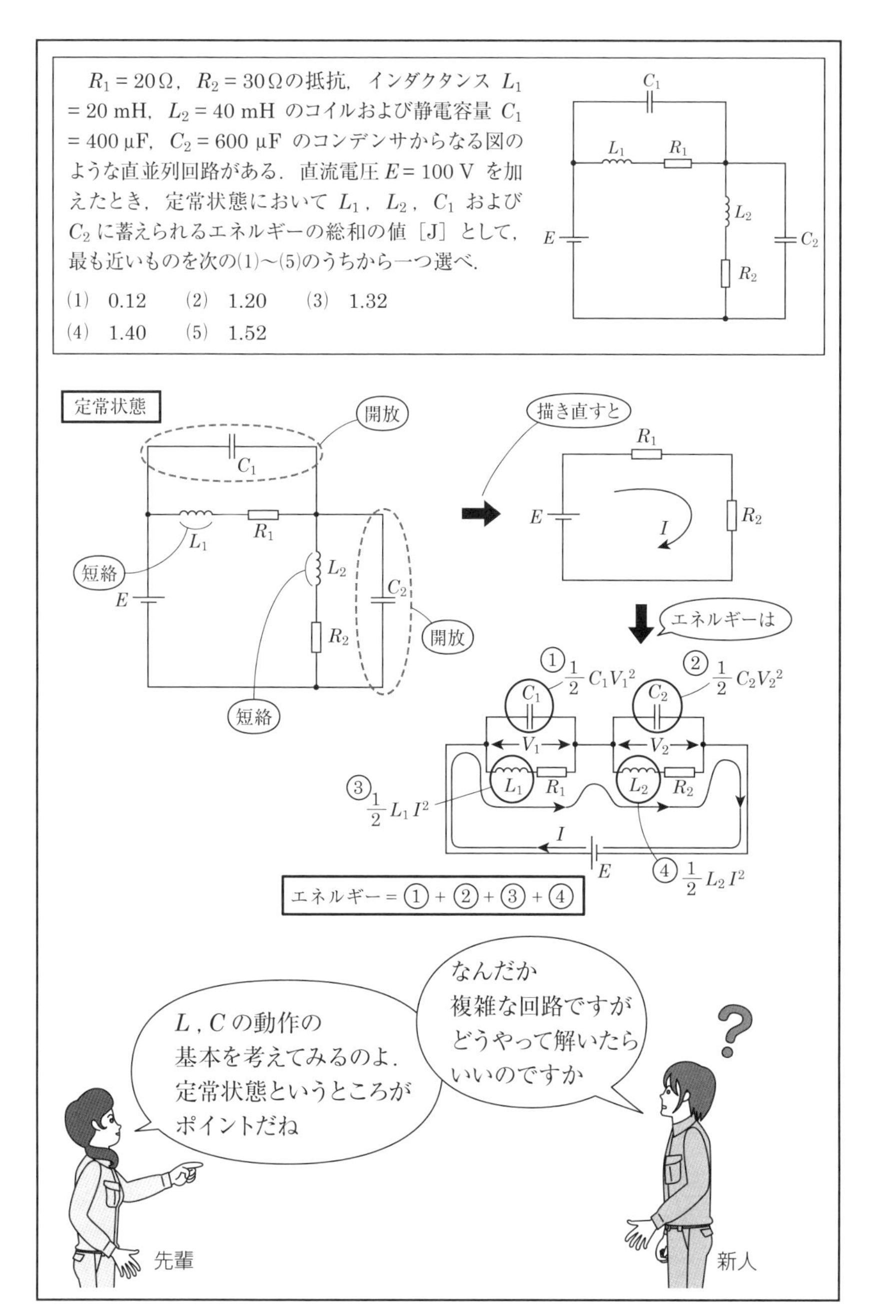

第13図　*L*，*C*の入った回路の定常状態

電気回路の疑問解決！

14

RC直列回路の時定数には，どういう意味があるの？

「先輩．第14図のようなRC直列回路で時定数が最も大きい回路を求める問題があったのですが，そもそも時定数にはどのような意味があるのですか.」

「そうね．時定数には定義があって，以前，RC回路の電流を求めたでしょ（テーマ5参照）．　$i(t)=\frac{E}{R}\mathrm{e}^{-\frac{t}{CR}}$　だったわね．

ここでは，RC回路の時定数は$\tau=CR$になるのよ．時定数は，『電流が，初期値E/Rから63.2 %まで減衰する時間』と定義されているのよ．変化の緩急を時間によって表した定数，といえるの．時定数τが小さい波形の立上り（または立下り）は急であり，時定数τが大きい波形の立上り（または立下り）は緩やかなのよ．抵抗Rまたはコンデンサ容量Cが大きいほど，時定数$\tau=CR$は大きくなるの.」

「問題の時定数を求めてみるわ．RとCの直列，並列計算をして

(1)の回路では，$\tau_1=RC$

(2)の回路では，$\tau_2=RC/2$

(3)の回路では，$\tau_3=RC/2$

(4)の回路では，$\tau_4=2RC$

(5)の回路では，$\tau_5=RC$

となるわね．この変化の様子をグラフに表してみるわ．横軸に時間(t)，縦軸に電流（i）をとる．(2)，(3)の$RC/2$は時定数が小さい．次に(1)，(5)のRC，そして(4)の$2RC$の時定数が一番大きい．グラフの時間軸に，τ_1，τ_2，τ_3，τ_4，τ_5をとると，時定数の小さい(2)，(3)の回路ではiが速く減衰して，尖鋭な曲線になるね．時定数の大きい(4)の回路では減衰に時間がかかる緩やかな曲線になることがわかるね.」

「どう？　時定数のイメージわいたかな．これは，波形の問題にも通じるものがあるね.」「うーん．そういう意味だったのですね.」

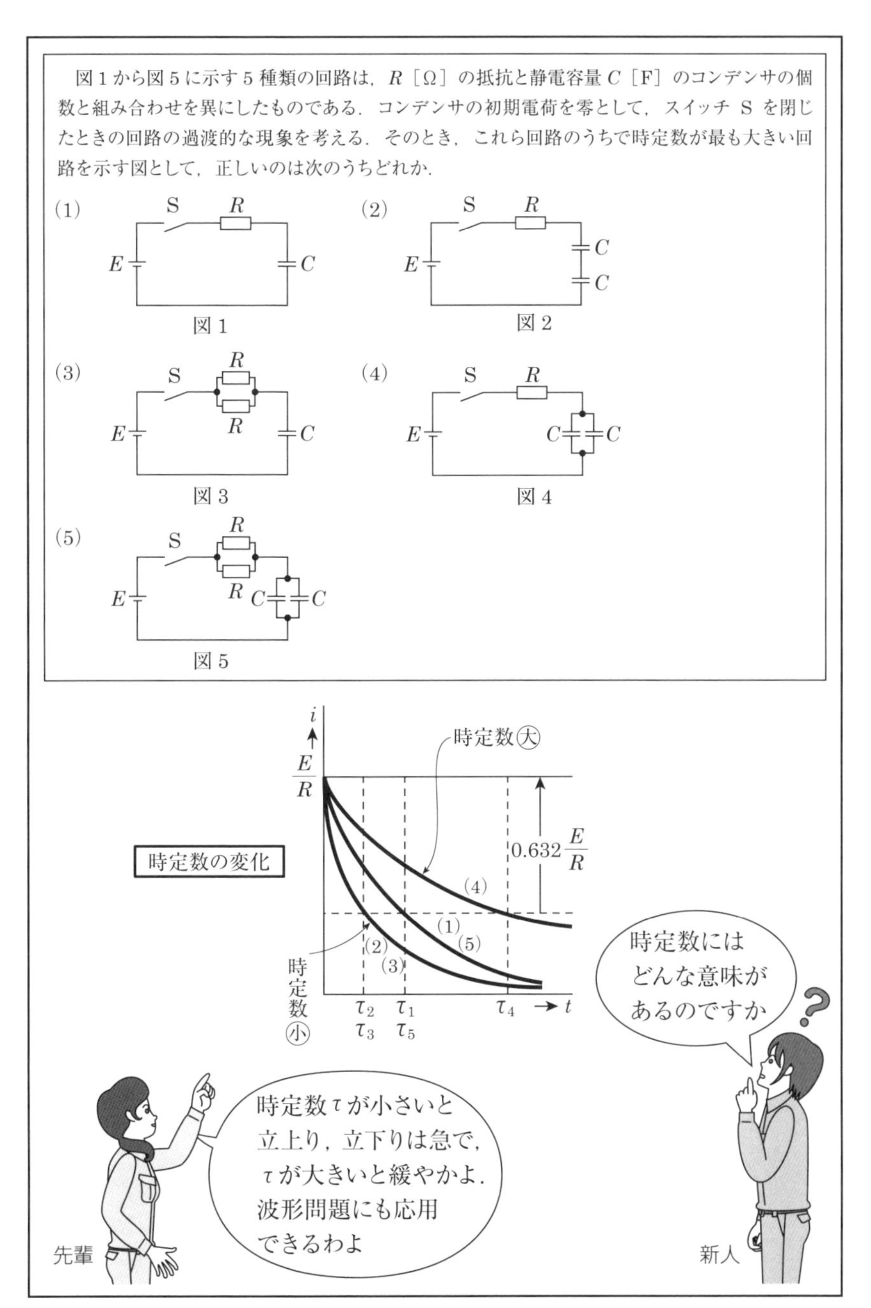

第14図　RC直列回路の時定数

電気回路の疑問解決！

15

時定数は，波形の形状に関係する！

「先輩．**第15図**のようなRL直列回路で抵抗R [Ω]の端子電圧v_{R} [V]の波形を求める問題があったのですが，どのように考えたらいいのですか．」

「そうね．以前，RL回路の電流を求めたでしょ（テーマ4参照）．だけど，3種だから微分方程式を解くのはやめて，コイルの動作原理から考えることにするわね．」

「時間tが，$0 \leqq t \leqq T_0$と$t \geqq T_0$では波形が違うから，二つに分けて考えなければならないのよ．」

「$0 \leqq t \leqq T_0$では，パルス電圧Eがかかると，コイルLには，これを妨げるように逆起電力が発生して，パルス印加初期では電流が流れにくいのだったわね．時間の経過とともに，コイルLにも電流が流れるようになって，図のように，電流は徐々にゆるやかに上昇していくのよ．電圧v_{R}は，電流変化と同様に増加して，Eに達するわよ．」

「$t \geqq T_0$では，T_0でパルスはなくなるので，コイルには，電流を維持し続ける向きに逆起電力が発生するわ．電流はすぐには0にはならないで，図のように，徐々にゆるやかに減衰曲線を描くのよ．電圧v_{R}は，電流変化と同様に減少して，0に達するのよ．」

「RL回路の時定数は$\tau = L/R$になるのよ．時定数の大小によって，波形の形状が変わってくるわ．時定数が小さいと$0 \leqq t \leqq T_0$では，波形は尖鋭となり，Eへの接近が速いわよ．時定数が大きいと，なだらかな曲線となって，Eに達するのに時間がかかるの．$t \geqq T_0$においても現象は同様だよ．」

「問題文に，回路の時定数$L/R \ll T_0$（時定数がT_0に比べて十分に小さい）とあるので，v_{R}の波形は急しゅんで，T_0に達する以前に定常状態となるわね．」

「そうか．時定数の大小は，波形の形状に関係しているんだな．」

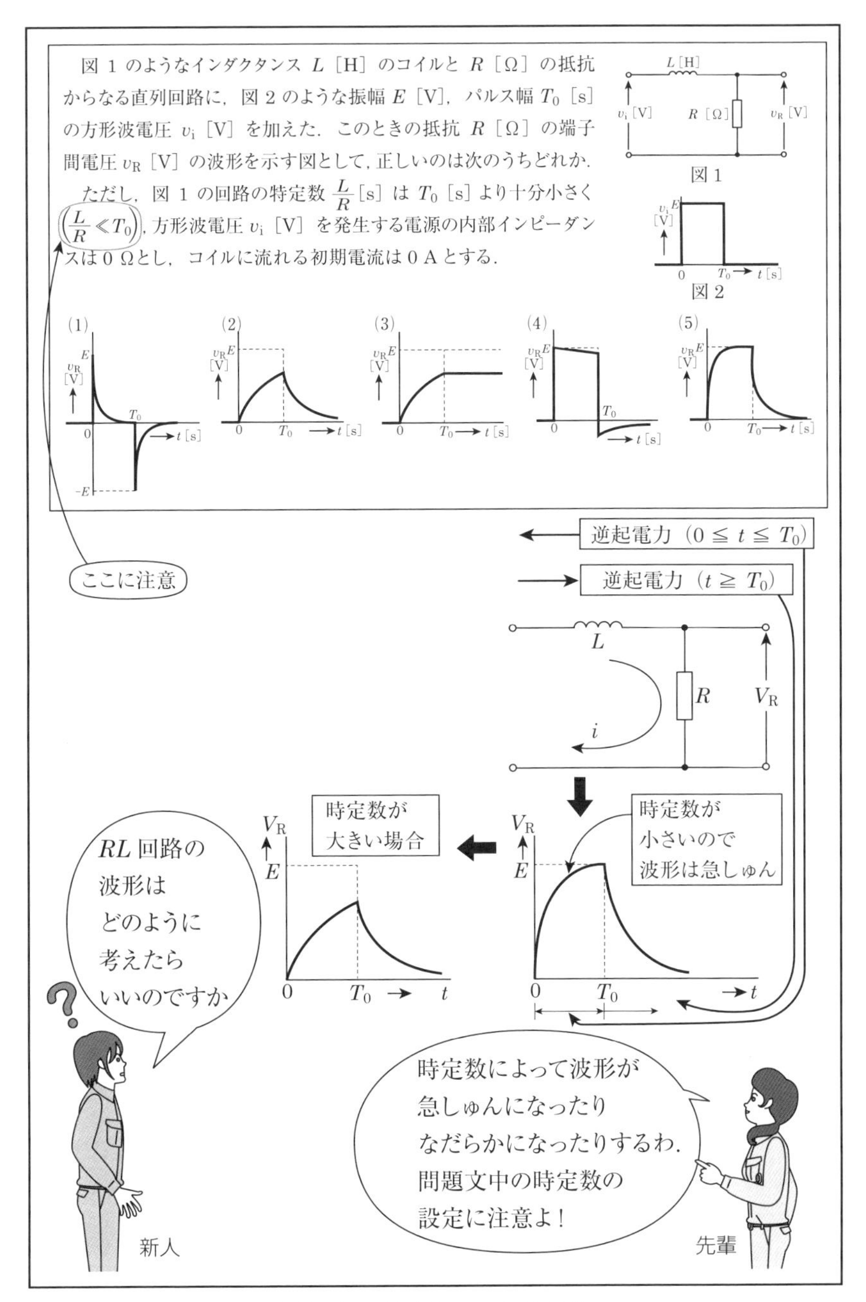

第15図　時定数と波形の関係

16

電気回路の疑問解決！

インダクタンスLのある回路の波形問題は，Lの動作原理から解く！

「先輩．第16図のような抵抗RにインダクタンスLが二つある回路の波形問題ですが，わかりにくいのでお願いします．」

「これは，以前やったRL回路の応用問題だね．一つずつ考えていくわよ．Lの入った回路には，大分慣れてきたでしょ．RL回路の典型的な過渡現象で，よく出てくるから，しっかり押さえておいてね．一応復習しておくね．」

「スイッチS_1を閉じて直流電圧Eをかけると，コイルLにはこれを妨げるように逆起電力が発生するわね．電圧Eを加えた初期には電流は流れにくいけど，時間経過とともに電流が流れるようになって，図のように電流はE/Rに近づいていくわね．」

「そこまではわかるのですが，その後の考え方をお願いします．二段積みの波形になるような気がするのですが．」

「$t = t_2$でスイッチS_2を閉じたとき，左側のコイルLの状態はわかるかな．」「うーん．そこがはっきりしないのです．」

「そうか．やっぱりそこなのね．これも復習になるけど，やっておくわね．」

「コイルLは，充分時間が経過しているから，いわゆる短絡状態で電流はE/Rなのよ．短絡状態ということは，単なる導線と考えていいからね．右側のLを接続しても，そこには電流は流れないのよ．電流は，抵抗がゼロの導線のほうにすべて流れていくことになるわ．だから，波形はt_2以降，フラットになるのよ．ここがこの問題のポイントだわね．」「以前やったことを忘れていました．こんなところで，Lの短絡状態が登場してきたのですね．右側のLにも電流が流れて，Lが二つの並列回路かと思っていました．」

「そうね．回路計算に習熟しないと，間違いやすいわね．受験者が，このインダクタンスの現象を理解しているかを試す問題だね．」

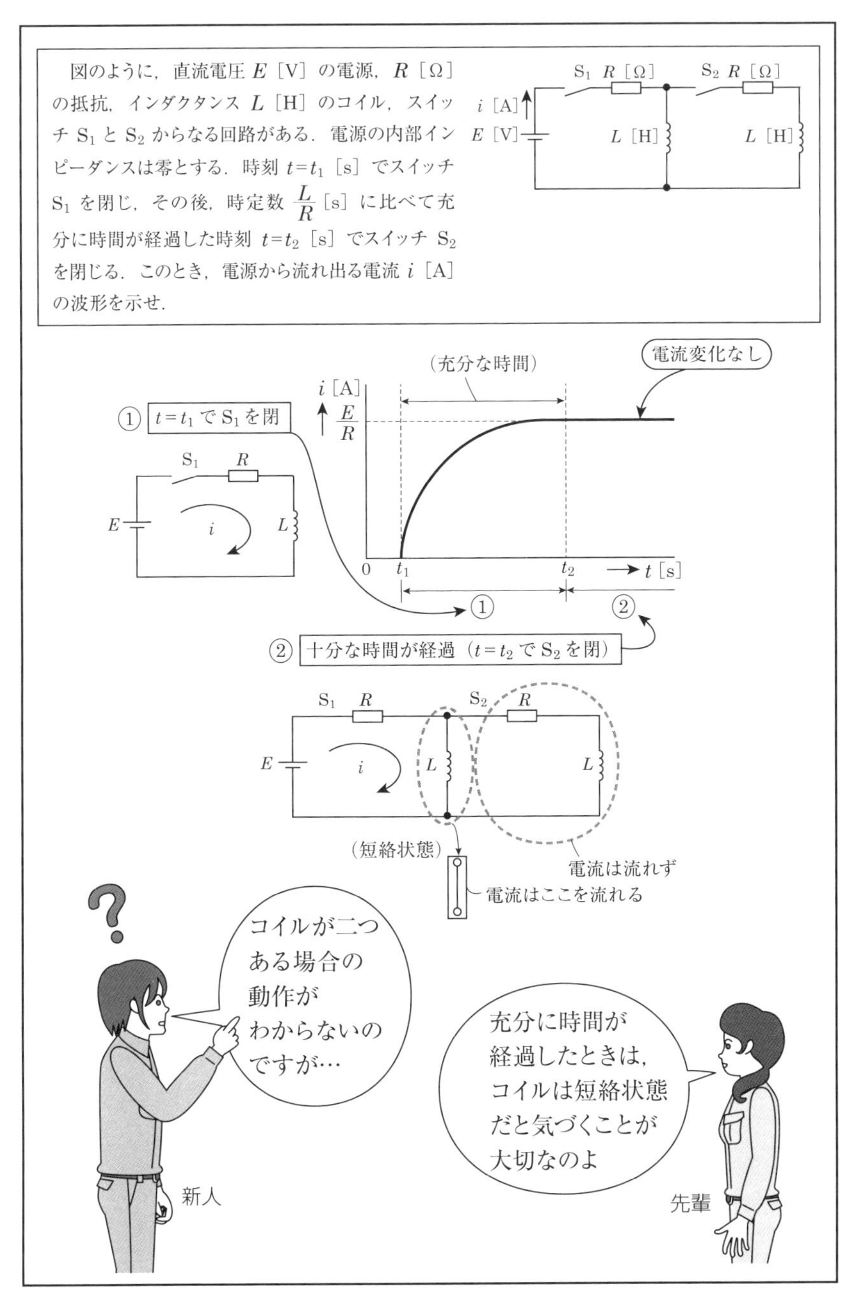

第16図　二つのコイルがある回路の波形

電気回路の疑問解決！

17

複雑な回路は，単純化の技法を使って簡単な回路にする！

「先輩．**第17図**の問題ですが，複雑でわからないのですが．右側の20Ω，10Ω，20Ωを直列の合成抵抗とするところまではわかるのですが，そのあとは見当がつきません．」

「そうね．たしかに面倒な回路にみえるわね．だけど，ここで出題者の意図をつかむのよ．この問題は，簡単な回路に余計なものを付加してわかりにくくしているだけなのよ．それを見抜く力を養うことが大切なの．そもそも，そんな複雑な回路を短時間で解くことはできないと考えるのよ．回路の中に何かヒントが隠されているのではないかと考えるのよ．」

「ここで，回路単純化の技法をいくつか教えておくわね．

① 同電位の部分はないか．あれば短絡して考える．

② 電流が流れていない部分はないか．あれば開放して考える．

③ Y-△変換できる部分はないか．

どうかな．そんなところは見つかったかな．」「はい．図のabcdは同電位です．ここを短絡すればいいのですか．」

「そうよ．abcdを短絡すれば，電流はそこをショートカットして流れるから，その右側の部分には電流は流れないわ．つまり，右側の部分は切り捨てていいことになるわ．もっというと，もともとは左側の回路だけがあって，回路を複雑にみせるために，右側の回路を取り付けたともいえるわけなの．」

「そういうわけで，残った回路の計算をするだけで解答が得られるの．これは抵抗の単なる直並列回路だね．合成抵抗Rは，

$$R = 5 + \frac{40 \times 10}{40 + 10} = 13\,\Omega$$

よって，電流Iは，　$I = 5/13 = 0.385 \fallingdotseq 0.4\ \mathrm{A}$

となるわね．」「そうか．工夫すればこんな簡単な計算になるのだな．」

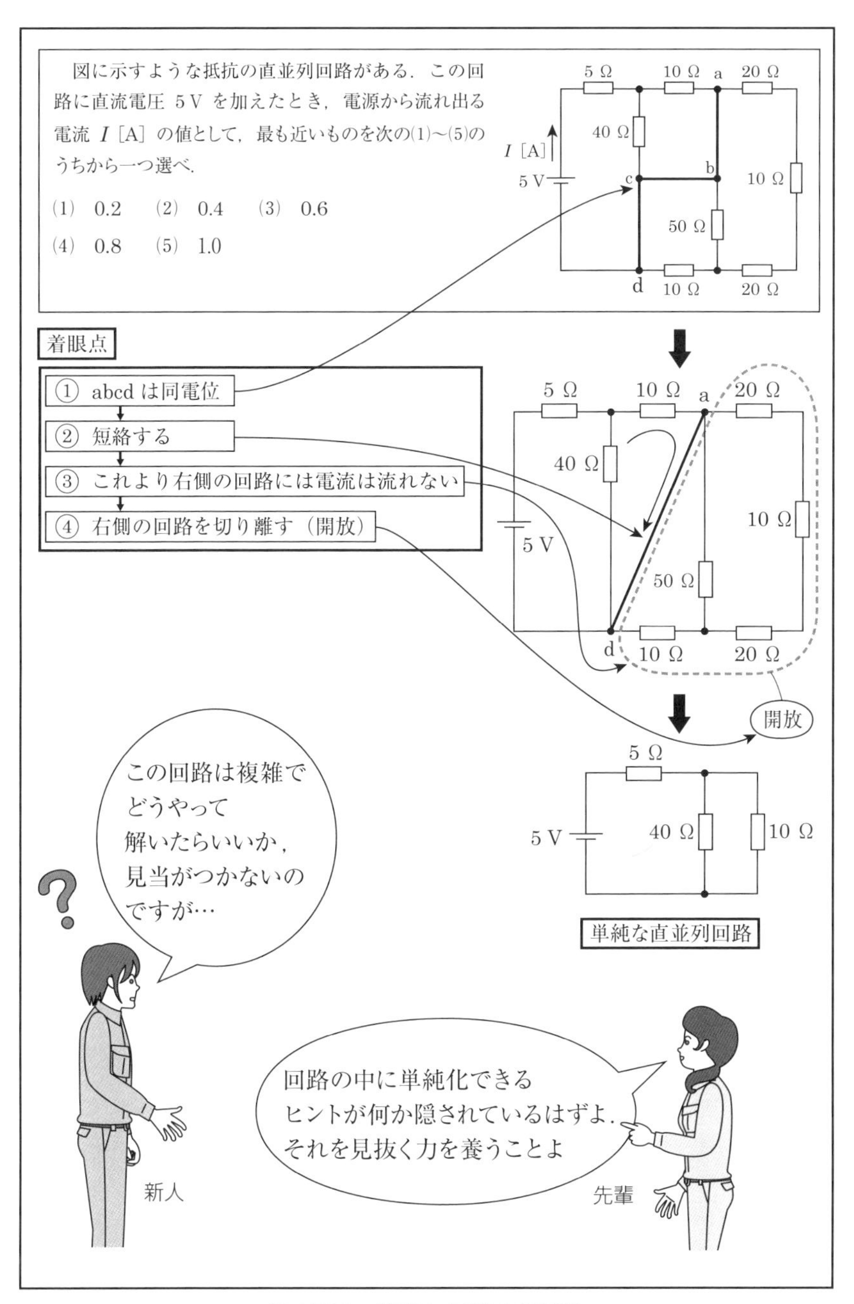

第17図　複雑な回路の単純化

電気回路の疑問解決！

18

LとCの並列回路の力率が1ということには，こういう意味がある！

「先輩．**第18図**の交流回路で，電流と力率の関係がよくわからないのですが…….」

「そうね．並列回路だから，まず電流で考えるのだったわね．そして電流の場合はアドミタンスで考えるということよ．

合成アドミタンス$\dot{Y}$は，　$\dot{Y}=\mathrm{j}\omega C+\dfrac{1}{R+\mathrm{j}\omega L}$　①

分母を有理化して

$$\dot{Y}=\mathrm{j}\omega C+\frac{R-\mathrm{j}\omega L}{R^2+(\omega L)^2}=\frac{R}{R^2+(\omega L)^2}+\mathrm{j}\left\{\omega C-\frac{\omega L}{R^2+(\omega L)^2}\right\} \quad ②$$

電流$\dot{I}$が最小になるのは，$\dot{I}=\dot{Y}\dot{V}$よりアドミタンスが最小になればいいから，②式で虚数部がゼロになるときよ．

そうすると，$\dot{Y}=\dfrac{R}{R^2+(\omega L)^2}$になるわね.」

「アドミタンスが実数部のみとなるということは，電流と電圧が同位相になるということだから，力率は1になるというわけなの．ベクトル図で説明すると，図のようになるのよ．RLを流れる電流を$\dot{I}_{\mathrm{RL}}$，Cを流れる電流を$\dot{I}_{\mathrm{C}}$とすると，$\dot{I}=\dot{I}_{\mathrm{RL}}+\dot{I}_{\mathrm{C}}$となるわね．これ，どこかでみたことある図でしょ.」

「あっ．力率改善ですか？」

「そうよ．RとLの誘導性負荷があって，これと並列にコンデンサを接続して力率改善しているのよ．これは，その仕組みに関する問題よ．この状態で力率1になるわ．Iに虚数部がないでしょ．だから，先の計算はしなくても，ベクトル図だけでも解が得られるわ．そんなわけでこの回路には，複数の理論が隠されているわ．それを解答者が，いかに掘り起こすことができるかが試されているわけなのよ.」

「なるほど．とても奥深い問題ですね.」

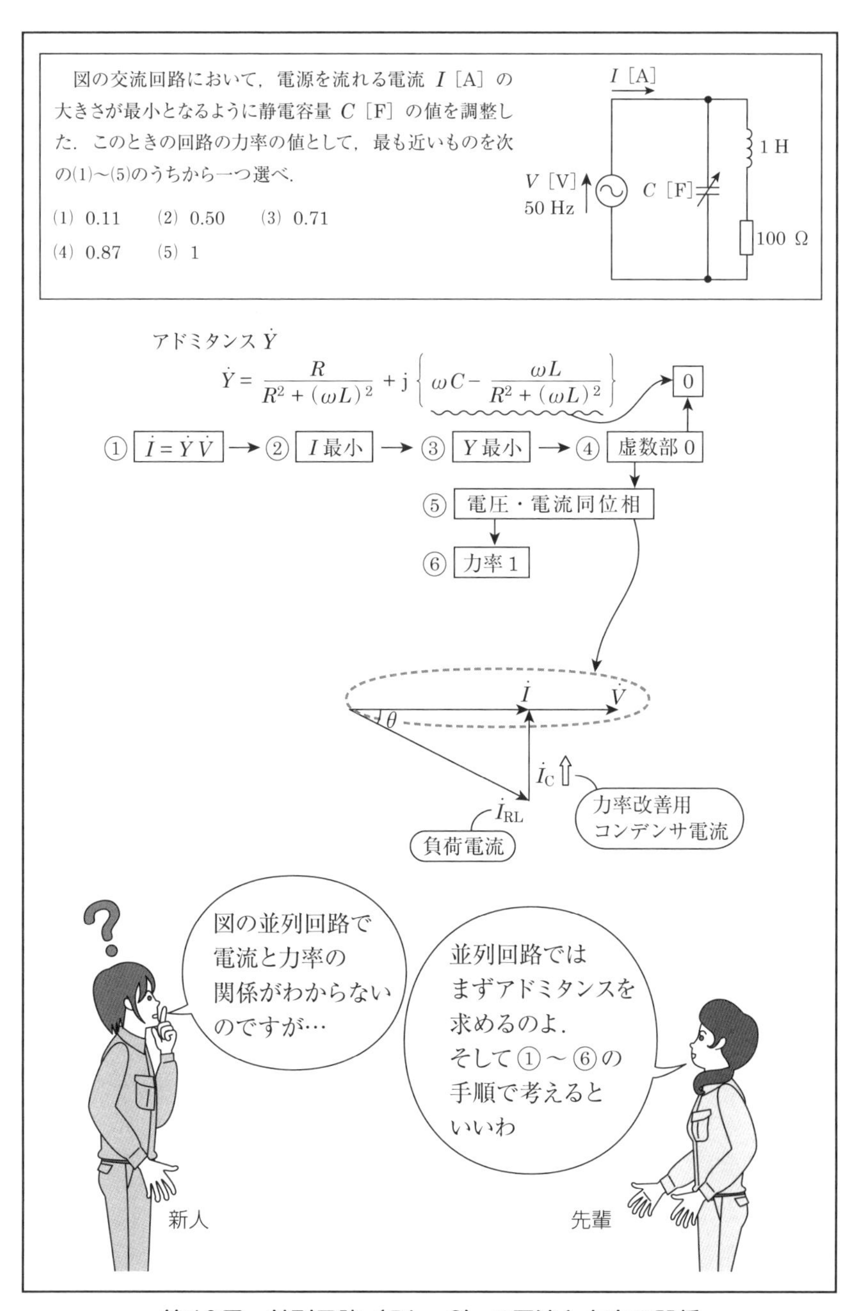

第18図　並列回路（RL・C）の電流と力率の関係

電気回路の疑問解決！

19

電流のベクトル軌跡は，どうして半円になるの？

「先輩．第19図の問題で電流のベクトル軌跡はどうやって求めればいいのですか．」

「これはまず，電流の式を立ててみるのよ．Eを基準ベクトルとすると，電流$\dot{I}=\dfrac{E}{R+\mathrm{j}\omega L}$となるわね．分母を有理化して

$$\dot{I}=\frac{RE}{R^2+(\omega L)^2}-\mathrm{j}\frac{\omega LE}{R^2+(\omega L)^2} \quad ①$$

ここで実数部と虚数部に分けて考えるの．①式の実数部をx，虚数部をyとすると，

$$x=\frac{RE}{R^2+(\omega L)^2} \quad ② \qquad y=-\frac{\omega LE}{R^2+(\omega L)^2} \quad ③$$

ここから円の方程式を思い出すのよ．円の方程式の$x^2+y^2=a^2$へもっていくことを考えるのよ．すると，

$$x^2+y^2=\left\{\frac{RE}{R^2+(\omega L)^2}\right\}^2+\left\{\frac{\omega LE}{R^2+(\omega L)^2}\right\}^2=\frac{E^2}{R^2+(\omega L)^2}=\frac{E}{R}x$$

となるわね．②式にEをかけてRで割ってxを含む式にするというわけなの．さらに変形して，$x^2-Ex/R+y^2=0$

両辺に$(E/2R)^2$を加えて因数分解の形にもっていくのがコツよ．

$$x^2-\frac{E}{R}x+\left(\frac{E}{2R}\right)^2+y^2=\left(\frac{E}{2R}\right)^2$$

$$\left(x-\frac{E}{2R}\right)^2+y^2=\left(\frac{E}{2R}\right)^2 \quad ④$$

④式は中心が$(E/2R, 0)$で半径$E/2R$の円を表しているわね．②，③式よりxは正，yは負だから，ベクトル軌跡は図のような実線の半円になるわ．インダクタンスLが可変だから，半円上を動いていくのよ．」

「そうか．このような問題では，式の形を見て答を想像していくのですね．」

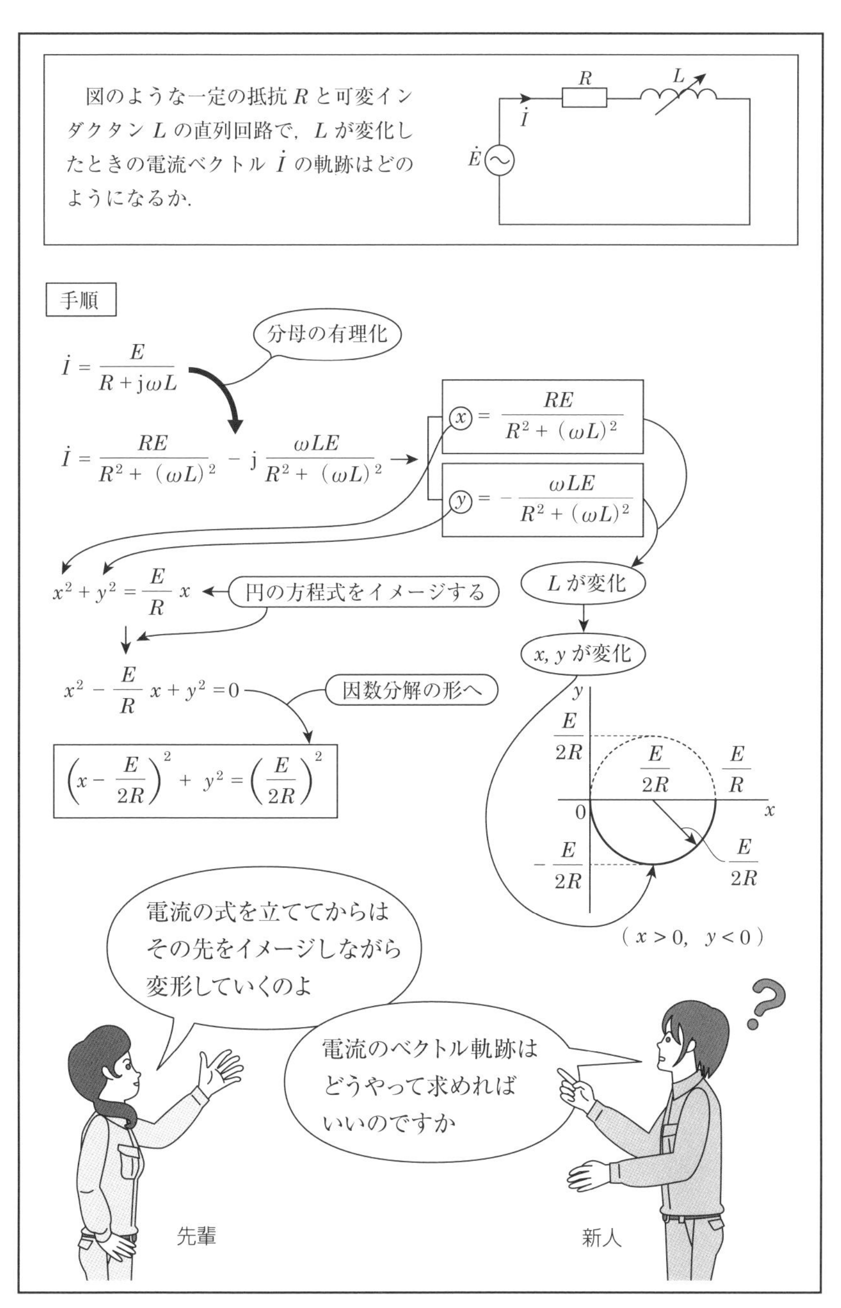

第19図　電流のベクトル軌跡

20

静電気の疑問解決！

コンデンサ素子の内部には，電流は流れていないの？

先輩からコンデンサの電流について話があった．「コンデンサの中の電流はどうなっていると思う？」「えー，何か変わったことがあるのですか．」

「そうなの．コンデンサ特有の現象があるの．交流電圧を印加した場合，交流は周期的に向きが変わる電流だよね．実はコンデンサには誘電体（電気を通さない絶縁体）が入っているから，電流は通過することができないの．**第20図**のように，コンデンサと交流電源の間を行ったり来たりするのよ．コンデンサの絶縁体の厚さは小さいから，あたかも流れているようにみえるけどね．ではわかりやすいように，数式を使って説明するわよ．交流電圧を $v(t)$，電流を $i(t)$，コンデンサの静電容量を $C\,[\mathrm{F}]$ とすると，

$$i(t)=C\frac{\mathrm{d}v(t)}{\mathrm{d}t} \quad ①$$

正弦波交流電圧 $v(t)=V_{\mathrm{m}}\sin\omega t$ をコンデンサに加えた場合，コンデンサに蓄えられる電荷 $q(t)$ は，　$q(t)=Cv(t)=CV_{\mathrm{m}}\sin\omega t$　②

電流 $i(t)$ は，1秒間の電荷の変化量だから

$$i(t)=\frac{\mathrm{d}q(t)}{\mathrm{d}t}=\frac{\mathrm{d}(CV_{\mathrm{m}}\sin\omega t)}{\mathrm{d}t}=\omega CV_{\mathrm{m}}\cos\omega t$$
$$=\omega CV_{\mathrm{m}}\sin(\omega t+\pi/2) \quad ③$$

になるわね．コンデンサの両極板には③式の電流が出たり入ったりすることになるの．だけど $i(t)$ は，コンデンサの誘電体を通しては流れないの．図のように，充電・放電を繰り返しながら流れるのよ．あくまでも，コンデンサの極板外での電荷の移動だけなのよ．電流は，コンデンサの両極板を往復していることになるの．」

「考え方が難しいですが，コンデンサの仕組みが少しわかってきました．」新人は，トリックのような現象に首をかしげながら．

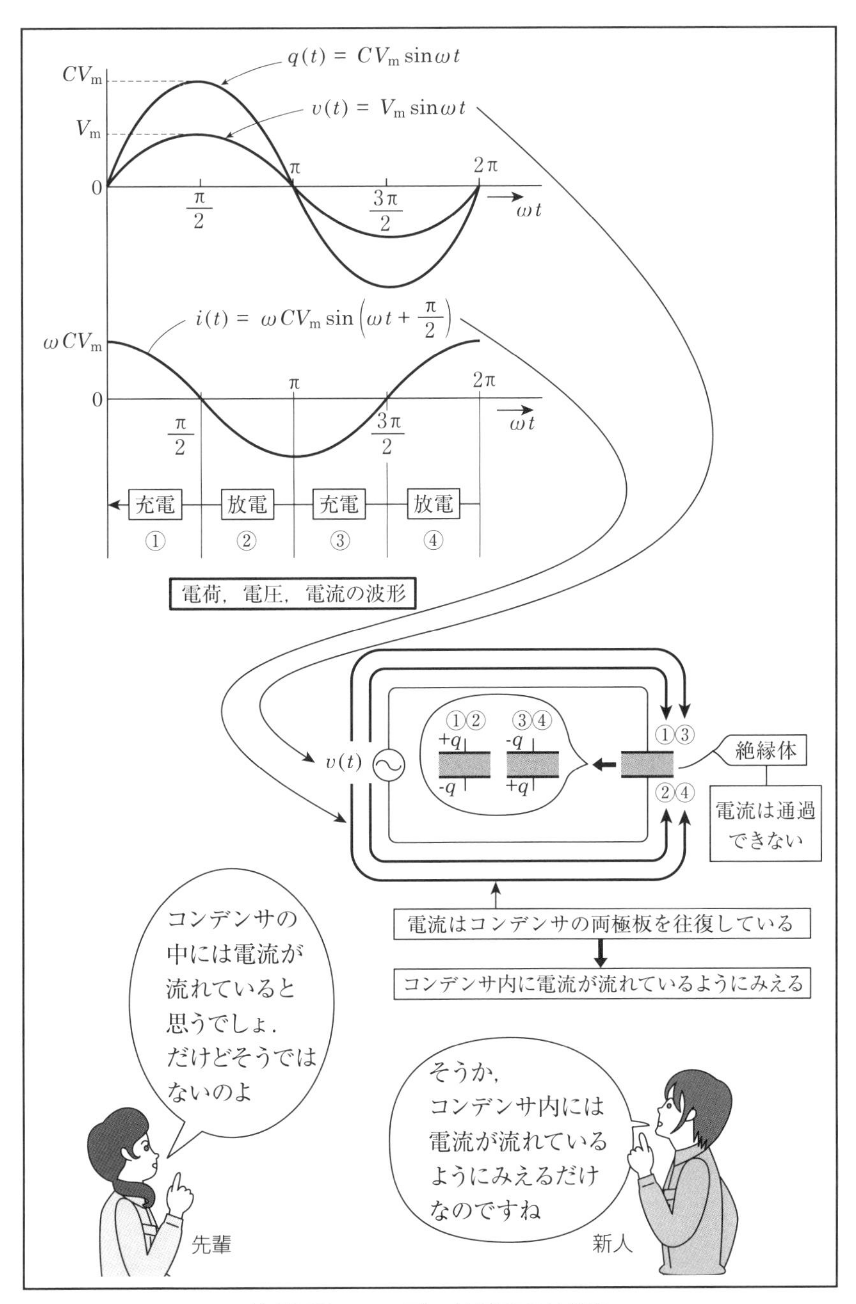

第20図　コンデンサ電流の仕組み

21

静電気の疑問解決！

なぜコンデンサの電荷は$Q=CV$，静電エネルギーは$W=(1/2)CV^2$なの？

「先輩．コンデンサに蓄えられる電荷は，なぜ$Q=CV$なのですか．」

「それはね，**第21図**のように，コンデンサに電圧を加えると，電荷Qが下の極板から電源を経由して，上の極板に運ばれて$+Q$ [C]となり，一方で下の極板はQ減少して$-Q$ [C]となるの．電位差V [V]が大きいほど，多くの電荷Qが蓄えられるのよ．だから，蓄積される電荷Qは電圧Vに比例するの．よって，$Q=CV$で表されて，この比例定数Cを静電容量[F]というのよ．」「なるほど．では，静電エネルギーWは，なぜ$W=QV$ではなくて，$W=(1/2)QV$なのですか．」

「コンデンサに電荷Qを与えると，エネルギーが蓄えられるわね．これが静電エネルギーW [J]で，このエネルギーは，$W=QV$となりそうなのだけどならないの．1/2がつくのよ．その理由は，コンデンサの充電過程に関係しているのよ．」

「電荷0からコンデンサを充電すると，一瞬で電荷Qが蓄えられるのではないの．実際は，時間をかけて徐々に蓄えられていくの．図のように，Qの増加とともに電位Vも0から徐々に増加していくのよ．すなわち，静電エネルギーWは，図の中の三角形の面積で表されるのよ．式で表すと，

$$W=(1/2)QV$$

$Q=CV$の関係から

$$W=(1/2)CV^2$$　となるわね．」

「ここで，気をつけることは，実際の導線には抵抗があるということよ．Qが運ばれるとき，この抵抗で熱損失（ジュール熱）J [J]が発生することなの．電圧Vの行った仕事の半分は，静電エネルギーになって，残り半分は熱損失になるというわけなの．」

「そうか．それで静電エネルギーには1/2がつくわけなのか．」新人は，ずっと考えていた疑問が解けたのである．

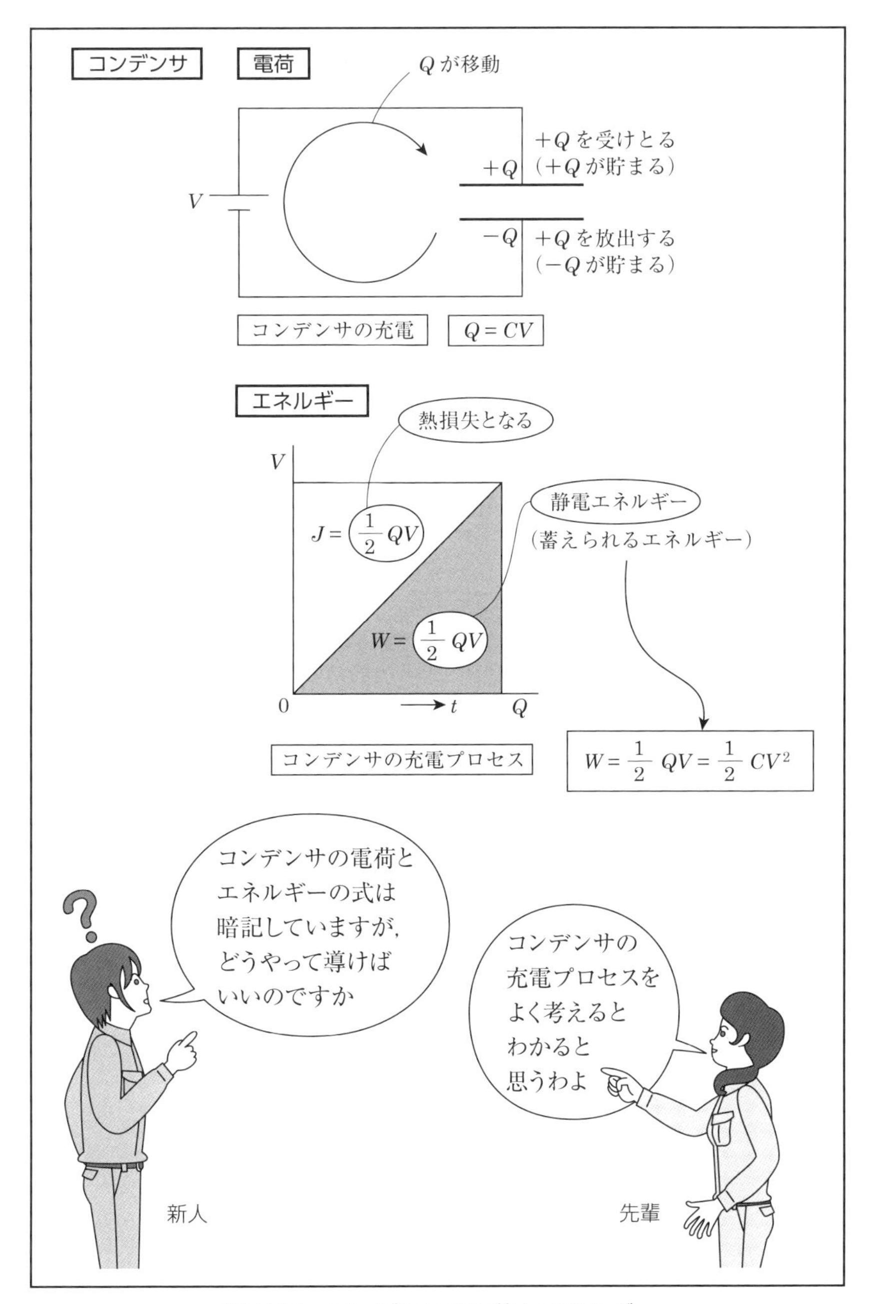

第21図　コンデンサの電荷とエネルギー

静電気の疑問解決！

22

コンデンサの誘電体を一部引き出すと静電容量はどうなるの？

「先輩．第22図の問題で，コンデンサの電極間に挿入した誘電体を1/2だけ引き出した場合のコンデンサ容量はどう考えたらいいのですか．」

「そうね．これは図のように分解して考えるとわかると思うわよ．

① まず，誘電体を半分引き出しても電極面の電位は一様なのよ．図では，電極へのリード線は1本になっているわね．

② 次に，この1本のリード線を2本にして（2本足を出して），誘電体のない部分と誘電体のある部分に分けて接続するの．2本の接する面の電位は同電位だね．

③ そこで，コンデンサを切り分けても問題ないわね．すなわち，誘電体なしのコンデンサ C_{21} と誘電体ありのコンデンサ C_{22} の並列回路と考えてもよいことになるのよ．」

「なるほど，こうやって分解できるのですね．これならわかりやすいです．早速やってみます．

$$C_1 = \frac{\varepsilon_0 \varepsilon_r l^2}{d} = \frac{3\varepsilon_0 l^2}{d} \qquad ①$$

C_2 については C_{21} と C_{22} に分かれるから

$$C_{21} = \frac{\varepsilon_0 l^2/2}{d} = \frac{\varepsilon_0 l^2}{2d}$$

$$C_{22} = \frac{\varepsilon_0 \varepsilon_r l^2/2}{d} = \frac{\varepsilon_0 \varepsilon_r l^2}{2d}$$

$$\therefore \quad C_2 = C_{21} + C_{22} = \frac{\varepsilon_0 (1+\varepsilon_r) l^2}{2d} = \frac{\varepsilon_0 (1+3) l^2}{2d} = \frac{2\varepsilon_0 l^2}{d} \qquad ②$$

①，②式より，$C_1 : C_2 = 3 : 2$ になります．」

「それでいいわ．こんなふうに柔軟に変形していく力を養ってね．コンデンサに誘電体が入った問題は，頻出しているわよ．」

「はい．類似問題もやってみます．」

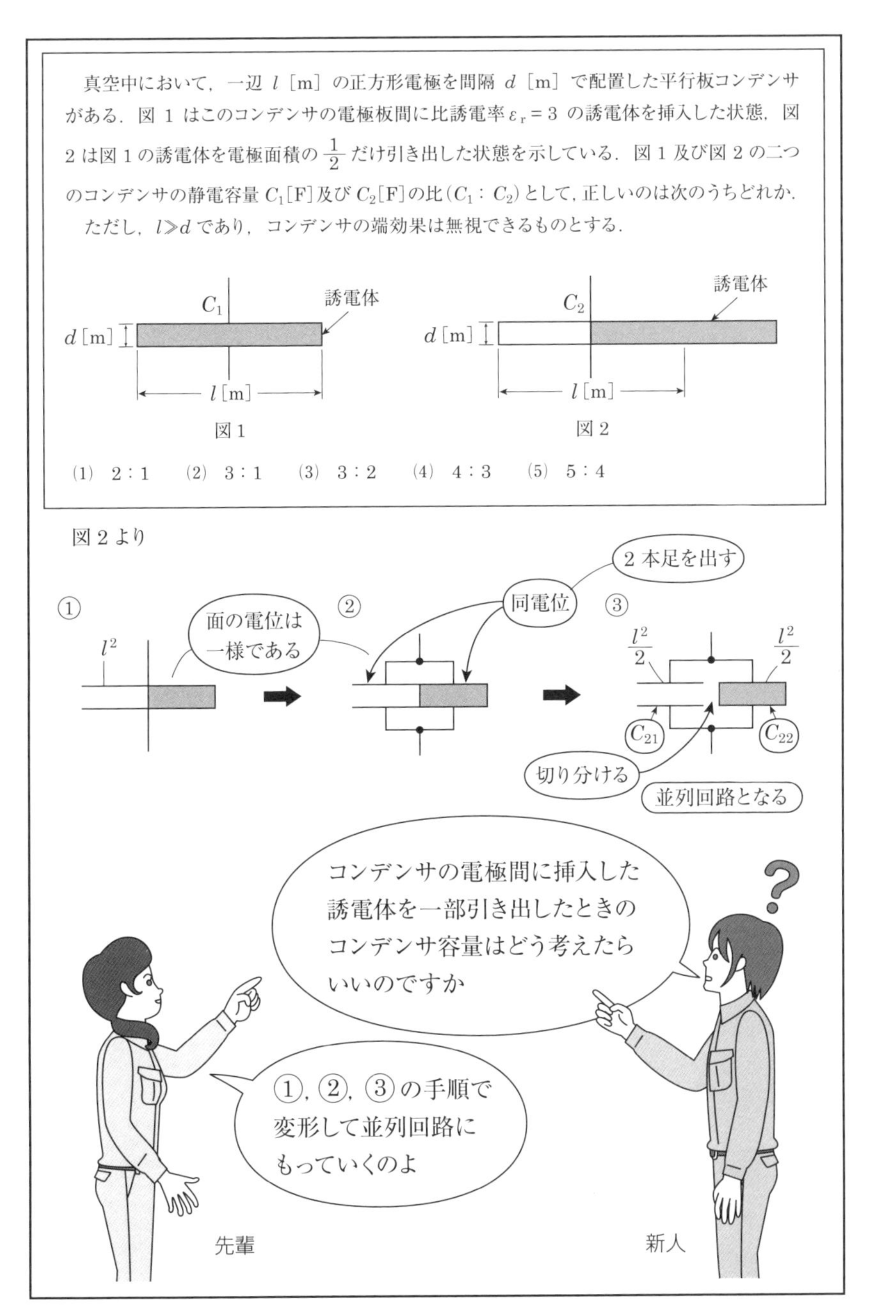

第22図　誘電体が挿入されたコンデンサの変形

23

静電気の疑問解決！

複雑なコンデンサは変形してわかりやすい形にする！

「先輩．第23図のコンデンサは何だか複雑で，どう考えたらいいのかわからないのでアドバイスをお願いします．」

「そうね．ちょっととっつきが悪いかもしれないわね．解法のコツは，いっぺんにやろうとしないで，少しずつ変形していくことよ．私のオリジナルな図で解説をするわ．」

「まず，図1の金属板①～⑥を考えてみるのよ．①，③，⑤はAにつながっているから，上向きに開くのよ．②，④，⑥はBにつながっているから下向きに開くの．このようにして，すべての金属板についてやっていくと，図2のようになるわね．」

「あっ．これならわかりやすいです．」

「そうよ．このように柔軟に変形して，見慣れた形にすることが大切なのよ．図2に金属板の番号を入れていくと，①と②，③と②のように，2枚ずつでコンデンサを形成していることがわかるでしょ．」「はい．」

「そして，一つのコンデンサの静電容量をC_0とすると，図3のように表されるわよ．」

「あっ．これは10個のコンデンサの並列接続ですね．最初は直列接続かと思ったのですが，そうではなかったのですね．」

「そうよ．この先はできるかな．」

「はい．金属板の面積をA [m^2]，極板間の距離をd [m]，比誘電率をε_sとすると，$C_0=\dfrac{\varepsilon_0\varepsilon_s A}{d}$です．コンデンサは10個の並列接続だから，全体では，$C=10C_0$になります．数値を代入すると，

$$C=\frac{10\varepsilon_0\varepsilon_s A}{d}=\frac{10\times 8.85\times 10^{-12}\times 1\times 0.5}{5\times 10^{-3}}=8\,850\times 10^{-12}\ \mathrm{F}$$

$$=8\,850\ \mathrm{pF}$$

になります．」「そうよ．それでいいわ．」

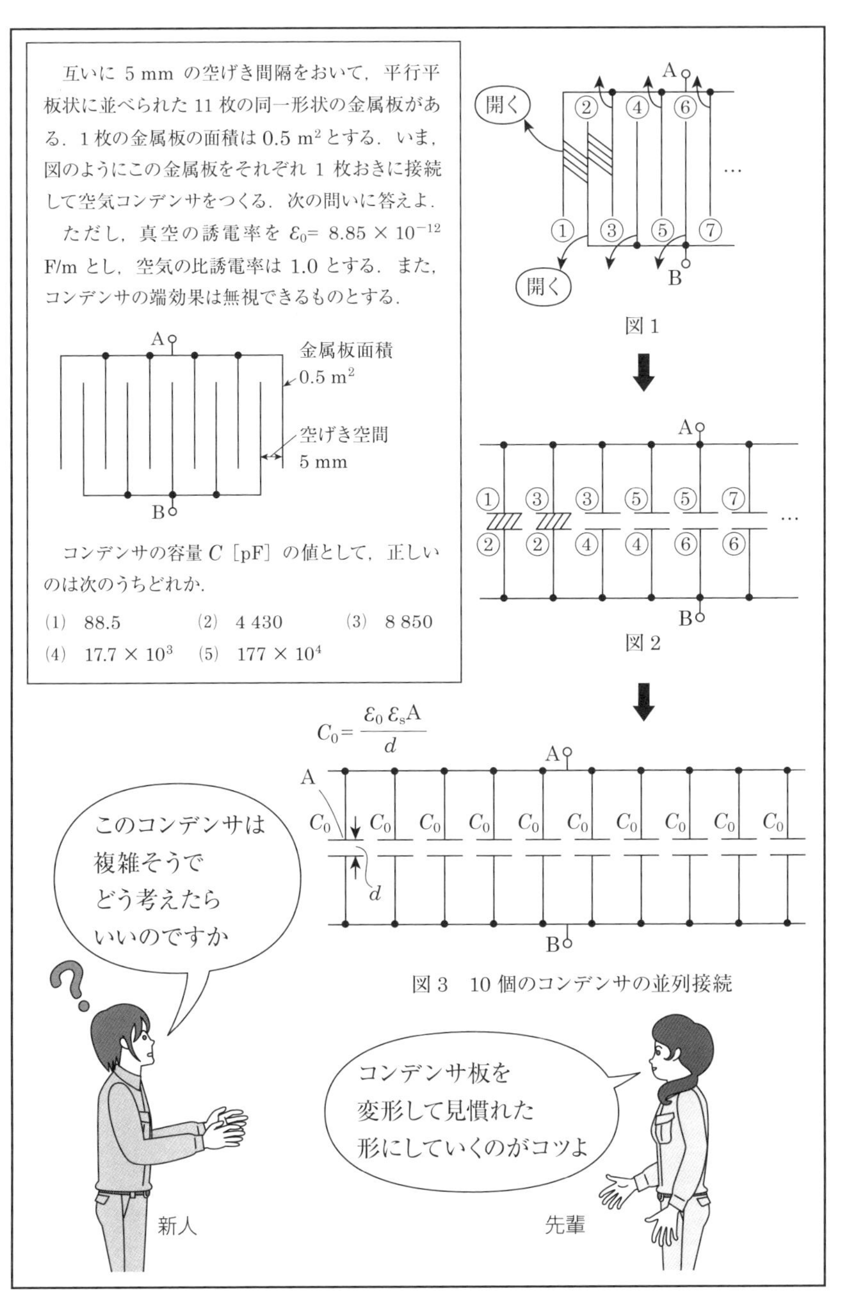

第23図　複雑なコンデンサの変形

電磁気の疑問解決！

24

環状鉄心にギャップが付くと，磁気抵抗・磁界はどうなるの？

「先輩．第24図のように，環状鉄心の磁気回路にギャップが付いたら，磁気抵抗や磁界はどうなるのですか.」

「そうね．ギャップ付きの磁気回路では，鉄心部の磁路とギャップ部の磁路を分けて考えないといけないわ．二つの媒質が違うから，磁気抵抗が変わるからね．鉄心部の磁気抵抗を R_{m1} [H^{-1}]，ギャップ部の磁気抵抗を R_{m2} [H^{-1}]，ギャップ長を g [m] とすると，

$$R_{m1}=\frac{2\pi r-g}{\mu_s\mu_0 S}\,[\mathrm{H}^{-1}] \qquad R_{m2}=\frac{g}{\mu_0 S}\,[\mathrm{H}^{-1}]$$

r：環状鉄心半径，S：断面積，μ_0：空気中の透磁率，μ_s：比透磁率

となるわよ．磁路はつながっているから，合成磁気抵抗 R_m は，$R_m=R_{m1}+R_{m2}$ [H^{-1}] となって，磁束 Φ は

$$\Phi=\frac{NI}{R_m}=\frac{NI}{R_{m1}+R_{m2}}=\frac{NI}{\dfrac{2\pi r-g}{\mu_s\mu_0 S}+\dfrac{g}{\mu_0 S}}$$

となるわよ．一般に，ギャップ長 g は，全体の磁路長 $2\pi r$ に比べて十分に小さいから，$2\pi r-g\fallingdotseq 2\pi r$ としていいわ．よって，

$$\Phi=\frac{NI}{\dfrac{2\pi r-g}{\mu_s\mu_0 S}+\dfrac{g}{\mu_0 S}}=\frac{\mu_0 SNI}{g+\dfrac{2\pi r}{\mu_s}}\,[\mathrm{Wb}]$$

と表すことができるわね.」

「磁束密度 B，エアギャップ部の磁界の強さ H_g は，

$$B=\frac{\Phi}{S}=\frac{\mu_0 NI}{g+2\pi r/\mu_s}\,[\mathrm{T}] \qquad H_g=\frac{B}{\mu_0}=\frac{NI}{g+2\pi r/\mu_s}\,[\mathrm{A/m}]$$

鉄心の μ_s は非常に大きいから，$2\pi r/\mu_s$ は小さくなるわ．g も小さいから，分母の値は小さくて，H_g の値は大きくなるのよ．このように，ギャップ付き磁気回路はギャップ部に強い磁界をつくることになるのよ．これがギャップの効果よ.」

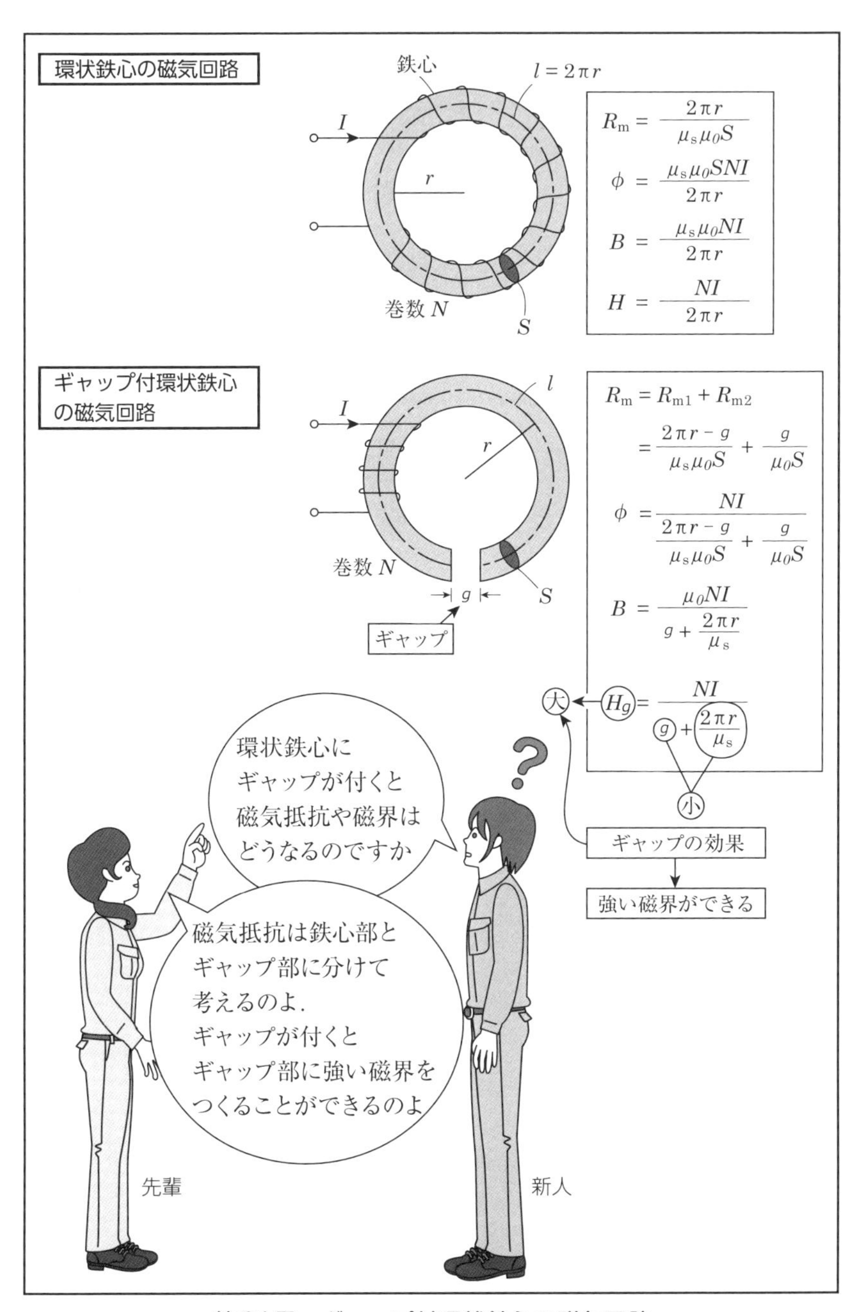

第24図　ギャップ付環状鉄心の磁気回路

電磁気の疑問解決！

25

磁気遮へい（磁気シールド）はどんな原理を使っているの？

「先輩．理論科目で，**第25図**の磁気遮へいの問題があったのですが，磁気のどんな原理を使っているのですか．」

「そうね．強磁性体については勉強したかな．」「はい．少しですが．」

「強磁性体には，磁束を通しやすい性質があるから，これを利用して，強磁性体の箱を磁界中に置いた場合，磁束はほぼその箱の部分を通って，箱の内部にはほとんど通らないのよ．外部の磁界の影響を排除できることになるの．このように，磁界の影響を除くことを磁気遮へい，または磁気シールドといっているの．医療分野では，強力な磁場をもつMRIなどから，人体等への電磁的影響を低減する目的で使われているよ．」

「磁束には，磁気抵抗が小さいほど通りやすい性質があるの．問題では，磁極Nから出た磁束は，S極に向かうけど，途中の中空球体鉄心のほうが，内部空間より磁気抵抗が低いから，ほとんどの磁束はその鉄心の中を通ろうとするの．したがって，磁気抵抗の高い内部の空間の点Aでは，磁束密度は極めて低くなるわ．なお，わずかではあるけど，磁束が鉄心から漏れる，漏れ磁束があるわ．」

「これの理解には，テーマ24で勉強したことが役立つわ．鉄心部とギャップ部の磁路長，断面積が等しい場合，それぞれの磁気抵抗R_{m}，R_{g}は，次のように表されるわね．

$$R_{\mathrm{m}} = \frac{l}{\mu_0 \mu_{\mathrm{s}} S} \qquad R_{\mathrm{g}} = \frac{l}{\mu_0 S}$$

l：磁路長，S：断面積，μ_0：空気中の透磁率，μ_{s}：比透磁率

エアギャップの磁気抵抗は，鉄心中のμ_{s}倍となるから，磁束は通りにくくなるわけなの．このことを踏まえて，NからSに向かう磁束を描くと図のように，屈曲したラインになるわ．」

「そうか，磁気遮へいは，磁気抵抗に関する応用問題なのですね．」

図のように，磁極 N，S の間に中空球体鉄心を置くと，N から S に向かう磁束は，(ア) ようになる．このとき，球体鉄心の中空部分（内部の空間）の点 A では，磁束密度は極めて (イ) なる．これを (ウ) という．

ただし，磁極 N，S の間を通る磁束は，中空球体鉄心を置く前と置いた後とで変化しないものとする．

上記の記述中の空白箇所(ア)，(イ)及び(ウ)に当てはまる組合わせとして，正しいものを次の(1)～(5)のうちから一つ選べ．

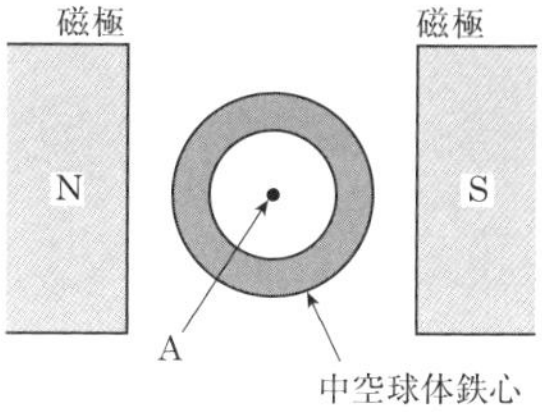

磁極
磁極
N
S
A
中空球体鉄心

	(ア)	(イ)	(ウ)
(1)	鉄心を避けて通る	低く	磁気誘導
(2)	鉄心中を通る	低く	磁気遮へい
(3)	鉄心を避けて通る	高く	磁気遮へい
(4)	鉄心中を通る	低く	磁気誘導
(5)	鉄心中を通る	高く	磁気誘導

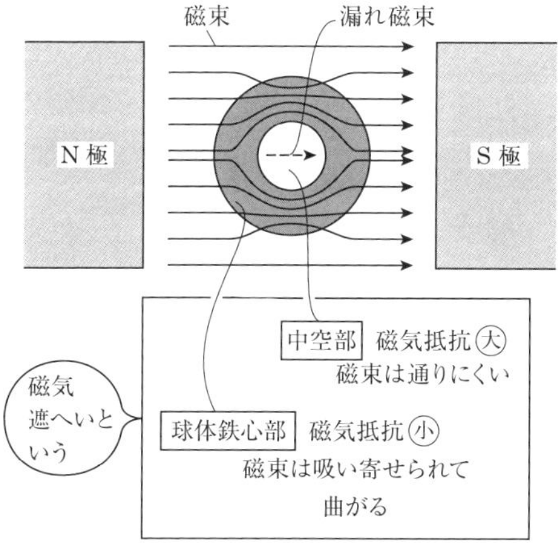

磁束
漏れ磁束
N 極
S 極
中空部　磁気抵抗(大)
磁束は通りにくい
球体鉄心部　磁気抵抗(小)
磁束は吸い寄せられて曲がる
磁気遮へいという
中空球体鉄心内の磁束はどのようになるのですか 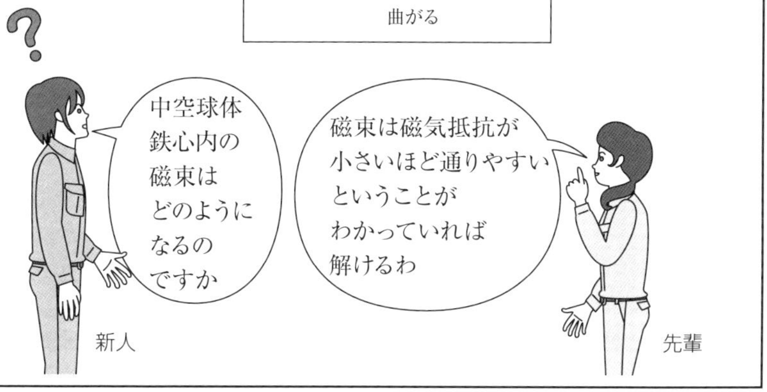
新人
磁束は磁気抵抗が小さいほど通りやすいということがわかっていれば解けるわ
先輩

第25図　磁気遮へいの原理

26

電気計測の疑問解決！

分流器の倍率がらみの計算は，どのように考えればいいの？

「先輩．分流器の考え方がはっきりしないので，その考え方を教えてください．」「そうね．よく公式だけ暗記する人がいるけど，そうではなく考え方が大切なのよ．」

「まず，分流器は，**第26図**のように電流計に並列に外部抵抗を接続して，測定電流の一部を計器に分流させることによって，測定範囲を拡大するのね．この外部抵抗は小さくして，電流を多く流すの．また，電流計の内部抵抗は大きくし，電流値を小さくして計器の破損を防ぐの．」

「測定電流をI，計器電流をI_1，外部抵抗に流れる電流をI_2，内部抵抗をR_a，外部抵抗をR_sとすると，次のことがいえるわね．

①　$I = I_1 + I_2$　（分流する）

②　抵抗R_aとR_sは並列である

③　②より各電流は抵抗の逆比になる

④　倍率$= \dfrac{I}{I_1}$

ここまでわかれば，次の例題は簡単よ．」

【例題】　図に示す最大目盛50 mAの直流電流計の測定範囲を1 Aまで拡大するために接続する分流器の抵抗R_s[Ω]の値はいくらか．ただし，直流電流計の内部抵抗$R_a = 1.9\ \Omega$とする．

【解答】　①で，測定範囲は1 Aだから，Iは1 A，電流計の最大目盛が50 mAだから，I_1が50 mAである．1 Aが分流するから，

$$I_1 = 50\ \text{mA},\quad I_2 = 1\ \text{A} - 50\ \text{mA} = 950\ \text{mA}$$

②，③で，抵抗が並列だから，流れる電流は抵抗の逆比を適用して

$$R_s = R_a \times \frac{50}{950} = 1.9 \times \frac{1}{19} = 0.1\ \Omega \quad \text{となる．}$$

「そうか．①～④の考え方を身に付ければ，どんな形で出題されても解けるんだな．公式なんか覚えなくてもいいのか．」

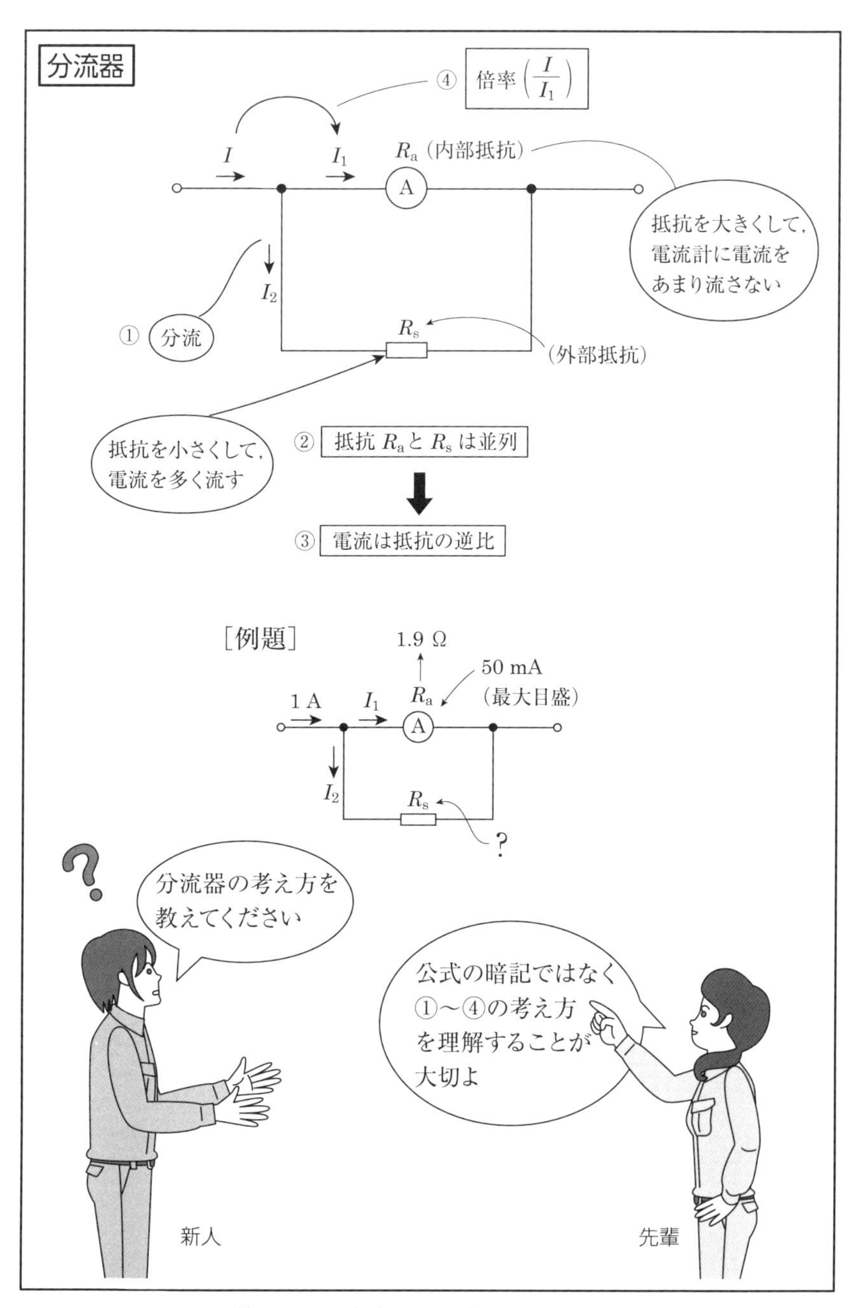

第26図　分流器の倍率がらみの計算

27

電気計測の疑問解決！

倍率器の倍率がらみの計算は，どのように考えればいいの？

「先輩．倍率器の考え方もはっきりしないので，その考え方を教えてください．」「そうね．倍率器も考え方は分流器と似ているわね．やはり考え方が大切なのよ．」

「まず，倍率器は，**第27図**のように電圧計に直列に外部抵抗を接続して，測定電圧の一部を計器に分圧することによって，測定範囲を拡大するのね．この外部抵抗は大きくして，電圧を多く加えるの．また，電圧計の内部抵抗は小さくし，分担電圧を小さくして計器の破損を防ぐの．」

「測定電圧を V，計器電圧を V_1，外部抵抗に加わる電圧を V_2，内部抵抗を R_v，外部抵抗を R_m とすると，次のことがいえるわね．

①　$V = V_1 + V_2$　（分圧される）

②　抵抗 R_v と R_m は直列である

③　②より各電圧は抵抗の比になる

④　倍率 $= \dfrac{V}{V_1}$

ここまでわかれば，次の例題はやさしいよ．」

【例題】　図に示す回路において，内部抵抗 R_v [kΩ]，最大目盛100 Vの永久磁石可動コイル形電圧計を，最大電圧500 Vまで測定するための倍率器の抵抗 R_m [kΩ]の値はいくらか．ただし，$R_v = 1$ kΩとする．

【解答】　①で，測定範囲は500 Vだから，Vは500 V，電圧計の最大目盛が100 Vだから，V_1が100 Vである．500 Vが分圧されるから，

$$V_2 = E - 100 = 500 - 100 = 400 \text{ V}$$

②，③で，抵抗が直列だから，各電圧は抵抗の比を適用して

$$R_m = R_v \times \frac{400}{100} = 1 \times 4 = 4 \text{ k}\Omega$$　となる．

「そうか．これも①～④の考え方を身に付ければ，応用問題が解けるんだ．」

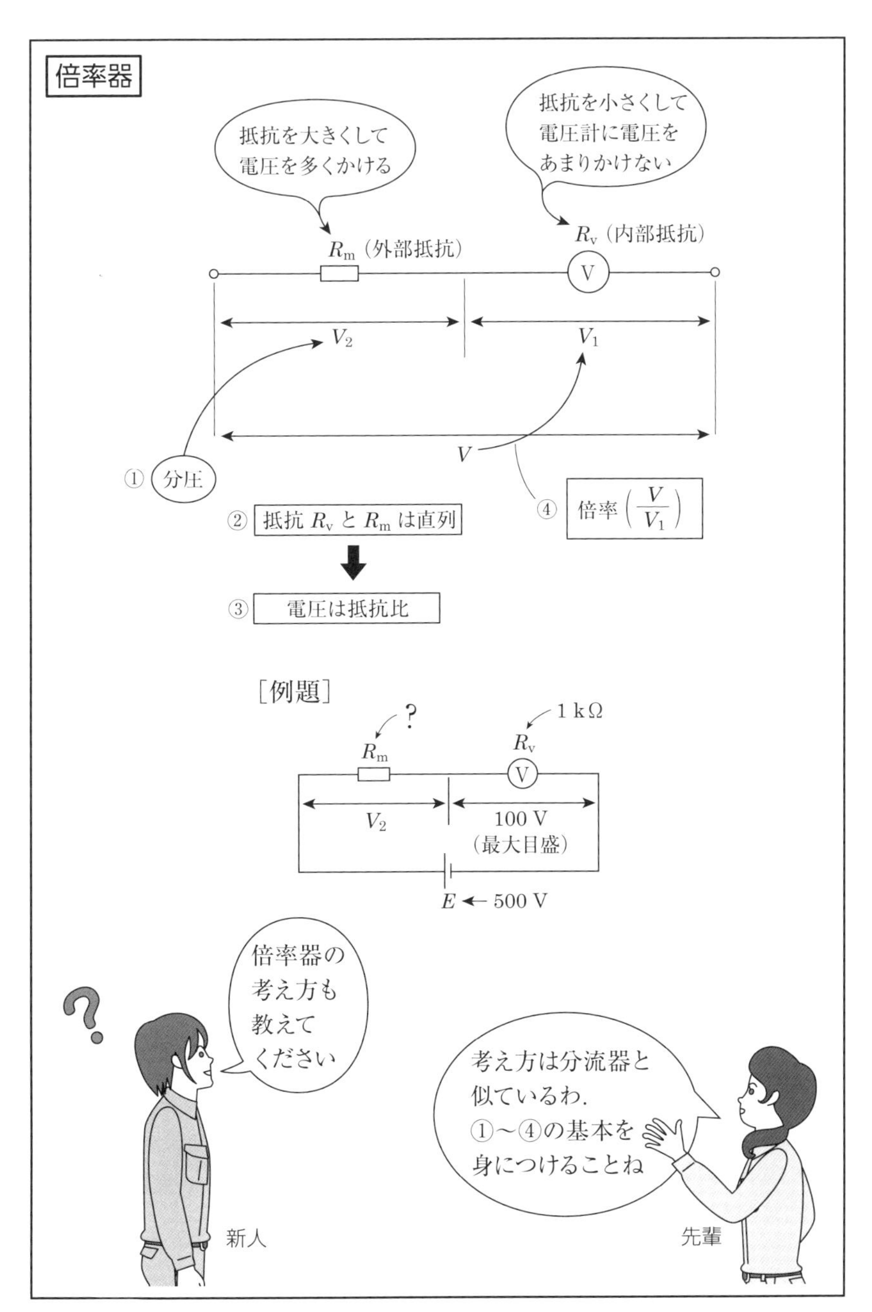

第27図　倍率器の倍率がらみの計算

28

電気計測の疑問解決！

交流ブリッジの平衡条件は，どのようにして求めるの？

「先輩．第28図のような交流ブリッジの問題がよく出てきます．その平衡条件は暗記しているのですが，どうやって求めるのですか．」

「まず，図の基本形で考えることにするわね．着眼点は電位差よ．平衡条件では交流検出器Dに電流は流れないから，ab 2点間に電位差はないわね．cadに流れる電流を$\dot{I}_1$，cbdに流れる電流を$\dot{I}_2$とすると，ca間の電位差とcb間の電位差は等しいから，

$$\dot{Z}_1\dot{I}_1 = \dot{Z}_2\dot{I}_2 \quad ①$$

ad間の電位差とbd間の電位差も等しいから，

$$\dot{Z}_4\dot{I}_1 = \dot{Z}_3\dot{I}_2 \quad ②$$

②式を変形して，　$\dot{I}_2 = \dfrac{\dot{Z}_4}{\dot{Z}_3}\dot{I}_1$

これを①式に代入すると，　$\dot{Z}_1\dot{I}_1 = \dot{Z}_2\left(\dfrac{\dot{Z}_4}{\dot{Z}_3}\dot{I}_1\right)$

$\therefore\ \dot{Z}_1\dot{Z}_3 = \dot{Z}_2\dot{Z}_4$　となるわけよ．」

「問題の図は，まず基本形のように変形して描き直して，見慣れた回路図に描き直すの．この変形に慣れていないと，ちょっと手こずるかもしれないけど，やってみてね．」

「えーっと．こんな形でいいですか．」「それでいいわ．」

「では，やってみます．cb間はR_1とC_1の並列計算になるから，先に計算します．

平衡条件を使って，　$R_2R_3 = \dot{Z} \times \dfrac{1}{1/R_1 + \mathrm{j}\omega C_1} = \dot{Z} \times \dfrac{R_1}{1+\mathrm{j}\omega C_1R_1}$

となって，求める値は$\dfrac{R_1}{1+\mathrm{j}\omega C_1R_1}$となります．」

「そうよ．平衡条件は暗記してもいいけど，その原理を把握しておくといいね．」「わかりました．」

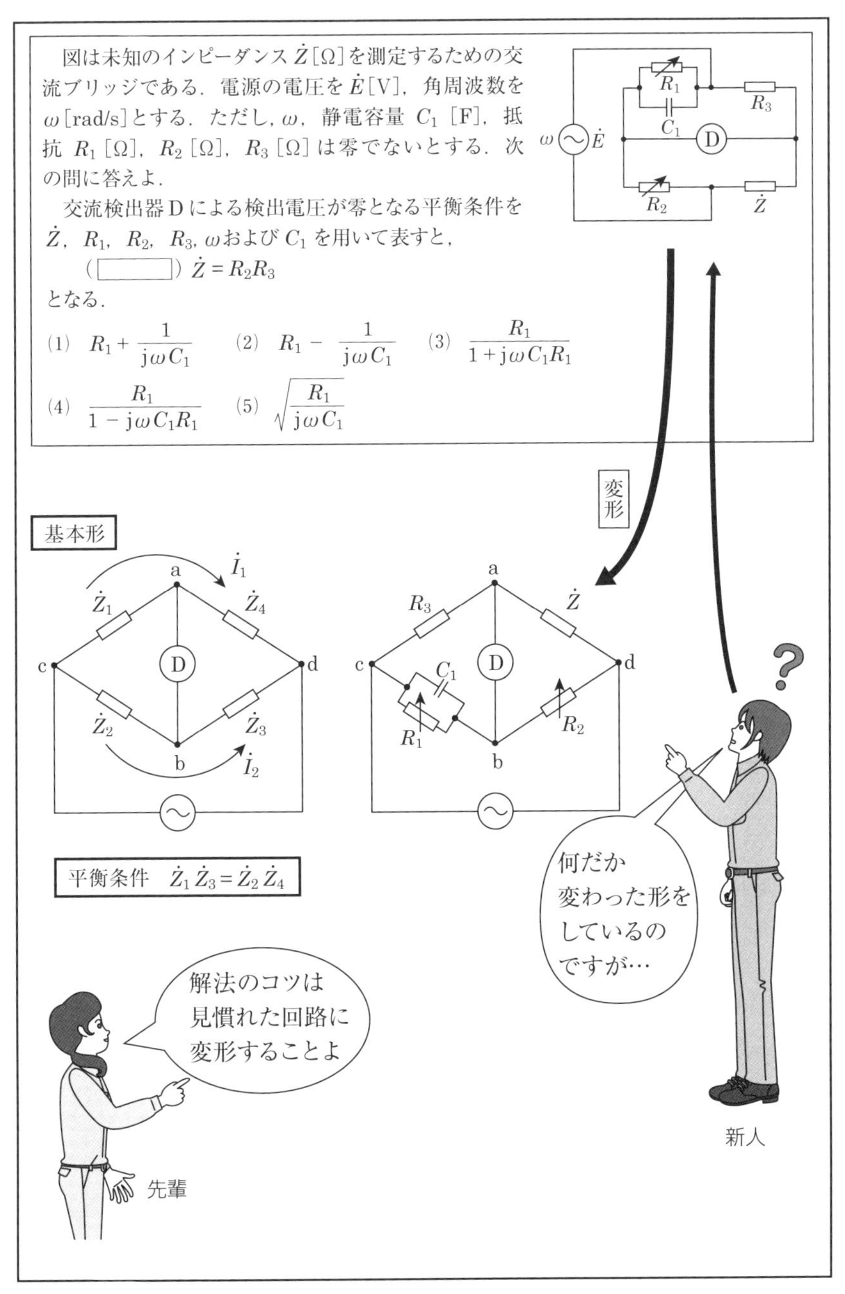

第28図　交流ブリッジの平衡条件

電子回路の疑問解決！

29 演算増幅器の問題はどのように考えたらいいの？

「先輩．理論科目の演算増幅器の問題(**第29図**)は，どのように考えたらいいのですか．」「そうね．それにはまず，条件である理想的な演算増幅器の特徴を理解することね．この問題を解くには，その特徴のうち次の三点をマスターすることよ．①入力インピーダンスが無限大であること．②増幅度は無限大であること．③－入力端子と＋入力端子がイマジナリショート（仮想短絡）となること．」

「図において，演算増幅器の－端子を点Pとするわよ．ここで，①の入力インピーダンスが無限大であることから，出力側から入力側へ流れる電流は，外部抵抗（10 kΩ，20 kΩ）の経路を流れるの．」

「なぜ電流は，外部抵抗を流れるのですか．」「演算増幅器の入力インピーダンスが無限大だから，入力電流はほぼ零となるからよ．電流は演算増幅器には流れないで，インピーダンスの小さい外部抵抗へ流れるのよ．」「ではなぜ，出力側から入力側へ流れるのですか．」「これは，出力がフィードバックされているわけで，出力電圧が入力電圧より大きいから当然だわね．」「③のイマジナリショートとは，どういうことですか．」「増幅度$A = V_{out}/V_{in}$だから，②の増幅度$A \fallingdotseq \infty$を使って，$V_{in} = V_{out}/A = V_{out}/\infty \fallingdotseq 0$となるわね．つまり，－入力端子と＋入力端子間には電位差がないので，このことをイマジナリショート(仮想短絡)というのよ．」「これらを踏まえて問題を解くと，点Pの電圧V_Pは二つの抵抗の分圧となるから，

$$V_P = V_{in} + \frac{20}{10+20}(V_{out} - V_{in}) = V_{in} + \frac{2}{3}(V_{out} - V_{in})$$

$$= \frac{2}{3}V_{out} + \frac{1}{3}V_{in}$$

イマジナリショートより，$V_P = 5$ V，題意より$V_{in} = 3$ V，数値を代入してV_{out}を求めると，$V_{out} = 6$ Vとなるわね．」

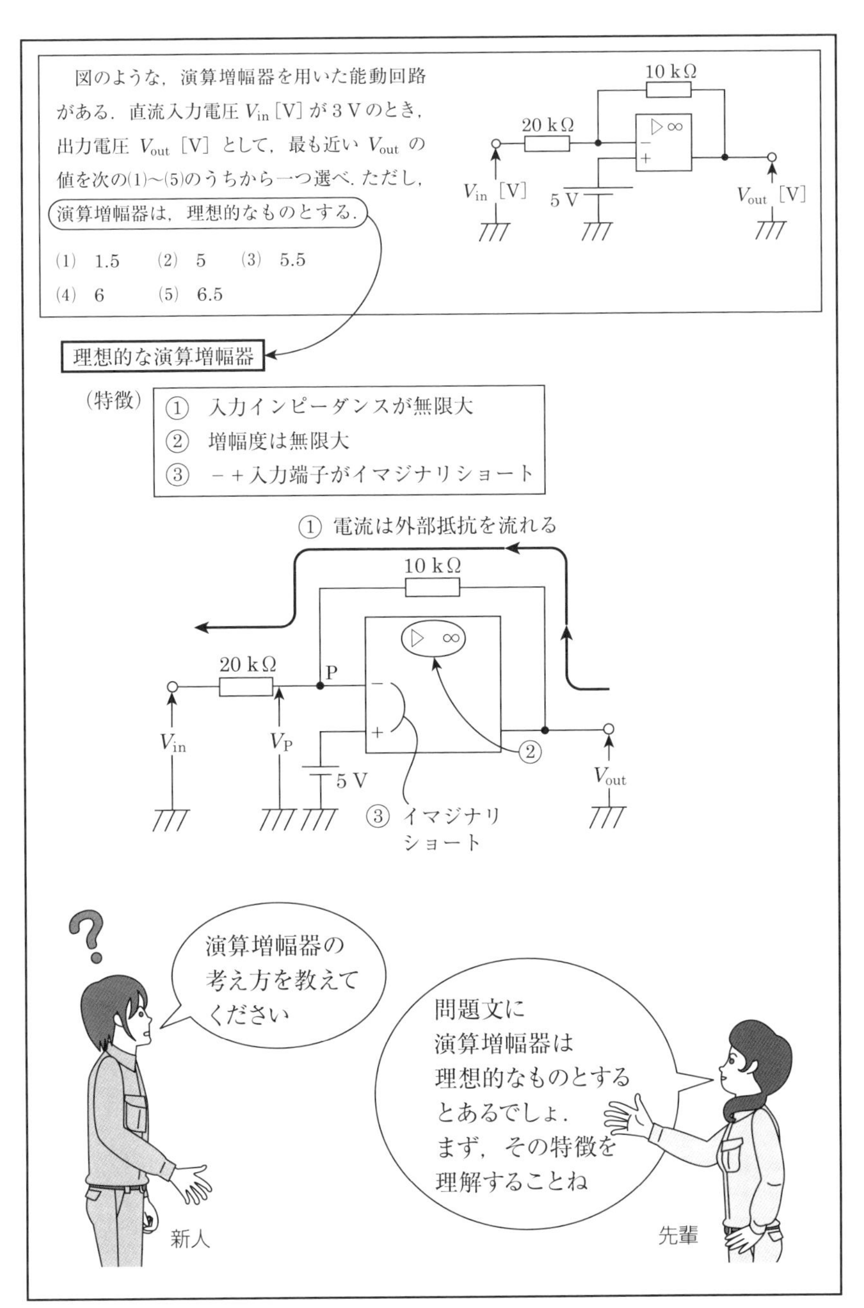

第29図　理想的な演算増幅器

第2章　電　力

発電の疑問解決！

変電の疑問解決！

送電の疑問解決！

配電の疑問解決！

電気材料の疑問解決！

発電の疑問解決！ **1**

風力発電のエネルギーは運動エネルギーから求める！

「風力発電のエネルギーの式は暗記しているのですが，どうやって求めるのですか.」

「そうね．これは物理学の世界よ．風のもつエネルギーは運動エネルギーなのよ．質量を m [kg]，速度を V [m/s] とすると，運動エネルギーは $(1/2)mV^2$ となるのは，勉強したことあるかな.」「はい.」

「風車の受風面積を A [m^2] として，この面積を風速 V [m/s] の空気（密度 ρ [kg/m^3]）が通過すると，風のエネルギー W [J] は，

$$W=\frac{1}{2}mV^2=\frac{1}{2}(\rho AV)V^2=\frac{1}{2}\rho AV^3\,[\mathrm{J}] \qquad ①$$

となるわ．すなわち，風力エネルギーは受風面積に比例して，風速の3乗に比例するの.」「なぜ，m は ρAV になるのですか.」

「一般に，質量 m は体積に密度 ρ をかけたものよ．この場合は，単位時間当たりに風車に当たる空気量（体積）は，受風面積 A に風速 V をかけたものになるわ.」

「あと，パワー係数の扱い方について教えてください.」

「単位時間当たりにロータを通過する風のエネルギーのうちで，風車が風から取り出せるエネルギーの割合がパワー係数だから，これを①式にかければいいわよ．**第1図**の問題をやってみるといいわ.」

$$W=\frac{1}{2}\rho AV^3=\frac{1}{2}\rho\pi r^2V^3=\frac{1}{2}\times1.2\times\pi\times30^2\times10^3$$

$$=540\pi\times10^3\ \mathrm{J}$$

軸動力 P_{m} [W] は，1秒当たりのエネルギー [J/s] だから，

$$P_{\mathrm{m}}=W\,[\mathrm{J}]/1\ \mathrm{s}=540\pi\times10^3\ \mathrm{W}$$

パワー係数50％をかけると，軸出力 P_{o} は

$$P_{\mathrm{o}}=540\pi\times10^3\times0.5=848.2\times10^3\fallingdotseq850\ \mathrm{kW}$$

となります.」「それでいいわよ.」

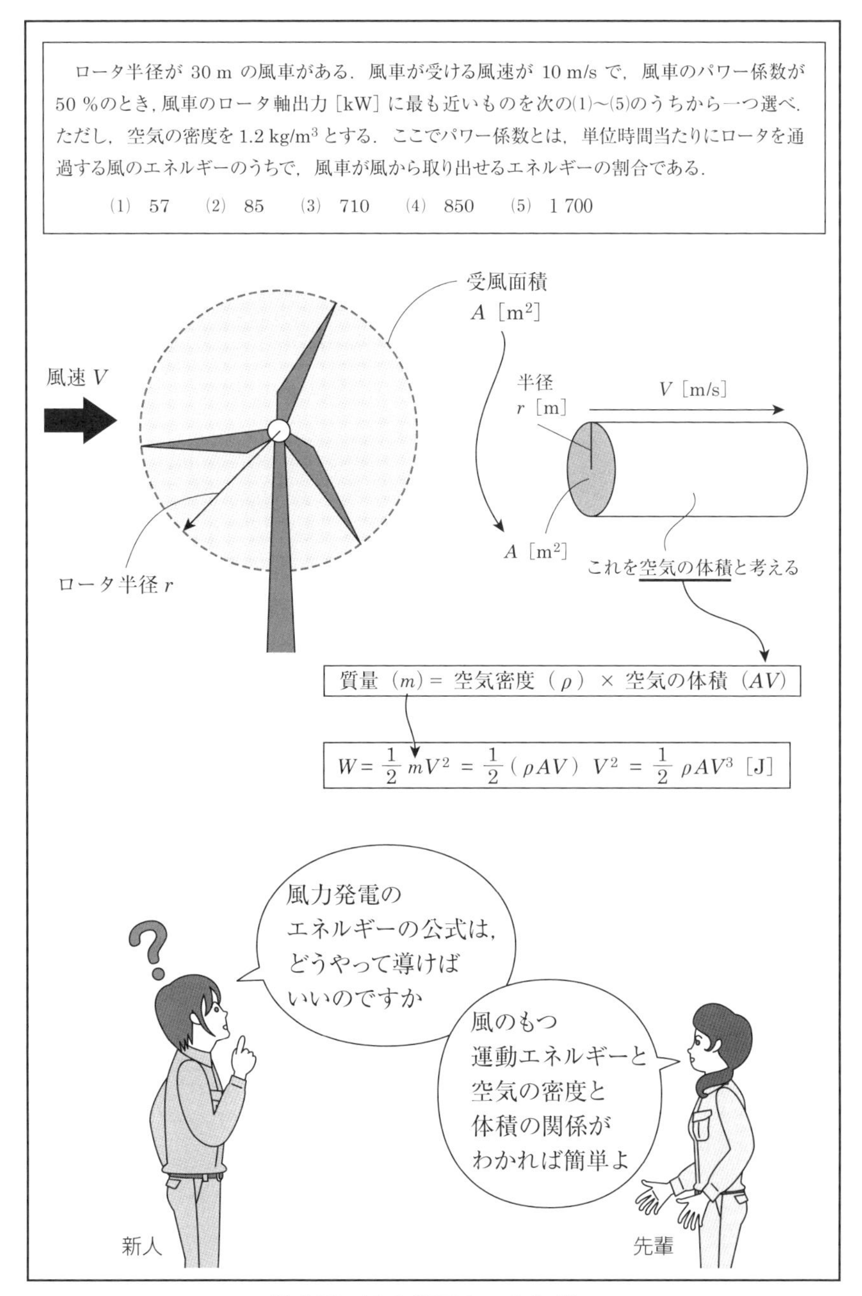

ロータ半径が 30 m の風車がある．風車が受ける風速が 10 m/s で，風車のパワー係数が 50 %のとき，風車のロータ軸出力 [kW] に最も近いものを次の(1)～(5)のうちから一つ選べ．ただし，空気の密度を 1.2 kg/m^3 とする．ここでパワー係数とは，単位時間当たりにロータを通過する風のエネルギーのうちで，風車が風から取り出せるエネルギーの割合である．

(1) 57　(2) 85　(3) 710　(4) 850　(5) 1 700

第1図　風力発電のエネルギー

発電の疑問解決！

2

太陽光発電の系統連系はどのようになっているのだろうか？

「先輩．電験に太陽光発電システムに関する出題が多いのですが，そのシステムについて教えてください．」

「そうね．まず，太陽光モジュールが光エネルギーを受けて発電するのね．これは直流電力だから，パワーコンディショナによって交流電力に変換するの．発電電力が消費電力を上回った場合は，電力会社に逆に送電して買取りをしてもらうの．この逆の送電のことを逆潮流というわ．反対に太陽光発電だけでは足りないときは，従来どおり電力会社からの電気を使うのよ．このため，電力量計は，売電用と買電用の二つの電力量計が必要よ．このような方式を系統連系と呼んでいるわ．」

「はい．では，太陽電池の発電効率はどのくらいなのですか．」

「太陽電池には，単結晶，多結晶，アモルファスなどがあって，一概にはいえないけど現在のところ，15～20 %程度だわね．日射量が安定していないから，効率が低いのよ．ここが一つの課題ね．太陽光発電はクリーンな自然エネルギーだけど，そのほかにもいくつか問題を抱えているわ．」

「それは，どんなことですか．」

「太陽光発電では直流で発電されるから，電力変換の際に高調波が発生するの．このために，フィルタの設置などが必要となるわ．」

「また，最近は大規模太陽光発電（メガソーラ）が多くなってきたけど，これを電力系統に連系した場合，配電用変電所に設置されている変圧器に逆向きの潮流が増加して，配電線の電圧が上昇する場合もあるわ．」

「また，電力会社の発電所においては，太陽光発電があることで，供給力が需要を上回る場合，供給力の余剰によって，周波数が上昇して発電機で調整しきれない事態が生じることもあるからね．」「そうか．太陽光発電にも長所と短所があるのだな（**第2図**参照）．」

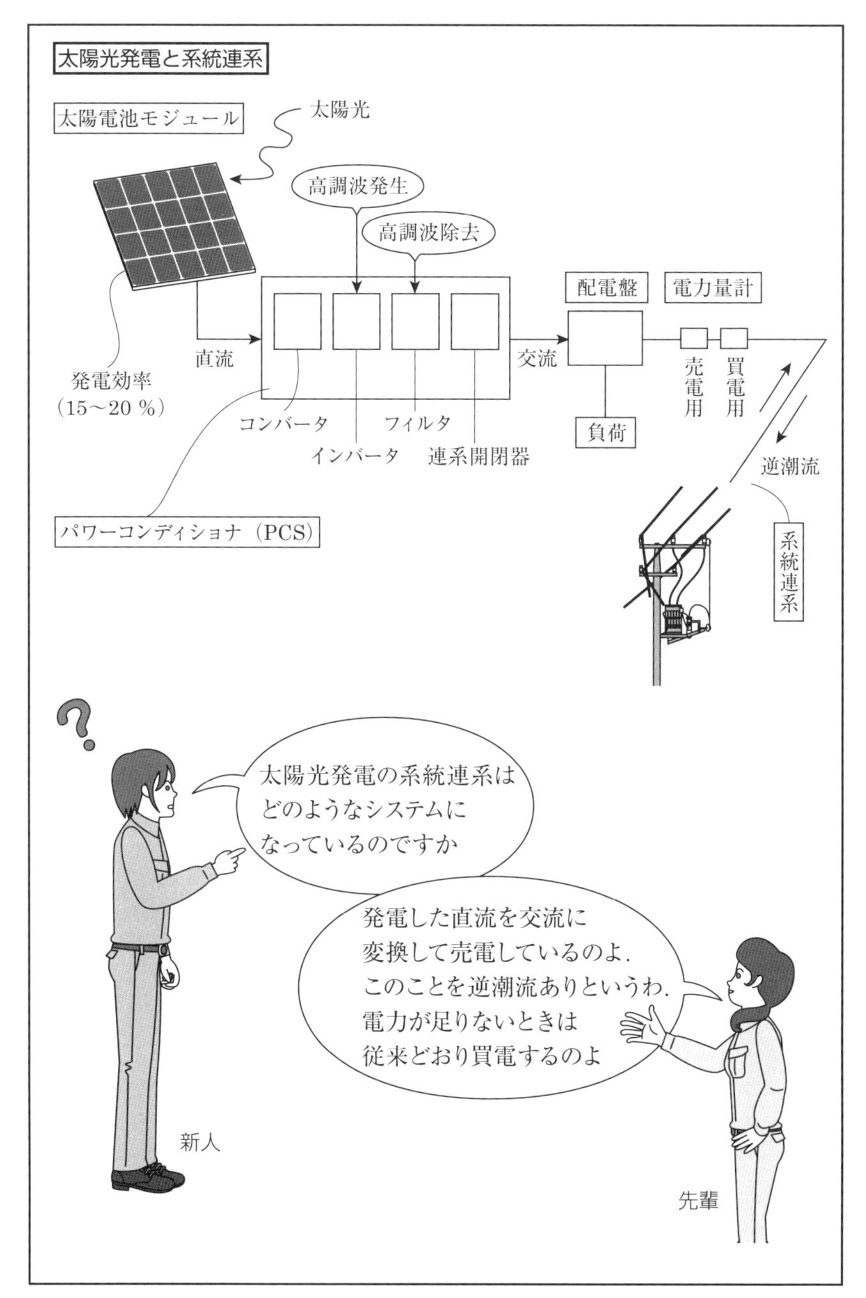

第２図　太陽光発電の系統連系

3

発電の疑問解決！

揚水発電所は，どのような発電システムなの？

「先輩．電力科目に揚水発電所の問題があったのですが，そのシステムを教えてください.」「そうね．まずその目的だけど，電力需要ピークが発生したときに，電力会社はそれに対応する手段として，揚水発電所によって得られる電力を使ってしのいでいるのよ.」

「揚水発電所には，上部調整池と下部調整池があって，深夜や軽負荷時の供給余力を利用して，下部調整池の水を上部調整池にくみ上げて，ピーク負荷時にこの水を利用して発電する発電所なのよ.」

「原子力発電所や火力発電所は，ベース電力として，停止すると効率が悪いので，一般的に連続運転を行っているのよ．この電力を余らせておくのはもったいないから，その余剰電力を利用して，ポンプ水車を発電時とは逆回転させることにより，上部調整池へ水をくみ上げる．電力を位置エネルギーに変換するのよ．そして，電力需要ピーク時にポンプ水車を回転させて発電するのよ．蓄えられた水を，今度は運動エネルギーとして活用するわけなの．つまり揚水発電所は，電力を別な形で貯蔵する大規模な蓄電池といえるわ.」

「何だか，物理学のようですね.」「そうよ．電気という学問の根源は物理学だからね.」

「一方，停止して待機中の揚水発電所は，運転予備力を担っている．運転予備力とは，即時に発電可能なものや10分程度以内の短時間で発電機を起動して負荷をとり，待機予備力が起動して負荷をとる時間まで継続して発電できる供給力なのよ．真夏の需要急増時や電源の出力抑制が必要な場合など，発電が需要に追いつかないような事態に陥ったとき，即時または短時間で系統の不足電力を解消する手段として活躍しているわ.」

「そうか．揚水発電所は変動する負荷に対応できる，優れた発電方式なのだな.」と，新人は感じ入ったのである（**第3図参照**）.

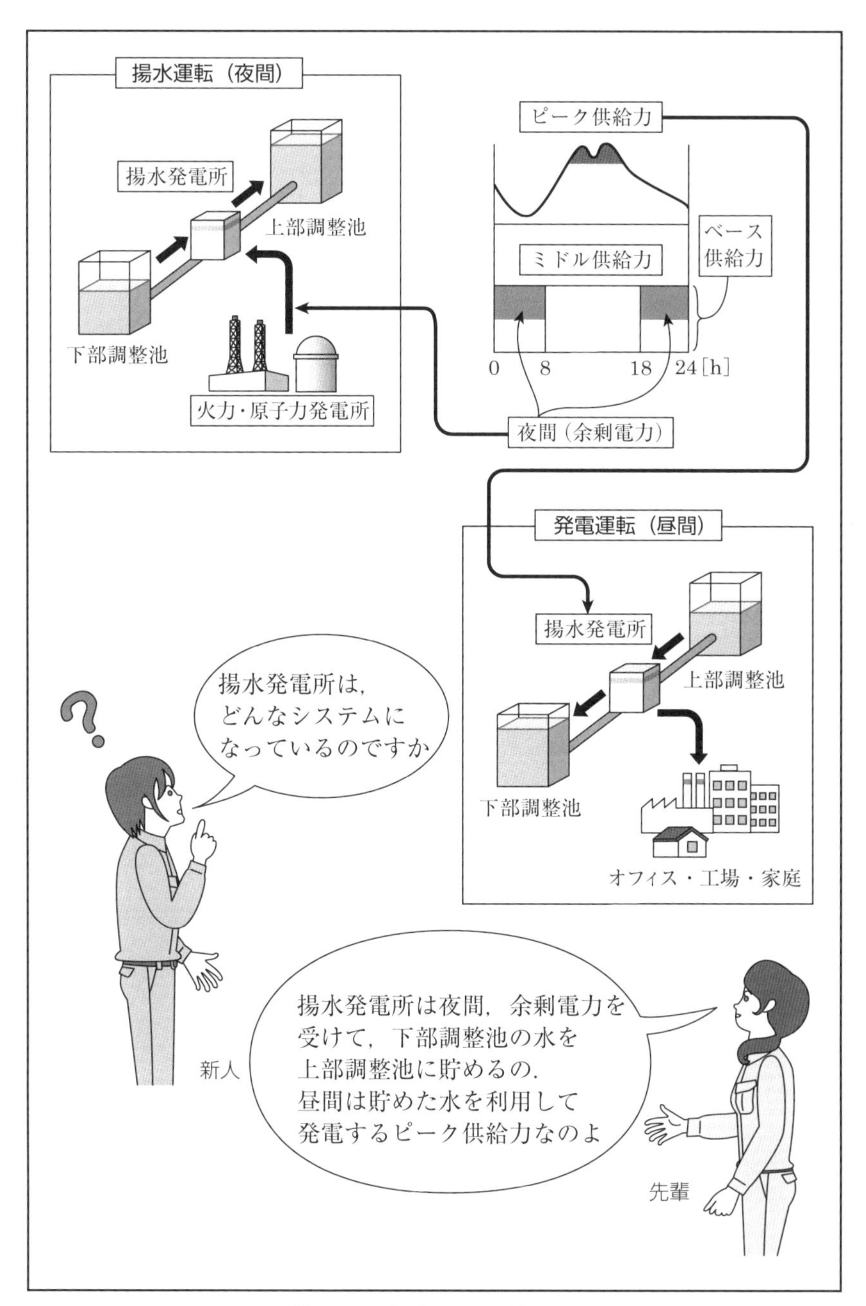

第3図　揚水発電の仕組み

発電の疑問解決！

4

重油専焼火力発電所の計算問題は単位換算に注意する！

「先輩．火力発電所の計算問題（第4図）があったのですが，解き方がいま一つよくわからないのです．」「この手の問題は近年よく出るけど，習熟しないとわかりにくいかもしれないわね．解法の要点は三つあるわ．①単位を統一すること，②重油の発熱量を用いて消費量を重量に換算すること，③原子量を使ってCO_2の質量を求めることね．」

「まず発電端効率だけど，これは入力と出力から求められるわね．

$$効率\eta = \frac{発電電力量\,[\mathrm{kW \cdot h}]}{重油の総発熱量\,[\mathrm{kJ}]}$$

入力と出力の単位が違うところが問題となるわね．そこで，これをkJに統一するの．（要点①）」「どのようにするのですか．」

「それは，$\mathrm{W = J/s}$から$\mathrm{J = W \cdot s}$，さらに$\mathrm{kJ = kW \cdot s}$として，これを使うのよ．数値を代入すると，

$$\eta = \frac{45\,000 \times 10^3 \times 3\,600}{44\,000 \times 9.3 \times 10^3 \times 10^3} = 0.396 = 39.6\,\%$$

次に，重油の総発熱量を$Q\,[\mathrm{kJ}]$，発電電力量を$W\,[\mathrm{kJ}]$とすると，

$$Q = W/\eta \qquad ①$$

$$W = 600\,\mathrm{kW} \times 10^3 \times 24\,\mathrm{h} \times 3\,600\,\mathrm{s} = 600 \times 24 \times 3.6 \times 10^6\,\mathrm{kJ}$$

これと，$\eta = 0.4$を①式に代入して，$Q = 129\,600 \times 10^6\,\mathrm{kJ}$

要点②として，重油の発熱量$44\,000\,\mathrm{kJ/kg}$より，Qを重量に換算すると，

$$\frac{129\,600 \times 10^6}{44 \times 10^3} = 2\,945 \times 10^3\ \mathrm{kg} = 2\,945\ \mathrm{t}$$

このうち炭素成分（C）は，$2\,945 \times 0.85 = 2\,503\,\mathrm{t}$

要点③として，CO_2の質量を求める．質量は原子量（$C = 12$，$CO_2 = 44$）に比例するから，

$$CO_2の重量 = 2\,503 \times 44/12 = 9.18 \times 10^3\,\mathrm{t}$$

筋道を立てて取り組めばそれほど難しくはないわ．」

最大出力 600 MW の重油専焼火力発電所がある．重油の発熱量は 44 000 kJ/kg で，潜熱は無視するものとして，次の（a）及び（b）に答えよ．

（a）45 000 MW·h の電力量を発生するために，消費された重油の量が 9.3×10^3 t であるときの発電端効率［%］の値として，最も近いのは次のうちどれか．

（1） 37.8　（2） 38.7　（3） 39.6　（4） 40.5　（5） 41.4

（b）最大出力で 24 時間運転した場合の発電端効率が 40.0 % であるとき，発生する二酸化炭素の量［t］として，最も近い値は次のうちどれか．

なお，重油の化学成分は重量比で炭素 85.0 %，水素 15.0 %，原子量は炭素 12，酸素 16 とする．炭素の酸化反応は次のとおりである．

$$C + O_2 \rightarrow CO_2$$

（1） 3.83×10^2　（2） 6.83×10^2　（3） 8.03×10^2

（4） 9.18×10^3　（5） 1.08×10^4

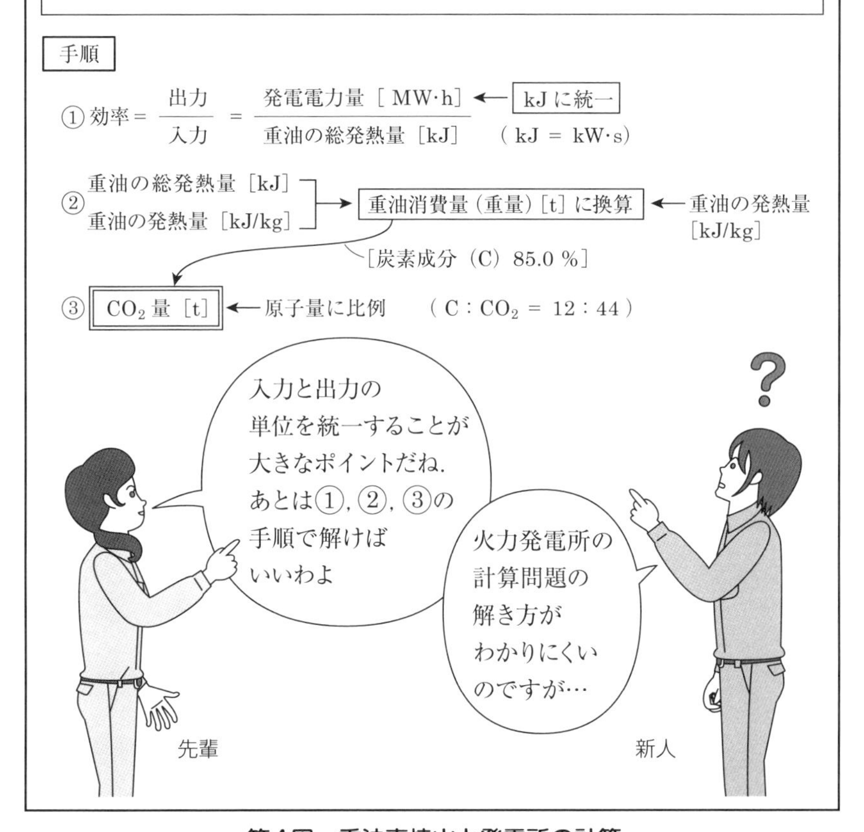

第4図　重油専焼火力発電所の計算

5

変電の疑問解決！

送電用変圧器には，Y-Y-△結線が使われるわけとは？

「先輩．変圧器の中で，Y-Y-△結線というものがあったのですが，どんなところに使われているのですか．」

「そうね．自家用電気工作物では見かけないわね．主として，電力会社で送電用の変圧器として使われているのよ．まず，Y-Y結線の特長として，中性点を接地することができるから，故障時の電圧上昇を抑えたり，段絶縁の採用もできるから，絶縁の面で有利なことが挙げられるわ．」

「ただ，Y結線には問題点があるの．中性点が非接地の場合，第3調波は流れないけど，中性点を接地すると，**第5図**のように各相から同相の第3調波電流が中性点に流れるの．この第3調波電流は，変圧器の励磁電流がひずんでいるため，その成分が含まれているの．第3調波電流は，図のように，送電線の対地静電容量を介して大地を通じて流れるから，電力線に近接する通信線に電磁誘導障害を及ぼすの．」

「これに対し，△結線がある場合は，第3調波電流は△結線内を循環して流れるから（機械テーマ5，6参照），送電線路に第3調波電流を流すことはないわ．だから通信線への電磁誘導障害を防止することができるの．具体的には，変圧器の三次巻線として△結線を設けて対応しているの．」

「こんなわけで，Y-Y結線の最大の欠点は，励磁電流の第3調波成分が悪影響を及ぼすことなの．だから，一般的には，Y-Y結線のままでは使われないわ．三次巻線を△結線として設置して使われるの．送電用変圧器においては，Y-Y-△結線とすることによって，Y-Y結線の短所を補っているというわけなの．」

「そうか．△結線は，変圧器にはなくてはならないものなのだな．先人が知恵を絞って考え出したことなのだな．」と，新人は感じたのである．

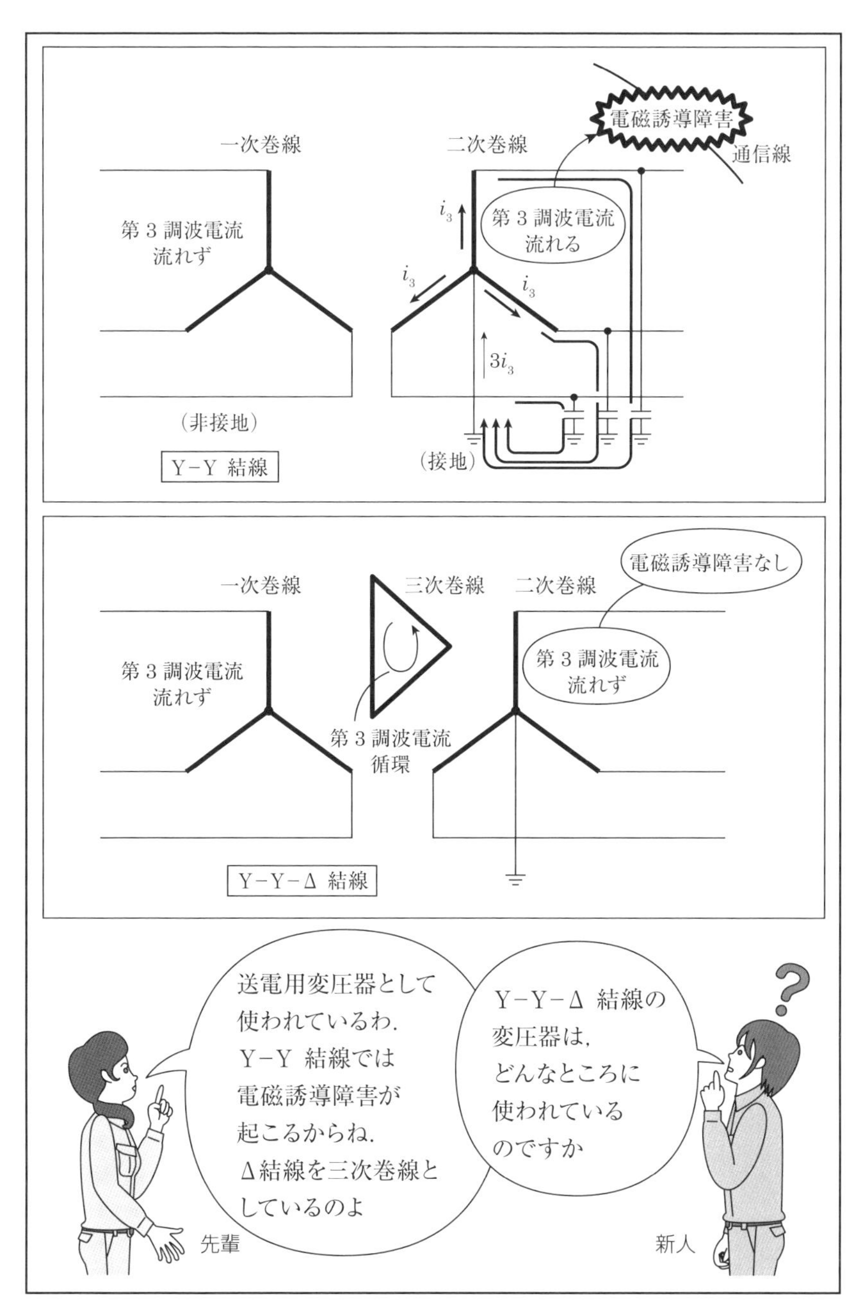

第５図　重油専焼火力発電所の計算

変電の疑問解決！　**6**

特別高圧変電所では，どのようにして電圧調整しているの？

特別高圧変電所の変圧器には，送電を停止することなく変圧比を変えることのできる，負荷時タップ切換装置（LTC）が取り付けてある．通電中にタップ巻線の接続を切り換える装置であり，変圧器の中身と一緒に変圧器タンクに組み込まれている．LTCは，そのタップ巻線が主巻線に直列に接続され，変圧器の一次側に取り付けられている．

LTCは変圧器のタップ巻線が接続されるタップ選択器部と負荷電流の切換を行う切換開閉器部から構成されている．切換開閉器部は電流遮断を行うので，変圧器内部とは完全に隔離されている．ここでは，真空バルブ式LTCを例に挙げ，タップ切換動作について説明する（**第6図**参照）．

制御盤から昇圧または降圧への指示が入力されると，電動機により蓄勢装置の蓄勢ばねにエネルギーが蓄えられて，その放勢時に切換動作が行われる．タップ選択器は切換開閉器と同期して動作してタップを選択している．タップ選択器も電動機により可動接点を駆動してタップ選択を行う．タップ選択器の可動接点により次に切り換える接点を接続したあと，切換開閉器部で通電経路を切り換える．

具体的にタップnからタップ$n+1$に切り換わる場合の動作は，次のとおりである．

⑴　n運転状態（図中①）

⑵　抵抗バルブV_2閉によりn，$n+1$ともに通電状態となり，タップ巻線間に循環電流が流れる．循環電流は限流抵抗Rによって制限される（図中②）．

⑶　主バルブV_1開により，$n+1$のみ通電状態となる（図中③）

⑷　切換スイッチSの切換開始（図中③）

⑸　切換スイッチSの切換終了（図中④）

⑹　主バルブV_1閉によりタップ切換が完了し，$n+1$運転状態となる（図中⑤）．

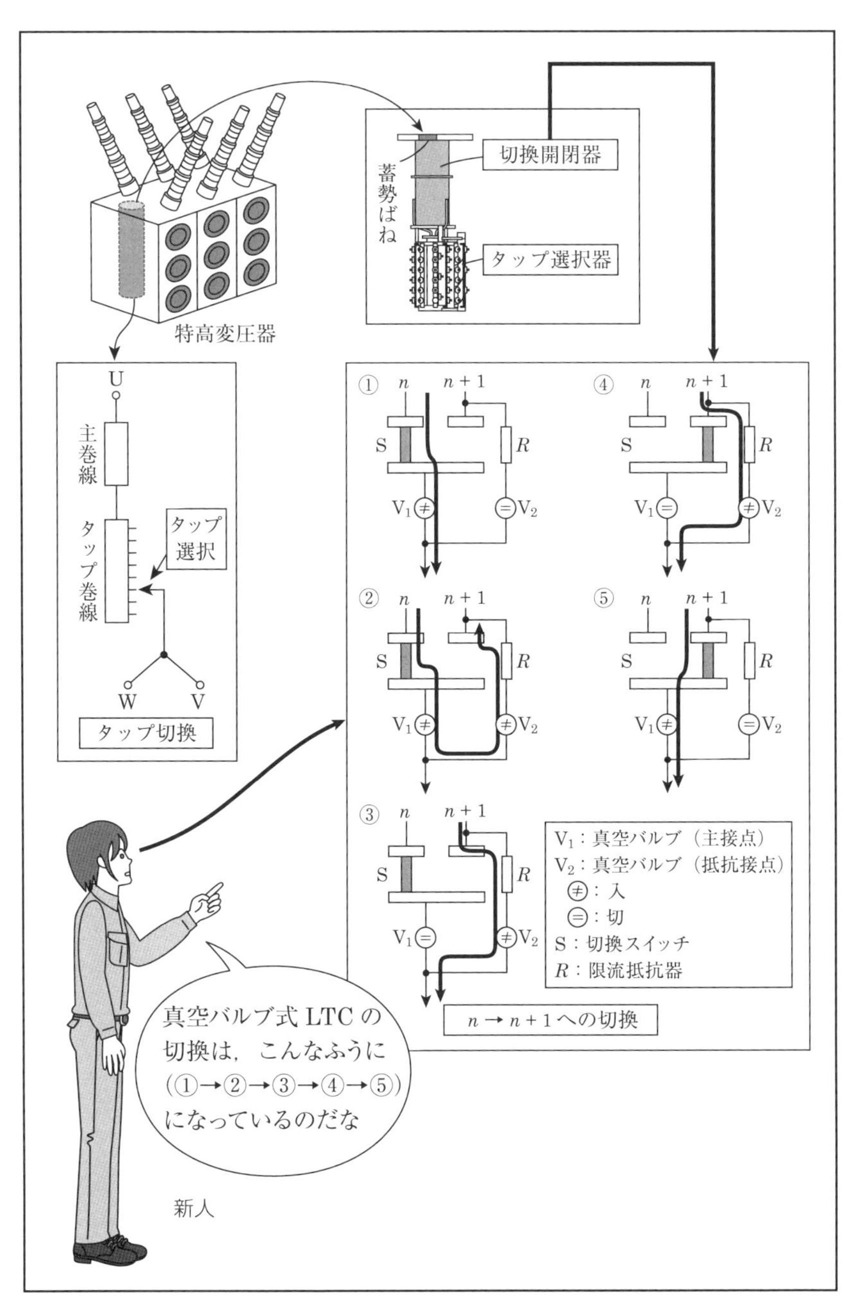

第6図　負荷時タップ切換装置の仕組み

変電の疑問解決！

7

異容量変圧器の並行運転……負荷分担は並列の電気回路の応用で！

「先輩．容量の異なる変圧器の並行運転の問題（**第7図**）があったのですが，負荷分担はどのように考えたらいいのですか．」

「理論に並列回路があったでしょ．あの考え方を使えばいいのよ．問題では，パーセントインピーダンスが与えられているけど，普通のインピーダンスと考え方は同じだね．違うところは，パーセントインピーダンスは基準容量を基にしているから，2台の変圧器の基準容量を同一レベルにするところね．」

「変圧器Aは定格容量5 000 kV·Aを基準容量とし，変圧器Bは定格容量1 500 kV·Aを基準としているから，変圧器Bを基準容量5 000 kV·Aに換算して，そのパーセントインピーダンスZ_B'を求めると，

$$\%Z_B' = 7.5 \times \frac{5\,000}{1\,500} = 25\,\%$$

これで，変圧器Aの$\%Z_A$（9.0 %）と変圧器Bの$\%Z_B'$（25 %）は，同一レベルになったわね．インピーダンスを一次側に換算した等価回路を描くと，電源，変圧器A・B，負荷の関係は図のようになるわ．」

「あっ．これは，理論に出てくる並列回路だ．」

「それがわかったら，電流はどうだったのかな．」「電流はインピーダンスの逆比です．」

「そうよ．変圧器の電圧は，A，B同じだから，負荷分担P_A，P_Bは，電流分担に等しいと考えればいいわね．負荷Pは6 000 kV·Aだから

$$P_A = \frac{\%Z_B'}{\%Z_A + \%Z_B'} \times P = \frac{25}{9.0 + 25} \times 6\,000 \fallingdotseq 4\,412\,\text{kV·A}$$

$$P_B = \frac{\%Z_A}{\%Z_A + \%Z_B'} \times P = \frac{9.0}{9.0 + 25} \times 6\,000 \fallingdotseq 1\,588\,\text{kV·A}$$

となって，変圧器Bが過負荷になるわ．過負荷率は，1 588/1 500 ≒ 1.058 7 ≒ 105.9 %になるわね．」「はい．」

一次測定格電圧と二次測定格電圧がそれぞれ等しい変圧器 A と変圧器 B がある．変圧器 A は，定格容量 $S_A = 5\ 000$ kV·A，パーセントインピーダンス $\%Z_A = 9.0\ \%$（自己容量ベース），変圧器 B は，定格容量 $S_B = 1\ 500$ kV·A，パーセントインピーダンス $\%Z_B = 7.5\ \%$（自己容量ベース）である．この変圧器 2 台を並行運転し，6 000 kV·A の負荷に供給する場合，過負荷となる変圧器とその変圧器の過負荷運転状態［%］（当該変圧器が負担する負荷の大きさをその定格容量に対するは百分率で表した値）の組合せとして，正しいものを次の(1)～(5)のうちから一つ選べ．

	過負荷となる変圧器	過負荷運転状態［%］
(1)	変圧器 A	101.5
(2)	変圧器 B	105.9
(3)	変圧器 A	118.2
(4)	変圧器 B	137.5
(5)	変圧器 A	173.5

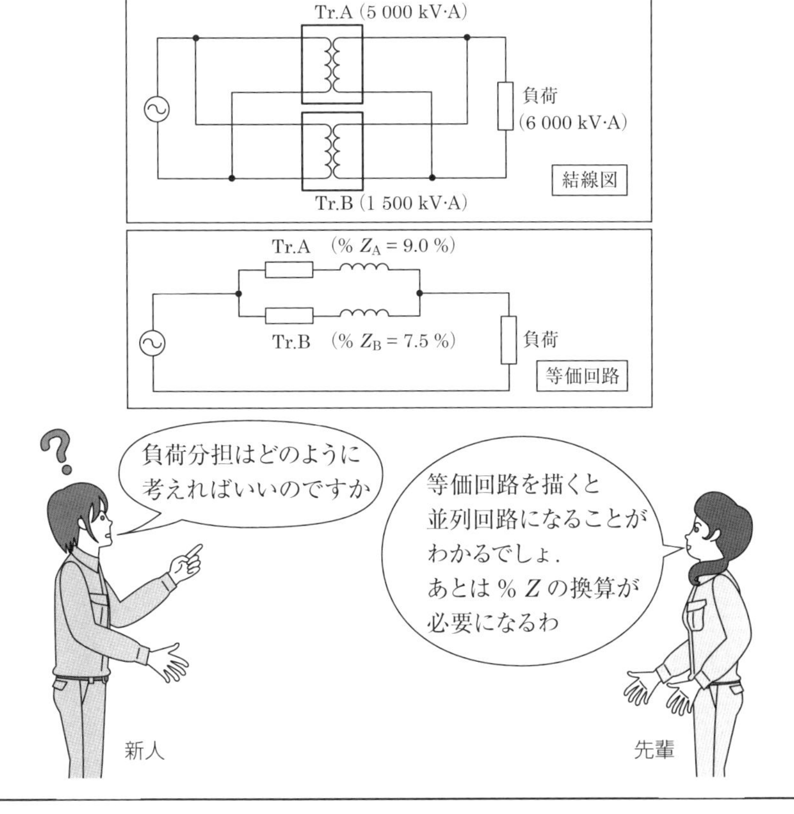

第7図　異容量変圧器並行運転の負荷分担

変電の疑問解決！

8

ガス絶縁開閉装置（GIS）の中は，どうなっているの？

「先輩．ガス絶縁開閉装置について教えてください．」「では，私が以前勤務していた変電所へ連れて行くわね．」

現地で先輩がその概要を説明してくれた．「この金属容器が，ガス絶縁開閉装置（GIS）よ．このガスとは，SF_6といって，絶縁性能が優れていて，消弧能力が高いのよ．金属容器の中は，SF_6ガスで満たされているのよ．」

「あの金属容器の中には，何が入っているのですか？」「あの中には，遮断器，断路器，計器用変圧器，避雷器，母線などがそっくり入っているよ．GISの最大の特長は，封入されているSF_6ガスの高い絶縁性能によって，絶縁距離を短くできることよ．この特長によって，従来の変電所に比べて，設置面積を大幅に縮小することができるの．ここも以前は，開放型の変電所だったけど，その変電所建物の中は，大きながいしをつけた空気遮断器類があって，この何倍もスペースを占めていたのよ．設置して25年以上経過して，もう故障しても交換部品もなくて，それを取り扱うことができる技術者も少なくなったので，このGISに更新したのよ．

GISのメリットを整理すると，①設置面積の省スペース化を図ることができる．②充電露出部がない完全密封構造のため，外気による汚損や劣化がなく，信頼性が高い．③絶縁物であるSF_6は，不燃性ガスであるため，火災のおそれがない．また，接地された容器内に機器が収納されているので感電の心配がない．④がいし類の清掃が不要で，保守点検の省力化を図ることができる．機器の性能確認は，ガス圧力の監視だけでほぼ事足りる．などが挙げられるよ．このGISを可能にしたのがSF_6ガスよ．温室効果ガスの対象となったので，処分するときは回収する必要があるけどね．」

「先輩．勉強になりました（第8図参照）．」

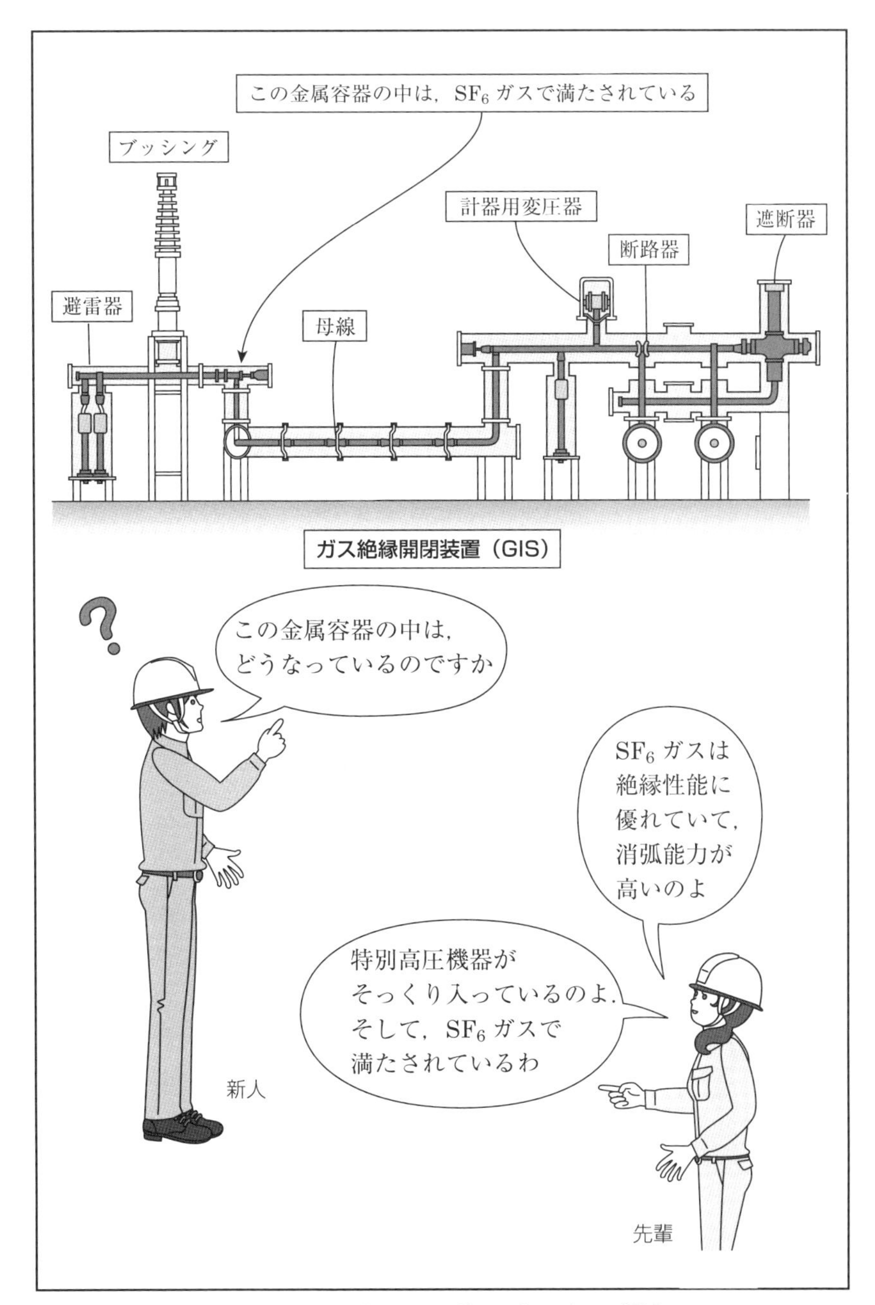

第8図　ガス絶縁開閉装置（GIS）の構造

9

変電の疑問解決！

酸化亜鉛（ZnO）素子を使った避雷器とはどんなもの？

「先輩．避雷器に酸化亜鉛(ZnO)素子を使ったものがありますが，その動作原理はどうなっているのですか.」「そうね．避雷器は動作しても，その様子が目で確認できないからね．では，図を使って説明するわね.」

「避雷器は，保護対象機器と並列に取り付けられているのよ．その動作原理についてわかりやすいように，**第9図**で避雷器を開閉器として説明するわね．まず，避雷器は通常の電圧では絶縁状態となっているから，電路から切り離されていると考えていいの．電路に雷サージが侵入してきた場合，避雷器は低抵抗となって，サージ電流を大地に流すのよ．雷サージがなくなると，再び絶縁状態となって，続流（放電終了後，引き続き電力系統から供給される電流）を遮断して大地から切り離すのよ.」

「このように開閉器のような動作ができるのは，内蔵されている酸化亜鉛（ZnO）素子が，雷サージ侵入時には低抵抗となるけど，通常は高抵抗となってほとんど電流を流さないためよ.」

「ZnO素子は優れものですね.」

「さらに詳しく説明すると，電路に避雷器があり，その接地抵抗をR_{a}とすると，雷サージe_{s}が侵入した場合，避雷器が動作して放電電流I_{a}が流れる．このとき避雷器に制限電圧E_{a}が発生する．ここで，制限電圧とは避雷器が放電しているときに，避雷器の両端（端子間）に残る電圧をいうのよ．接地抵抗の端子電圧は$R_{\mathrm{a}}I_{\mathrm{a}}$となるから，電路の対地電圧は$E_{\mathrm{a}} + R_{\mathrm{a}}I_{\mathrm{a}}$となるわ．この電圧が保護対象機器の絶縁強度，すなわち雷インパルス耐電圧以下であれば，保護対象機器を保護できるの．避雷器の接地抵抗は，A種接地工事だから10 Ω以下だけど，その値は小さいほど，避雷器の効果は高まることになるのよ.」

新人は，先輩の解説で納得したのである．特に，ZnO素子の動作は興味深かった．

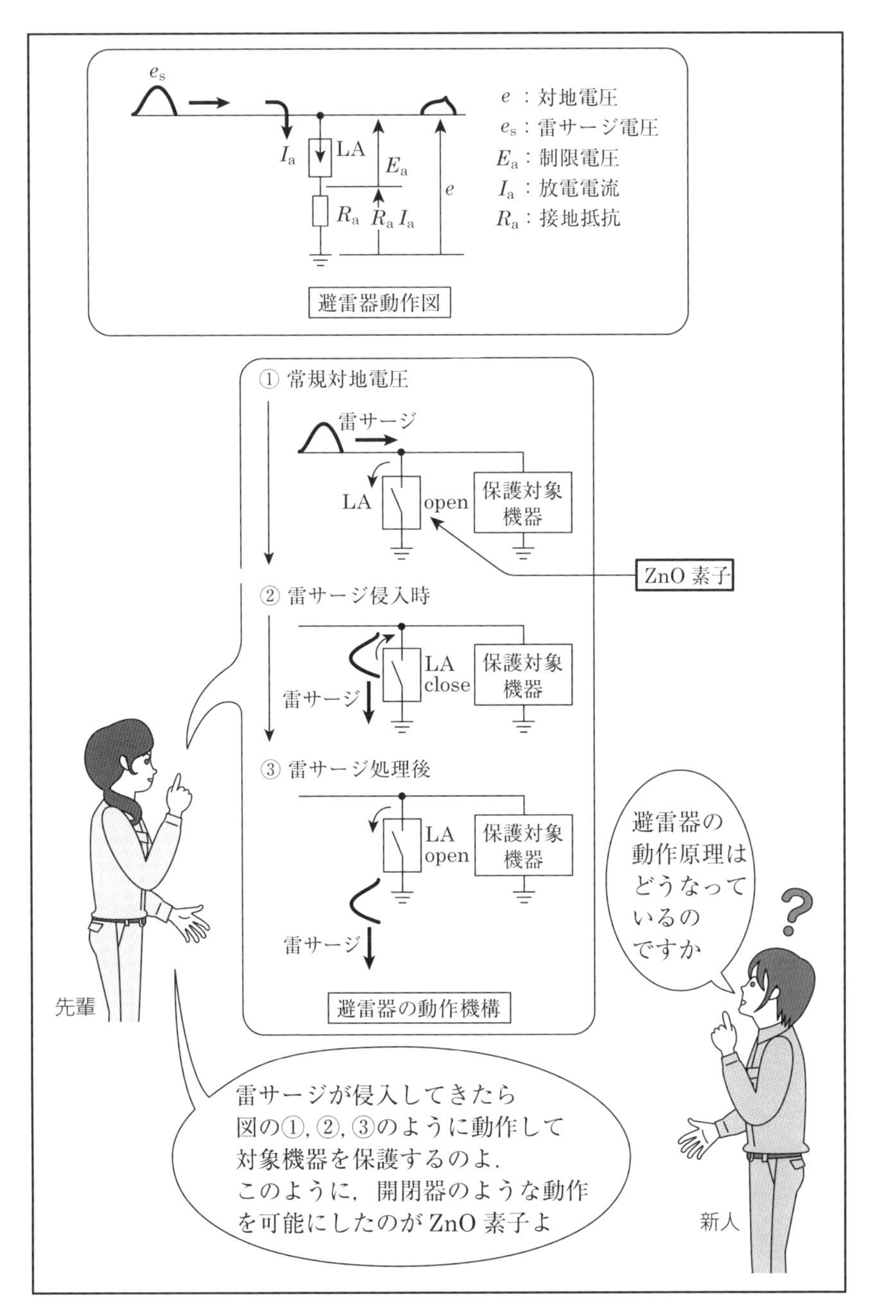

第9図　避雷器内のZnO 素子動作原理

変電の疑問解決！ 10

断路器(DS)は，どんな役割を果たしているの？

新人は，電験のテキストにあった断路器の役割がよくわからなかったので，先輩に質問した．「そうね．これは現場実務を経験しないとわかりにくいから，現場のことを話すわね．」

「断路器は，遮断器（VCB）の一次側に設置されているけど，通常の負荷電流は開閉できないの．基本的には，無負荷電流以外の開閉は絶対に行ってはならないのよ．開閉能力としては，①変圧器の励磁電流の開閉，②短い電路の充電電流の開閉くらいなのよ．」

「断路器には，負荷遮断能力はないから，断路器を開放するときは，必ず遮断器を切ってから行うのが鉄則なのよ．復電の際は，この逆で，断路器を投入してから遮断器を入れるの．この手順は絶対に間違ってはならないの．断路器の取扱上，絶対行ってはならないのが，負荷電流を断路器で開放することよ．アークが飛んできて空気がイオン化して，三相短絡に進展して，設備の損傷や人身災害などを起こすという事例がよく報告されているわね．電気を取扱う者にとって，注意しなければならないことがらの一つよ．」

「この誤操作を防ぐために，断路器と遮断器にインタロックを施して，遮断器が開放状態でなければ，断路器の開閉操作ができないようにしている施設もあるよ．」

「では，断路器を何のため取り付けるのか．主な役割としては，保安のための切り分けにあるの．定期点検の際，遮断器を切ったあと断路器を開く．そして断路器の一次側に短絡接地器具を取り付ける．これは，停電中誤って送電操作が行われたとしても，その電流を大地に逃がすためなの．したがって，復電前には必ず短絡接地器具を取り外すことを忘れてはならないのよ．この内容は将来，電気主任技術者になったときに役立つと思うわよ．」「机上の学問だけではわかりにくいのか．現場のことも大切なのだな（**第10図**参照）．」

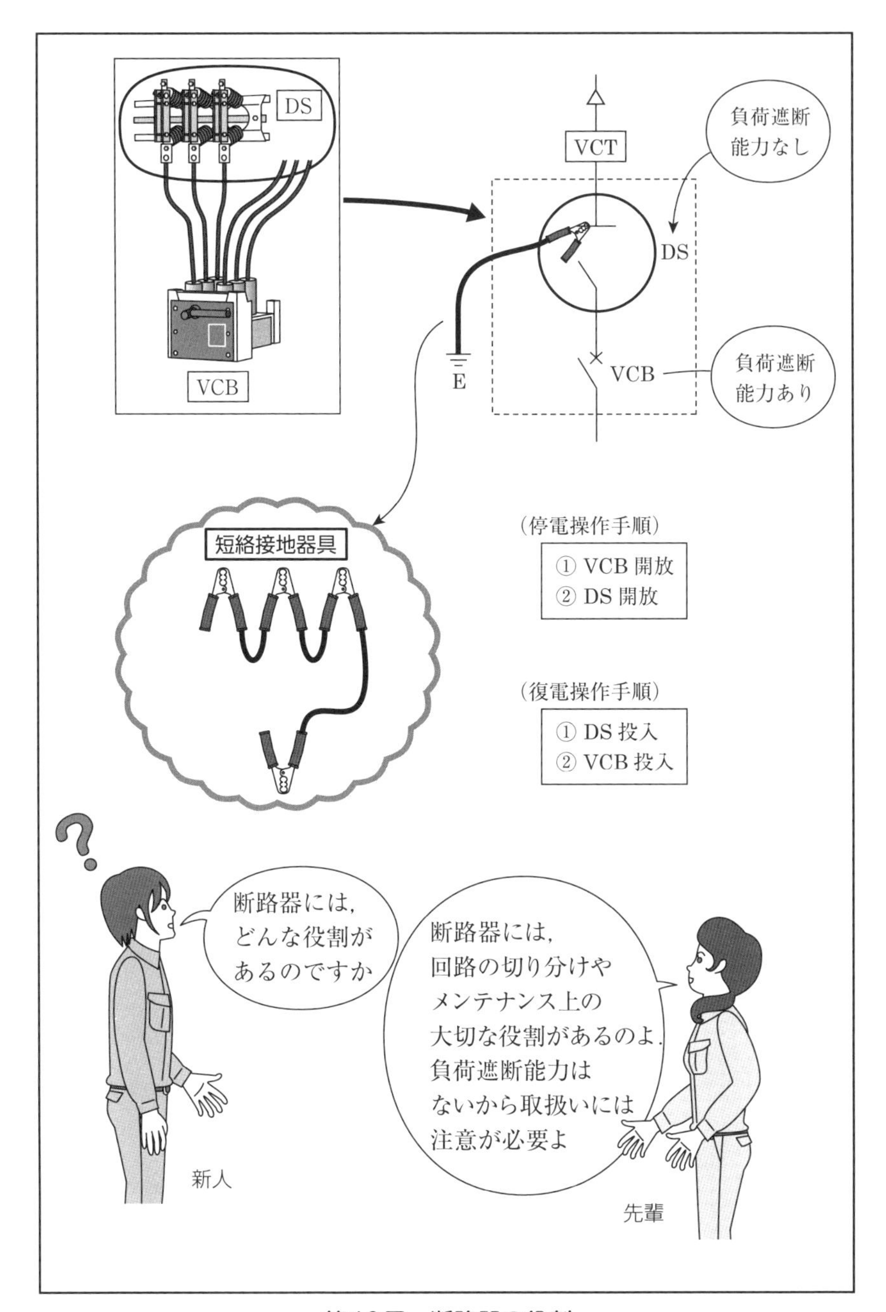
DS
VCB
VCT
負荷遮断能力なし
DS
E
VCB
負荷遮断能力あり
短絡接地器具
（停電操作手順）
① VCB 開放
② DS 開放
（復電操作手順）
① DS 投入
② VCB 投入
断路器には，どんな役割があるのですか
断路器には，回路の切り分けやメンテナンス上の大切な役割があるのよ．負荷遮断能力はないから取扱いには注意が必要よ
新人
先輩

第10図　断路器の役割

変電の疑問解決！

11 遮断器の定格遮断電流はどのようにして求めるの？

「先輩．第11図のような電源系統の問題で，遮断器の定格遮断電流は，どうやって求めればいいのですか．」

「そうね．この問題の解法のポイントは3点あるわ．

① 問題文に系統図がないから，これを描いて全体像を明らかにすることよ．図がないとわかりにくいでしょ．

② 百分率インピーダンス（$\%Z$）が複数出てくるから，これを合成するのよ．基準容量が異なる場合は，基準容量を統一するの．$\%Z$は基準容量に比例するからね．

③ 遮断器の定格遮断電流は，三相短絡電流（I_S）を遮断できなければならないことよ．だから，三相短絡電流を求めることになるの．」

「なるほど．テーマ21のような形にもっていくのですね．」「そうよ．」

「①を描くと図のようになるから，そこに問題文にある数値（T_A，CB，電圧，$\%Z$など）を書き込んでいくの．」

「②で，電源の$\%Z_S$（1.5 %）と三相変圧器T_Aの$\%Z_A$（18.3 %）とは基準容量が同じなので，そのまま直列として足せばよいから，

$$\%Z = \%Z_S + \%Z_A = 1.5 + 18.3 = 19.8\ \%$$

「次に③で，変圧器T_Aの二次側のF点での三相短絡電流を求めるのだけれど，これには，

$$I_S = \frac{100I_n}{\%Z}\ [\mathrm{A}] \qquad ①$$

の公式を使うわ．

ここで，$I_n = \dfrac{80 \times 10^6}{\sqrt{3} \times 11 \times 10^3} = 4.20\ \mathrm{kA}$となり，これを①式に代入すると，

$$I_S = \frac{100I_n}{\%Z} = \frac{100 \times 4.20}{19.8} = 21.2\ \mathrm{kA}$$

となるから，遮断器の定格遮断電流は，直近上位の25 kAを選定することになるわ．」「先輩の解法シナリオがわかりました．」

定格容量 80 MV·A, 一次側定格電圧 33 kV, 二次側定格電圧 11 kV, 百分率インピーダンス 18.3 %（定格容量ベース）の三相変圧器 T_A がある．三相変圧器 T_A の一次側は 33 kV の電源に接続され，二次側は負荷のみが接続されている．電源の百分率内部インピーダンスは，1.5 %（系統基準容量 80 MV·A ベース）とする．なお，抵抗及びその他の定数は無視する．

将来の負荷変動等は考えないものとすると，変圧器 T_A の二次側に設置する遮断器の定格遮断電流の値［kA］として，最も適切なものは次のうちどれか．

(1)　5　　(2)　8　　(3)　12.5　　(4)　20　　(5)　25

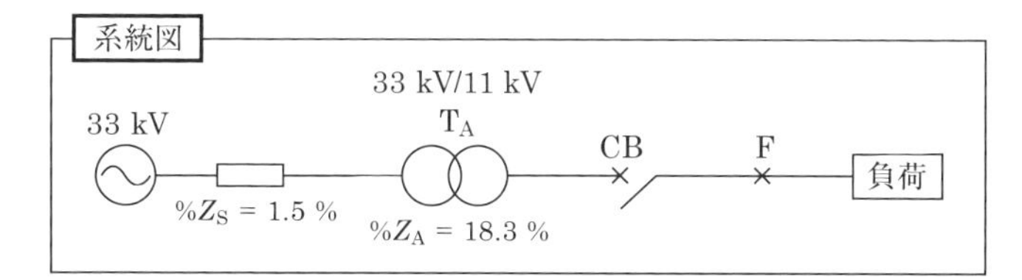

解法のポイント

① 系統図を描く
② 百分率インピーダンス（$\%Z$）を合成する
③ 三相短絡電流（I_S）を求める
└→ CB の定格遮断電流

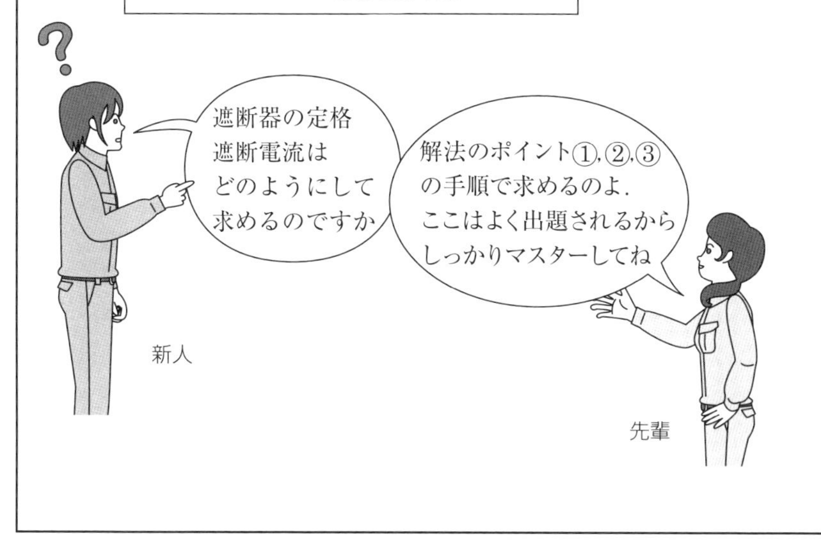

第11図　遮断器の定格遮断電流の求め方

送電の疑問解決！

12

がいしに「ひだ」があるのは何のためだろう？

「先輩．電験問題に塩害対策として，がいしの沿面距離を大きくするというのがあったのですが，どういうことですか．」

「そうね．送電線のがいしは風雨にさらされて汚損するの．特に海岸沿いでは，潮風に含まれる塩分ががいしにとって大敵なのよ．」

「がいしは，そもそも送電線を支持物から絶縁するために使われているから，通常は然るべき絶縁抵抗をもっているのだけれど，汚損するとその抵抗が低下してしまうの．」

「汚損がいしは風雨で湿潤状態になると，可溶性物質が溶出して，導電性の被膜が形成されるの．そして，がいし表面の絶縁性が低下して，がいしの表面を漏れ電流が流れるようになってしまうのよ．だから，その環境に耐えられるがいしが開発されたの．そのがいしとは，耐霧がいし（スモッグがいし）や長幹がいしなどのことよ．」

「これらのがいしは，ほかのがいしよりも表面のひだが多く付けられていて，表面漏れ抵抗を大きくするために凹凸を大きくしているの．専門的には沿面距離が長いというのよ．沿面距離とは，がいしの表面の絶縁距離と解釈すればいいわよ．絶縁距離が長いほど，絶縁耐力があるからね（**第12図**参照）．」

「そうか．がいしのひだにはそんな工夫がされていたのか．」

「電験では塩害対策をテーマにした問題がよく出題されているけど，電気主任技術者としてその辺の知識を試されているわけよ．まず，がいしの絶縁構造があって，塩害によってその絶縁が破壊される危険を回避するためにはどうすればよいかを問うているわけね．」

「塩害対策としては，①がいしの連結個数を増やして絶縁耐力を強化する．②がいしを洗浄する．③シリコーンコンパウンドなどのはっ水性物質を塗布して，がいし表面の絶縁抵抗が低下しないようにする，などがあるわよ．」

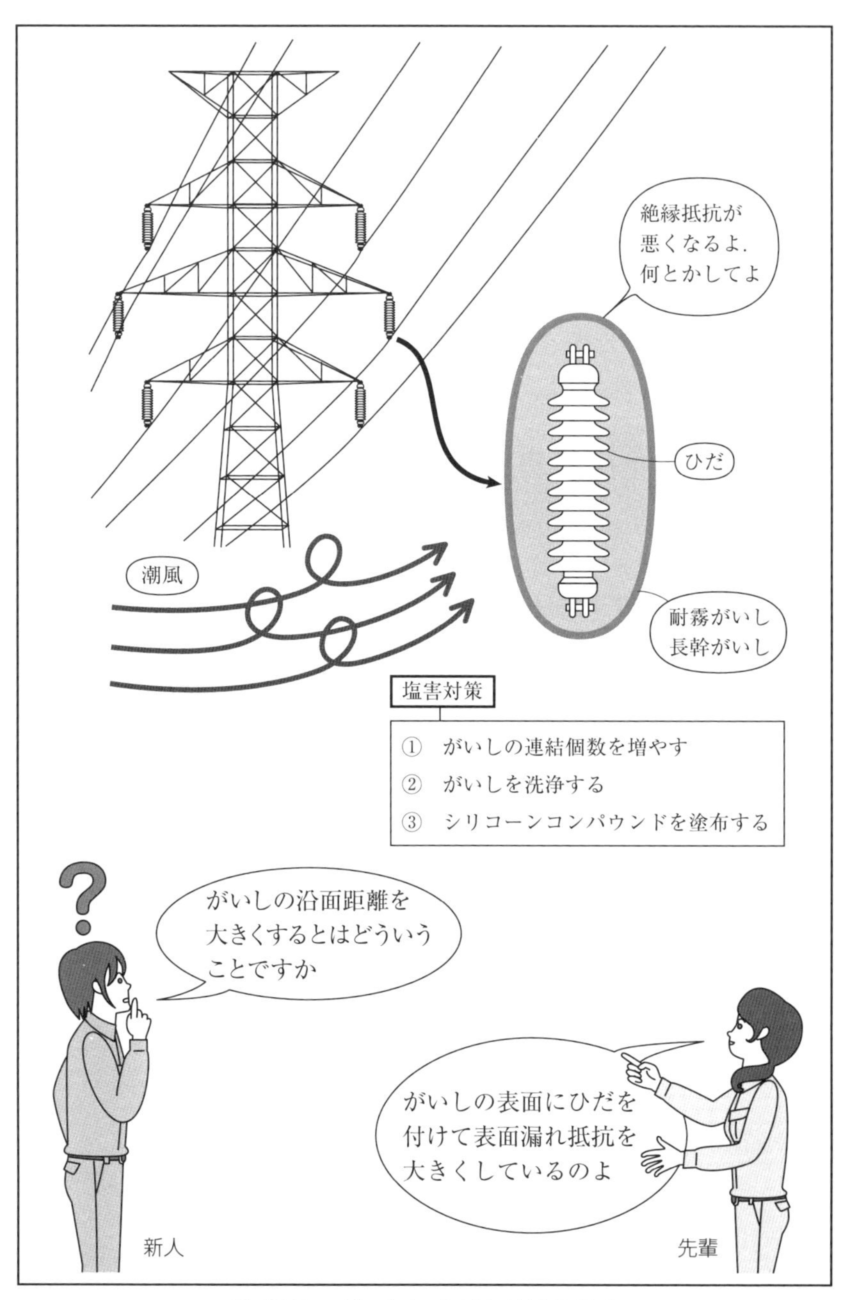

第12図　がいしにひだを付ける理由

13

送電の疑問解決！

送電線では，なぜ無負荷でも線路アドミタンスには電流が流れるの？

「先輩．第13図の送電線の問題の解き方を教えてください．」

「ではいくわよ．送電端，受電端の相電圧をそれぞれ$\dot{E}_\mathrm{s}$，$\dot{E}_\mathrm{r}$，送電端電流を$\dot{I}_\mathrm{s}$，左の線路アドミタンスに流れる電流を$\dot{I}_1$，右の線路アドミタンスと線路リアクタンスに流れる電流を$\dot{I}_2$とすると，無負荷なので負荷電流$\dot{I}_\mathrm{r}=0$だから，図のような等価回路になるのよ．CとLCの並列回路と考えればいいのよ．送電端電流$\dot{I}_\mathrm{s}$は，

$$\dot{I}_\mathrm{s}=\dot{I}_1+\dot{I}_2=\dot{Y}\dot{E}_\mathrm{s}+\dot{Y}\dot{E}_\mathrm{r}=\dot{Y}(\dot{E}_\mathrm{s}+\dot{E}_\mathrm{r})$$

$$\dot{Y}=\mathrm{j}\frac{B}{2}=\frac{\dot{I}_\mathrm{s}}{\dot{E}_\mathrm{s}+\dot{E}_\mathrm{r}}$$

よって，線路アドミタンスBを求めると，ベクトル図より，$\dot{E}_\mathrm{s}$と$\dot{E}_\mathrm{r}$は同相であるから，$B=\dfrac{2I_\mathrm{s}}{E_\mathrm{s}+E_\mathrm{r}}$」

「なぜ，$\dot{E}_\mathrm{s}$と$\dot{E}_\mathrm{r}$は同相なのですか？」

「それは，線路の抵抗分を無視しているので，アドミタンスBとリアクタンスXのみになっているからなのよ．」「なるほど．」

「ベクトル図で，$\dot{I}_2$が$\dot{I}_1$より大きくなっているのはなぜですか？」

「等価回路でリアクタンスXがアドミタンスBを打ち消して，合計のインピーダンスが減少するからなのよ．」「はい．」

「無負荷なのに，線路アドミタンスにはなぜ電流が流れるのですか？」

「問題の線路アドミタンスには，進み電流が流れるのよ．線路アドミタンスは静電容量であって，架空送電線と大地の間にあるコンデンサと考えればいいのよ．コンデンサCに交流電圧Vを加えると，流れる電流は，$I=\mathrm{j}\omega CV$となるわね．jが付いているから進み電流ということを表しているの．」「問題文をみると，送電端の線間電圧は，66.0 kV，受電端の線間電圧は72.0 kVとなっているわね．いわゆるフェランチ現象への理解を暗に促しているのね．」

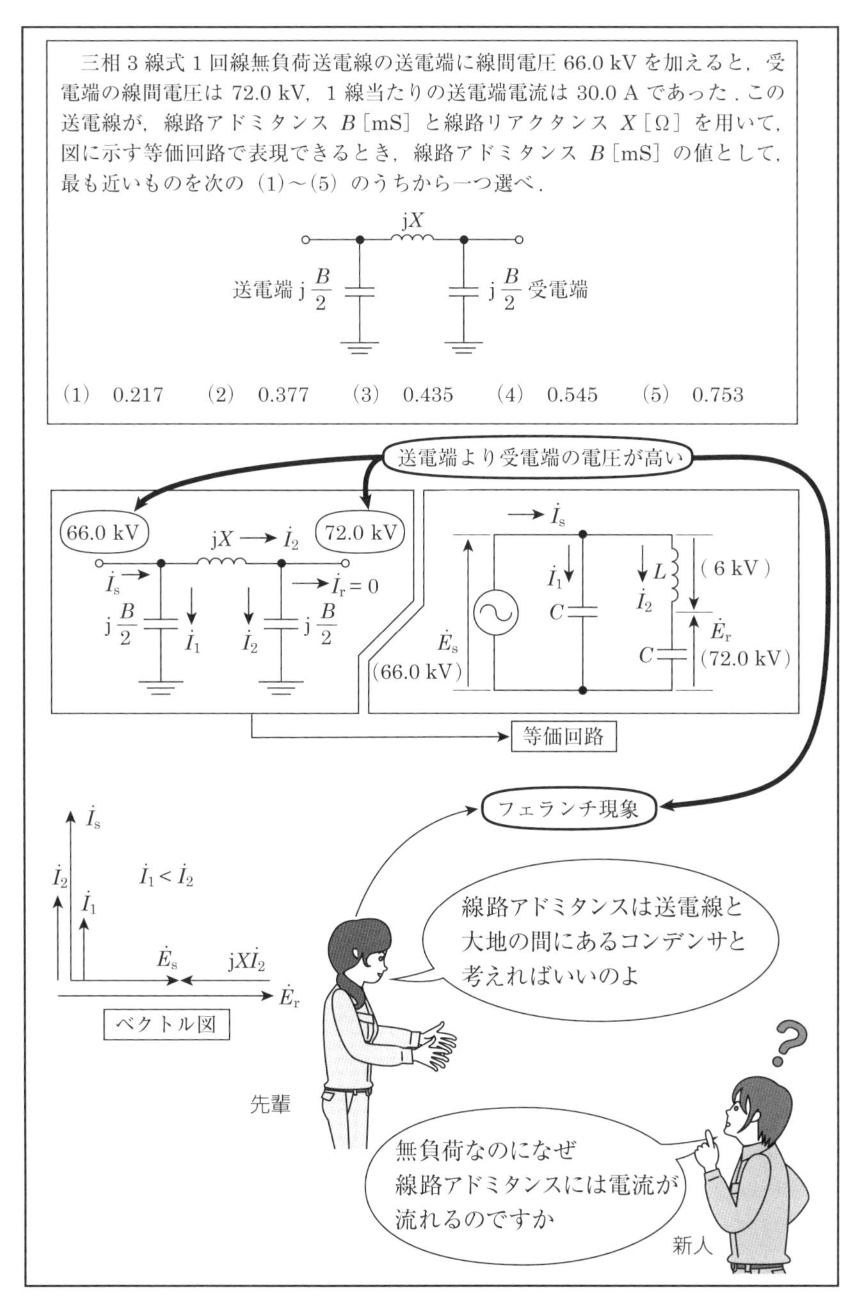

第13図　無負荷送電線の線路アドミタンス

14

送電の疑問解決！

地中電線路では，なぜフェランチ現象が起こりやすいのだろうか？

新人は，電力科目のフェランチ現象について疑問だったので，先輩に質問した．「先輩．大都市周辺ではフェランチ現象が起こりやすいと聞いたのですがなぜですか？」

「それは，何も大都市だからというわけではないわね．フェランチ現象が起こりやすい要因は，送電系統にあるのよ．この周辺では架空線は見かけないでしょ．このあたりは，地中ケーブルで送電しているからよ．」

「なぜ地中ケーブルと関係あるのですか？」

「それは，フェランチ現象の起こる原因から考えないとわからないかもしれないね．」

「一般に負荷の力率というものは遅れ力率だから，**第14図**のように，負荷電流 $\dot{I}_{\mathrm{L}}$ とケーブルの充電電流 $\dot{I}_{\mathrm{C}}$ の和である線路電流 $\dot{I}$ は，受電端電圧より遅れているわ．このとき，送電端電圧 $\dot{E}_{\mathrm{s}}$ は，受電端電圧 $\dot{E}_{\mathrm{r}}$ に線路電流による電圧降下 $R\dot{I}$ と $\mathrm{j}X\dot{I}$ を加えたものとなって，受電端電圧 $\dot{E}_{\mathrm{r}}$ は送電端電圧 $\dot{E}_{\mathrm{s}}$ より低くなるの．これはわかるでしょ．」「はい．」

「だけど，軽負荷や無負荷の場合は，負荷電流 $\dot{I}_{\mathrm{L}}$ が小さくなって，ケーブルの充電電流 $\dot{I}_{\mathrm{C}}$ の影響が大きくなるの．この場合のベクトル図を描けばわかると思うわ．線路電流 $\dot{I}$ は進み電流になって，受電端電圧 $\dot{E}_{\mathrm{r}}$ は送電端電圧 $\dot{E}_{\mathrm{s}}$ より高くなるわ．これがフェランチ現象だね．」

「充電電流とは，ケーブルの静電容量を流れる電流のことよ．ケーブルの対地静電容量は架空線の対地静電容量よりはるかに大きいのよ．架空線の場合は，架空線と大地との間隔が大きいから対地静電容量は小さい．ケーブルの場合はシース接地が施されているので，導体とシースとの間隔は非常に小さいから，対地静電容量は大きく，充電電流も大きくなるの．コンデンサの原理と同じよ．」

「そうか．こんなところでも理論の知識は役立つのだな．」と，新人は思ったのである．

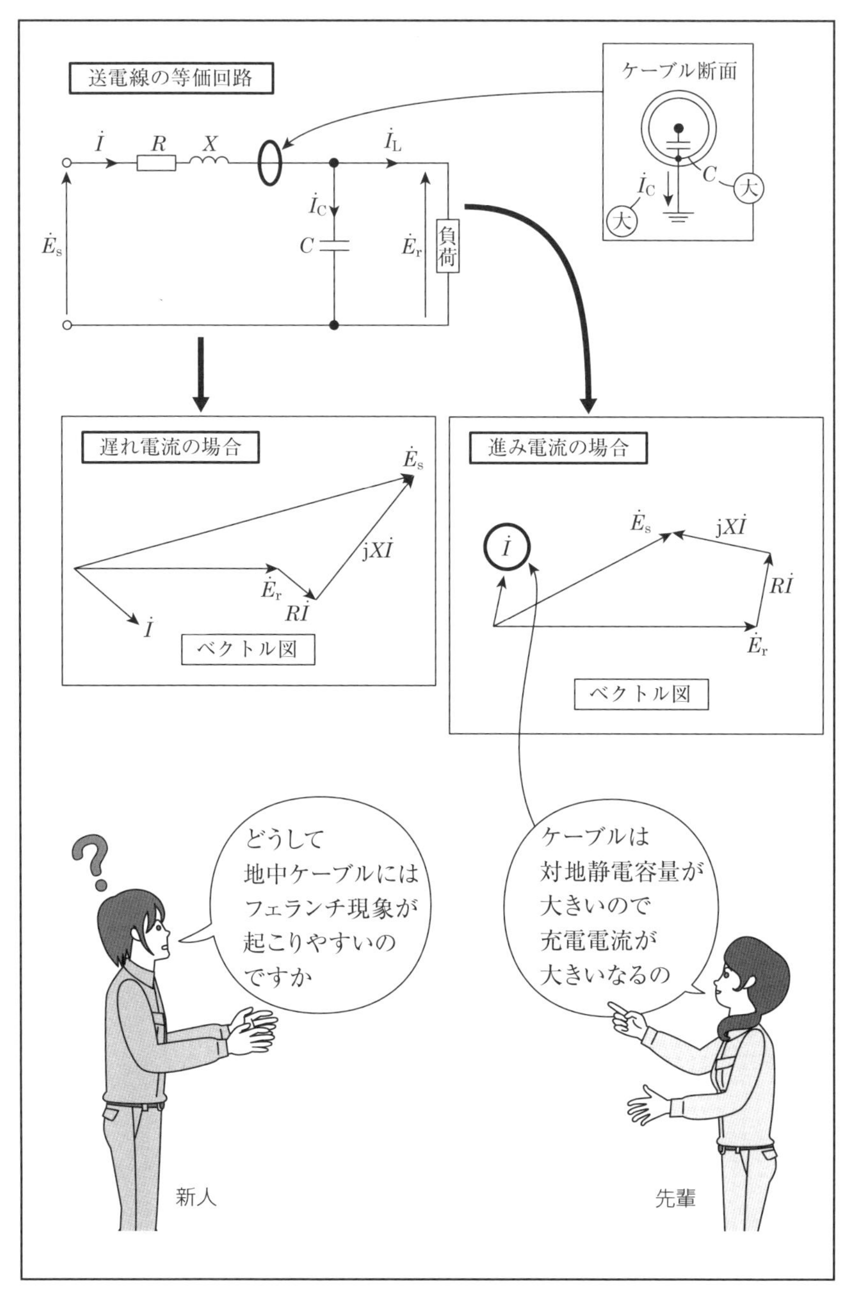

第14図　地中電線路のフェランチ現象

15

送電の疑問解決！

高圧3心ケーブルの静電容量が直列にみえるのだが……？

「先輩．電力科目で送電ケーブルの静電容量について勉強していたのですが，その等価回路をみると，**第15図**のC_sと$3C_m$が直列になるように思うのですが……．並列になるのが正しいようですが，なぜですか．」

「そうね．一見そのように感じるかも知れないわね．これは等価回路を変形していくことができればわかると思うよ．各導体間のC_mの△結線は△-Y変換すると，$3C_m$のY結線になることはわかったのよね．」

「はい．理論で勉強しました．」

「ここからが回路図のテクニックよ．導体3本は，負荷が平衡していれば，中性点電位は零(ゼロ)になるわね．三相交流回路で勉強したでしょ．線間電圧をVとすると，中性点との間には$V/\sqrt{3}$がかかるわね．」

「1相分を取り出して考えると，ケーブルのシースは接地されているから，等価回路は図のようになるわ．電圧$V/\sqrt{3}$の回路にC_sと$3C_m$が並列に接続されたことになるよ．つまり，大地を基準に考えると，C_sと$3C_m$は直列ではなく並列というわけなの．」

「そうか．やはり並列なのですね．」

「電気回路を考えるときは，最初の図だけみていてはダメな場合が多いの．柔軟に変形してシンプルな形にもっていくことがコツなの．ちなみに，C_s+3C_mのことを作用静電容量と呼んでいるわ．」

「近年はCVケーブルに代って，絶縁性能の優れたCVTケーブルが主流になっているわ．この場合は，線間の静電容量C_mは存在しないというわけよ．CVケーブルをCVTケーブルに改修する場合も多くなっているわ．」

「この問題は，過去に電験2種の一部として出題されているわ．3種でも近年出てきたわ．そんなに難しくないし，回路計算の考え方として適した問題だと思うわね．」「そうですね．」

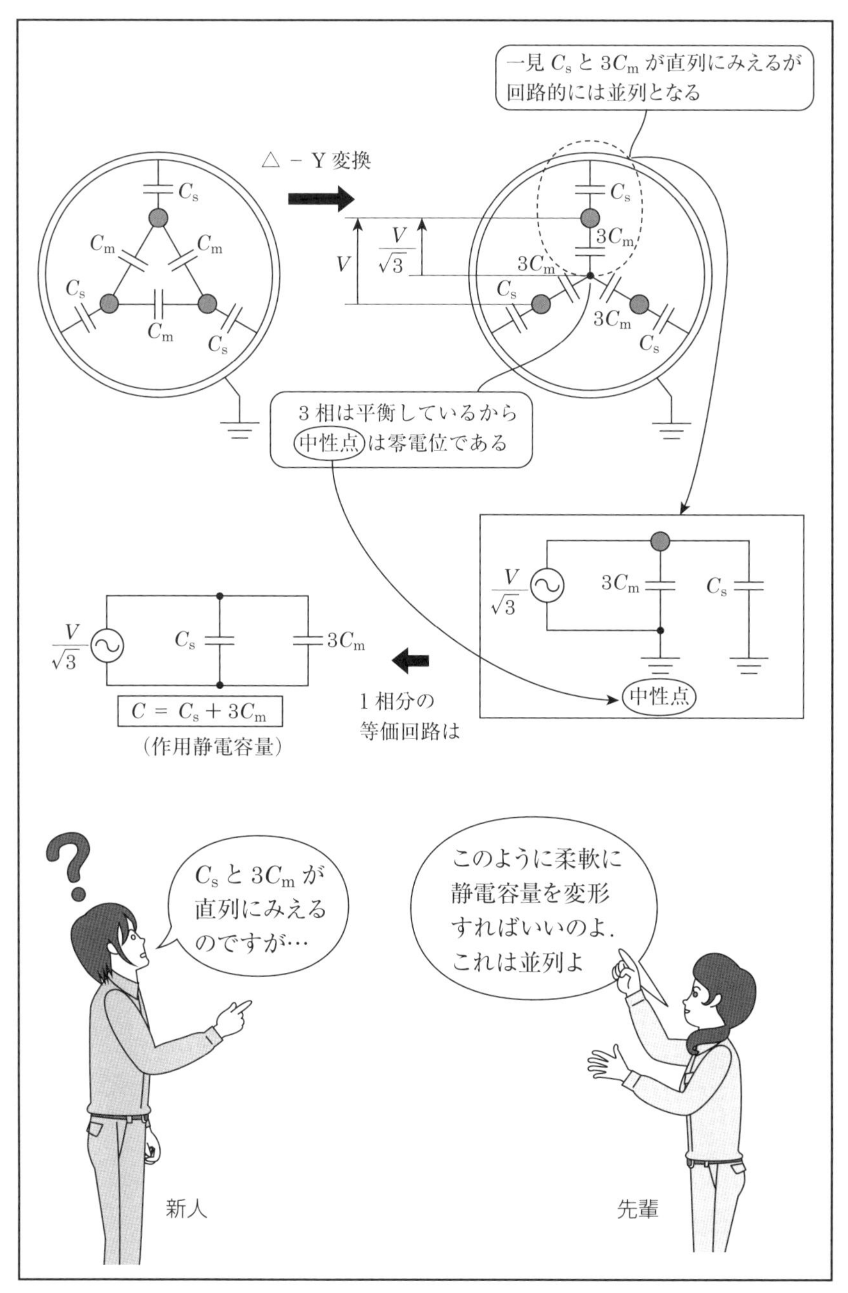

第15図　高圧3心ケーブルの静電容量

送電の疑問解決！

16

高圧3心ケーブルの作用静電容量は，このようにして求める！

「先輩．高圧ケーブルの絶縁耐力試験で，試験用変圧器容量を決める問題が法規科目にありますが，それにはケーブルの静電容量が必要でしたね．容量は$P=2\pi fCV^2$から求めるのでしたね．では静電容量Cは，どのようにして求めるのですか？」

「ケーブルの構造は**第16図**のようになっている．1線の対地静電容量をC_s，線間静電容量をC_mとすると，求める静電容量は，作用静電容量といって，

$$C=C_s+3C_m \quad ①$$

となるわ．これはテーマ15で説明したことだね．このC_sとC_mは単独では求めることができないから，図のように2回測定して求めることになるのよ．」

「まず，3心ケーブルの3線を一括して（C_mを短絡する）大地との静電容量C_1を測定すると，$C_m=0$で，C_sは3個並列に接続されたことになるね．このような等価回路を描けることが大切なのよ．

よって，$C_1=3C_s$　②

次に，2線を接地して残り1線との静電容量C_2を測定すると，C_sと2個のC_mの並列接続となるので，

$$C_2=C_s+2C_m \quad ③$$

②，③式より，$C_m=\dfrac{1}{2}(C_2-C_s)=\dfrac{1}{2}C_2-\dfrac{1}{6}C_1$　④

②式と④式を①式に代入すると

$$C=\frac{1}{3}C_1+3\times\left(\frac{1}{2}C_2-\frac{1}{6}C_1\right)=\frac{9C_2-C_1}{6}\,[\mathrm{F}]$$

というわけで，Cが求まるのよ．」

「なるほど，この計算は理論の応用なのですね．今後，出題されても大丈夫なように復習しておきます．」

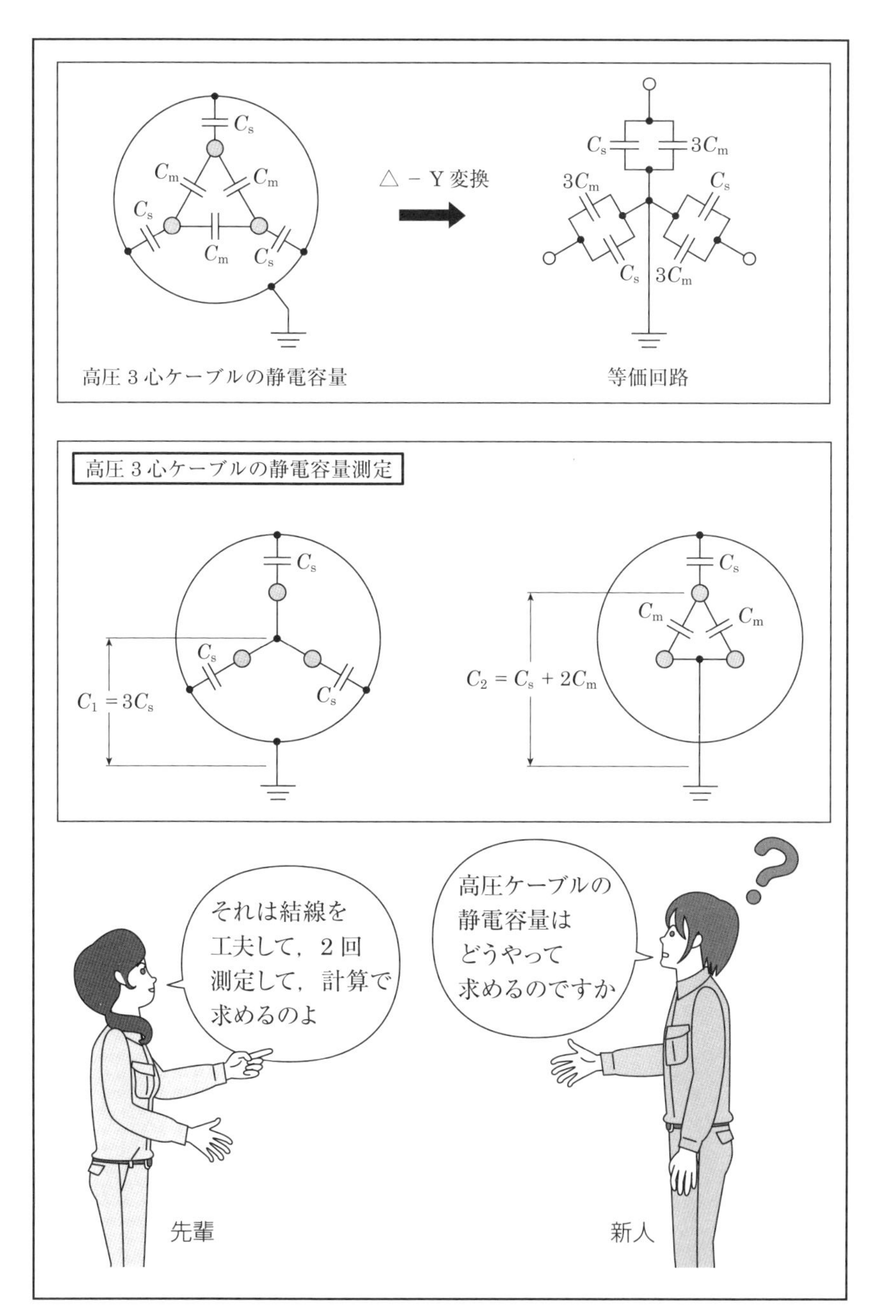

第16図　高圧３心ケーブルの静電容量測定

17

送電の疑問解決！

送電線の逆フラッシオーバはどんな現象なの？

「先輩．電力科目に『逆フラッシオーバ』があったのですが，どんな現象なのですか．」

「そうね．それは雷撃に関係することね．送電線が架空地線で適切に保護されていれば，雷撃のほとんどは架空地線か鉄塔頂部に落ちて，架空地線，鉄塔，塔脚接地抵抗を経て大地に流入するわ．だけどこのとき，がいしや架空地線と線路導体との間のギャップなどに大きな電圧が発生して，それらの火花電圧以上になるとフラッシオーバが生じるの．これを逆フラッシオーバと呼んでいるわ．鉄塔でがいしがフラッシオーバする場合を鉄塔逆フラッシオーバ（鉄塔逆せん絡），径間で架空地線と線路導体との間のギャップがフラッシオーバする場合を径間逆フラッシオーバ（径間逆せん絡）というのよ．」

「はい．フラッシオーバというのは，どんな現象ですか．」

「フラッシオーバというのは，放電現象で，気体あるいは液体中の放電，がいし表面のような固体表面に沿った放電のことよ．」

「はい．そこで，『逆』という字がついていますが，どういう意味ですか．」

「雷が導体直撃の場合は，導体の電位が上がることによってフラッシオーバが生じるのに対して，架空地線や鉄塔へ直撃の場合には，逆に架空地線や鉄塔の電位が上がってフラッシオーバが生じるからなのよ．接地側（鉄塔や架空地線）から電力線（送電線）に向かって雷電圧が侵入するのよ．つまり，フラッシオーバの方向が逆になるということなの．」

「はい．それで逆フラッシオーバを防ぐにはどうしているのですか．」

「鉄塔塔脚の接地抵抗を低減させることによって，逆フラッシオーバの発生を抑制できるわ．山地などの固有抵抗値の大きいところに建設される鉄塔には，埋設地線を施設しているのよ（第17図参照）．」

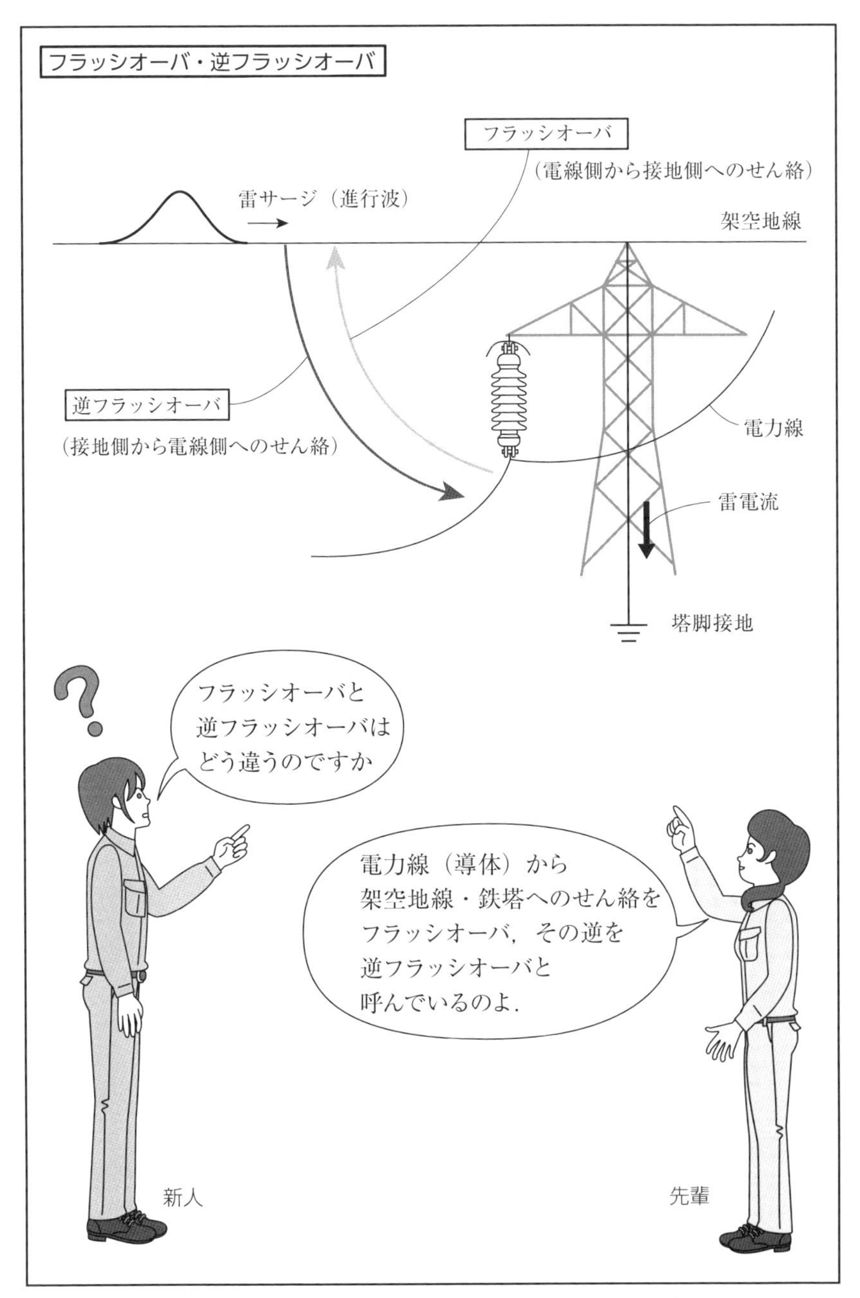

第17図　フラッシオーバと逆フラッシオーバ

送電の疑問解決！

18 ケーブルの誘電体の等価回路は，なぜRC並列回路になるの？

「先輩．電力科目でケーブルの誘電損を求める問題があったのですが，そもそも誘電損とは何ですか．」

「そうね．それはケーブル内の絶縁物（誘電体）に交番磁界を加えたとき，誘電体内で電力の損失が起こる．これを誘電損というの．」「はい．では**第18図**の問題はどのように考えたらいいのですか．」

「まず，ケーブル内の誘電体の等価回路を描くことだね．相電圧を$\dot{E}$ [V]，線間電圧を$\dot{V}$ [V]，1線当たりの抵抗をR [Ω/m]，1線当たりの静電容量をC [F/m]とすると，等価回路は，図のように表せるのよ．」

「理論に出てきた回路ですね．でもなぜ，RとCの並列になるのですか．」

「電流の有効分が誘電損に関係するので，抵抗Rで表しているのよ．電流の無効分は導体とケーブルシース間の静電容量であってコンデンサCで表しているわ．図のようにRにもCにも電圧$\dot{E}$が加わっているから，並列になるのよ．」「なるほど．わかりました．」

「RC並列回路だから，ベクトル図は，理論で勉強したように考えればいいよ．ここで，δは誘電損角というのよ．」

「周波数をf [Hz]，ケーブルのこう長をl [m]とすると，3線合計の誘電損W_d [W]は，

$$W_d = 3EI_R = \sqrt{3}VI_R \text{ [W]} \quad ① \qquad I_R = I_C \tan\delta \text{ [A]} \quad ②$$

②式を①式に代入して，

$$W_d = \sqrt{3}VI_C \tan\delta \text{ [W]} \quad ③$$

$$I_C = \omega ClE = 2\pi fClE = 2\pi fCl\frac{V}{\sqrt{3}} \quad ④$$

④式を③式に代入して，

$$W_d = \sqrt{3}V\cdot 2\pi fCl\frac{V}{\sqrt{3}}\tan\delta = 2\pi fClV^2 \tan\delta \text{ [W]} \quad ⑤$$

あとは⑤式に数値を代入するだけよ．」

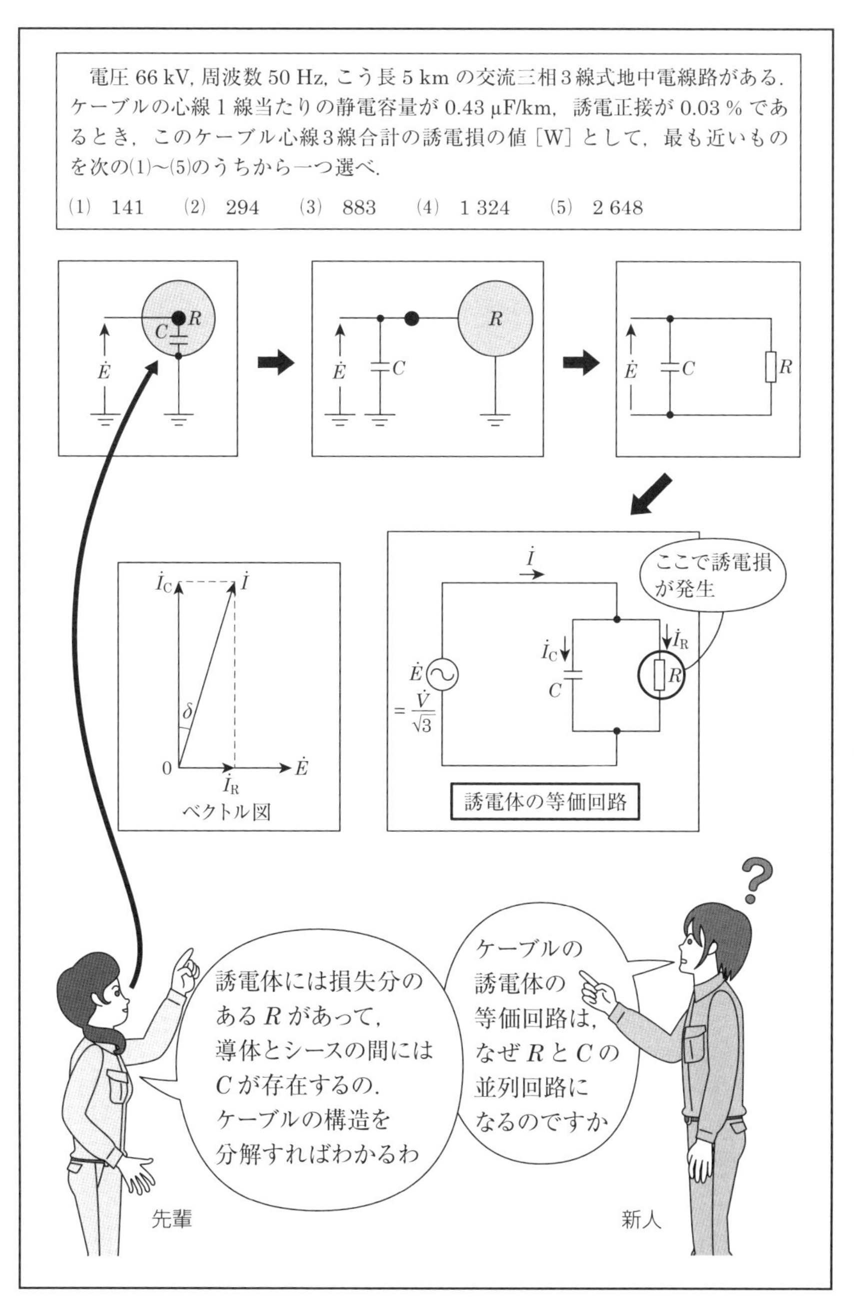

第18図 ケーブルの誘電体の等価回路

送電の疑問解決！

19

大容量送電線では，なぜ多導体が使われているのだろうか？

「先輩．大容量送電線では，なぜ多導体を採用しているのですか．」

「そうね．多導体採用の理由は三つほどあるわ．一つ目は許容電流が大きいことよ．架空線の導体数は，施工が容易で経済的な単導体が基本なのだけど，単導体では電流容量が不足する場合に多導体を採用するの．」「なぜ多導体のほうが，電流容量が大きいのですか？」

「それは，電線サイズが大きくなると表皮効果の影響が出てくるからよ．表皮効果は，電流が電線の表面近くに集まって中心部が疎になる現象よ．理論で勉強したかな．その現象で見かけ上の電気抵抗が増加するの．断面積が大きいほどこの傾向が強くなるの．また，電線表面積は，断面積が2倍になっても$\sqrt{2}$倍にしかならないから，電線サイズが大きくなると放熱効果が低減するの．」

「二つ目は，系統の安定度が増加することよ．送電電力Pは，ちょっと難しいけど，$P=\dfrac{V_{\mathrm{s}}V_{\mathrm{r}}}{X}\sin\delta$で表される．多導体を採用すると送電線リアクタンス$X$が低減するので，送電電力を増加させることができるの．」「送電電力と安定度にはどんな関係があるのですか．」「送電電力が増加するということは，安定供給が可能であるので，これを安定度と捉えていいわ．」

「三つ目は，コロナ開始電圧が高くなることよ．単導体の電線表面の電位の傾きEは，$E=\dfrac{Q}{2\pi\varepsilon_0 r}$[V/m]で表される．コロナを防止するには，電線表面の電位の傾きを小さくする必要があるわ．上式から，半径の大きい導体を使用すればいいことになるわね．だけど，電線太さを大きくし過ぎることは経済的ではないの．だから，等価的に同じ効果のある多導体を採用しているわけなの．」「うーん．多導体の考え方にも，理論が絡んでいて奥が深いなー(**第19図**参照)．」

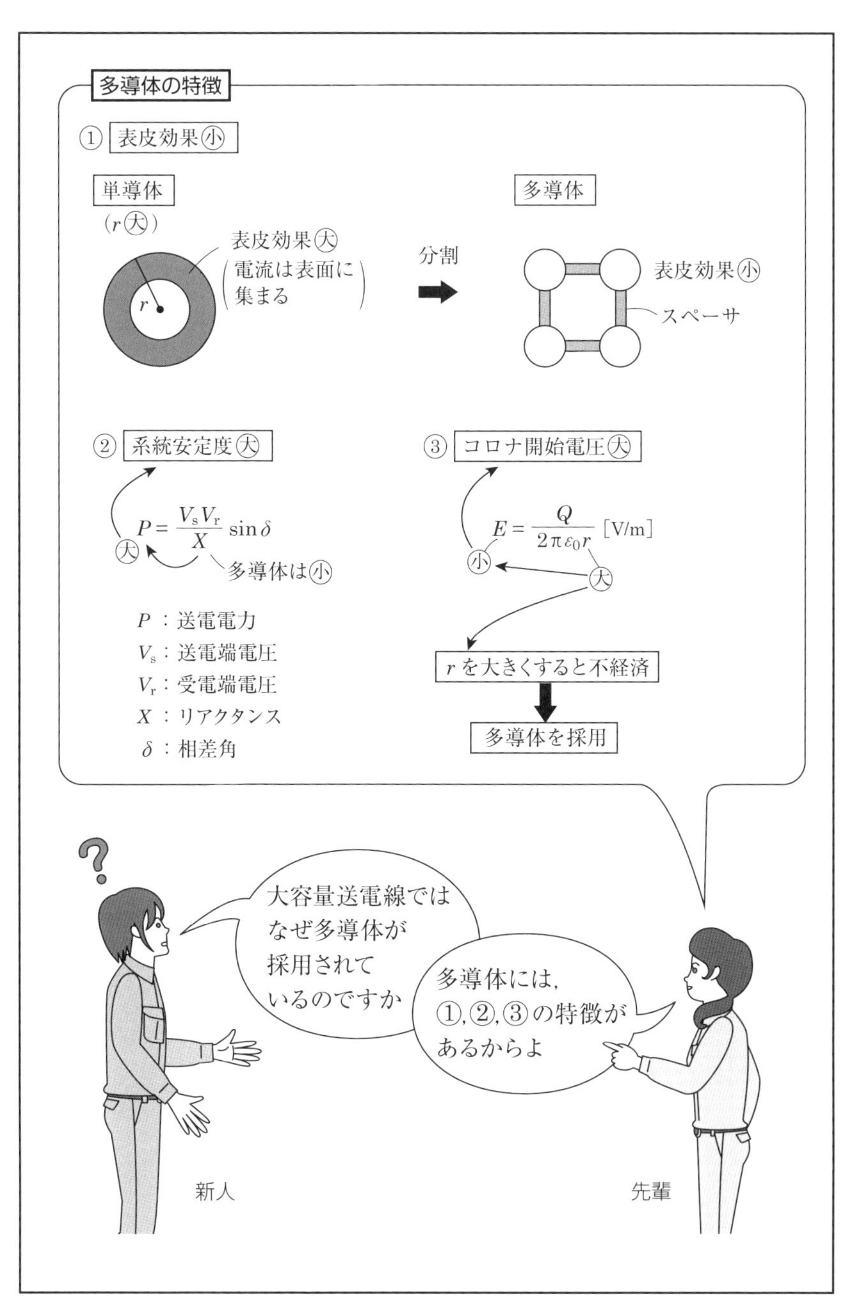

第19図　大容量送電線の多導体の特徴

送電の疑問解決！

20

送電線の送電電力の式 $P_s = (V_s V_r / X) \sin\delta$ はどうやって求めるの？

「先輩．電験3種に送電電力を求める式 $P_s = (V_s V_r/X)\sin\delta$ が出てきたのですが，どうやって求めたらいいのですか．」

「そうね．これは電験2種には安定度の問題としてよく出ているけど，最近は3種にも出ているわね．この公式を導くには少し手間取るけど，ベクトル図が描ければ，それほど難しくはないわ．」

「まず，送電線1条当たり（1相当たり）の線路図を描くと**第20図**のようになるわね．送電端電圧を $\dot{E}_s$，受電端電圧を $\dot{E}_r$，リアクタンスを X，電流を $\dot{I}$ とすると，$\dot{E}_s = \dot{E}_r + jX\dot{I}$ となるわね．」

「これより，ベクトル図を描くと図のようになるわ．まず，$\dot{E}_r$ を基準ベクトルとするの．次に電流 $\dot{I}$ を遅れ位相で描くの．$\dot{E}_r$ の先端から進み位相の $jX\dot{I}$ を描き，その先端を0点と結べば $\dot{E}_s$ となるのよ．

送電電力 P_s [W] は送電線の抵抗を無視しているから，次のように表されるわね．

$$P_s = 3E_r I\cos\theta = \frac{3V_r}{\sqrt{3}} I\cos\theta \quad ①$$

ここで，ABに着目すると，

$$AB = XI\cos\theta = E_s \sin\delta$$

よって，$$I\cos\theta = \frac{E_s\sin\delta}{X} = \frac{V_s}{\sqrt{3}X}\sin\delta \quad ②$$」

「②式の $\sin\delta$ の δ は，初めてみるようですが，何というのですか．」

「この δ は，相差角といって，送電端電圧 $\dot{V}_s$ と受電端電圧 $\dot{V}_r$ の位相角なのよ．」「はい．」

「②式を①式に代入すると，

$$P_s = \frac{3V_r}{\sqrt{3}} \frac{V_s}{\sqrt{3}X}\sin\delta = \frac{V_s V_r}{X}\sin\delta$$

となるわね．」「そうか．これならわかります．」

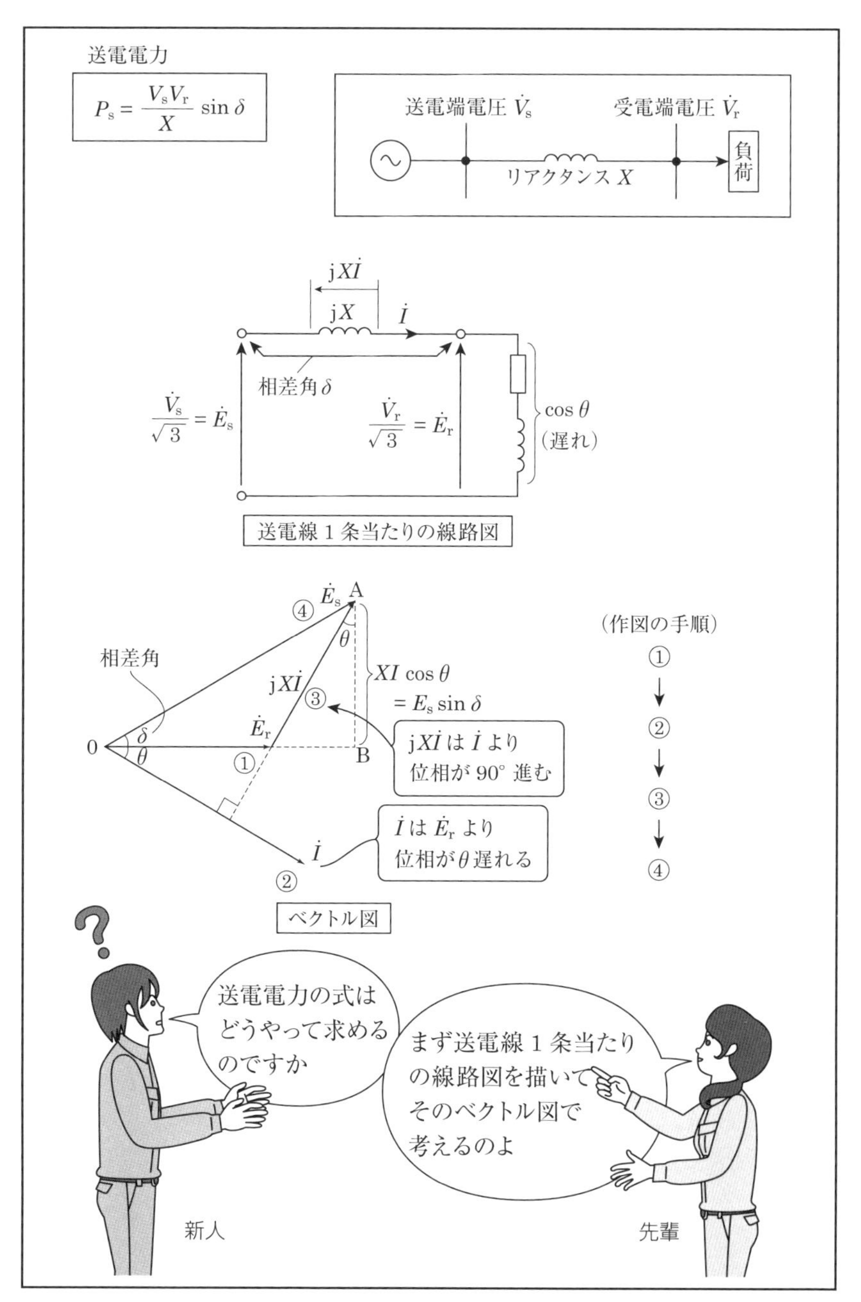

第20図　送電線の送電電力の式の導き方

送電の疑問解決！

21

パーセントインピーダンスで表された送電系統の解き方は？

「先輩．**第21図**のような送電系統で，合成パーセントインピーダンス($\%Z$)を求める場合は，どのように考えたらいいのですか.」

「まず，各$\%Z$を基準容量に統一するのよ．$\%Z$は基準容量に比例するから，例えば，基準容量を50 000 kV·Aに統一すると，25 000 kV·Aで15 %の部分は30 %，25 000 kV·Aで10 %の部分は20 %，60 000 kV·Aで28.8 %の部分は24 %になるわね．これに基づいて系統を描き直すと，図の①のようになるね．コツは，ここから段々簡素化していくことよ．遮断器から左側の合成インピーダンスは直並列回路だから，計算すると24 %になるわね．よって，図の②のように変形できるわ．遮断器の左右の系統は24 %の二つの並列回路になるから，合成して12 %になるわね．これを表すと，図の③，④のように単純化することができるわ.」

「A点で三相短絡事故が発生したときの短絡電流は，どのようにして求めるのですか.」

「まず，$\%Z$の定義からいくわよ．線路のインピーダンスをZ [Ω]，線路電圧をV [V]，定格電流をI_n [A]とすると，

$$\%Z = \frac{ZI_n}{V/\sqrt{3}} \times 100 \quad ①$$

短絡電流I_s [A]は，

$$I_s = \frac{V/\sqrt{3}}{Z} \quad ②$$

①式より，$Z = \dfrac{V/\sqrt{3} \times \%Z}{100 I_n}$

これを②式に代入して整理すると

$$I_s = \frac{100 I_n}{\%Z} \text{ [A]} \quad ③$$

A点での三相短絡電流I_sは，③式に数値を代入すれば，

$$I_s = \frac{100}{12} \times \frac{50\,000 \times 10^3}{\sqrt{3} \times 66 \times 10^3} \fallingdotseq 3\,645 \text{ A}$$

となるわ.」

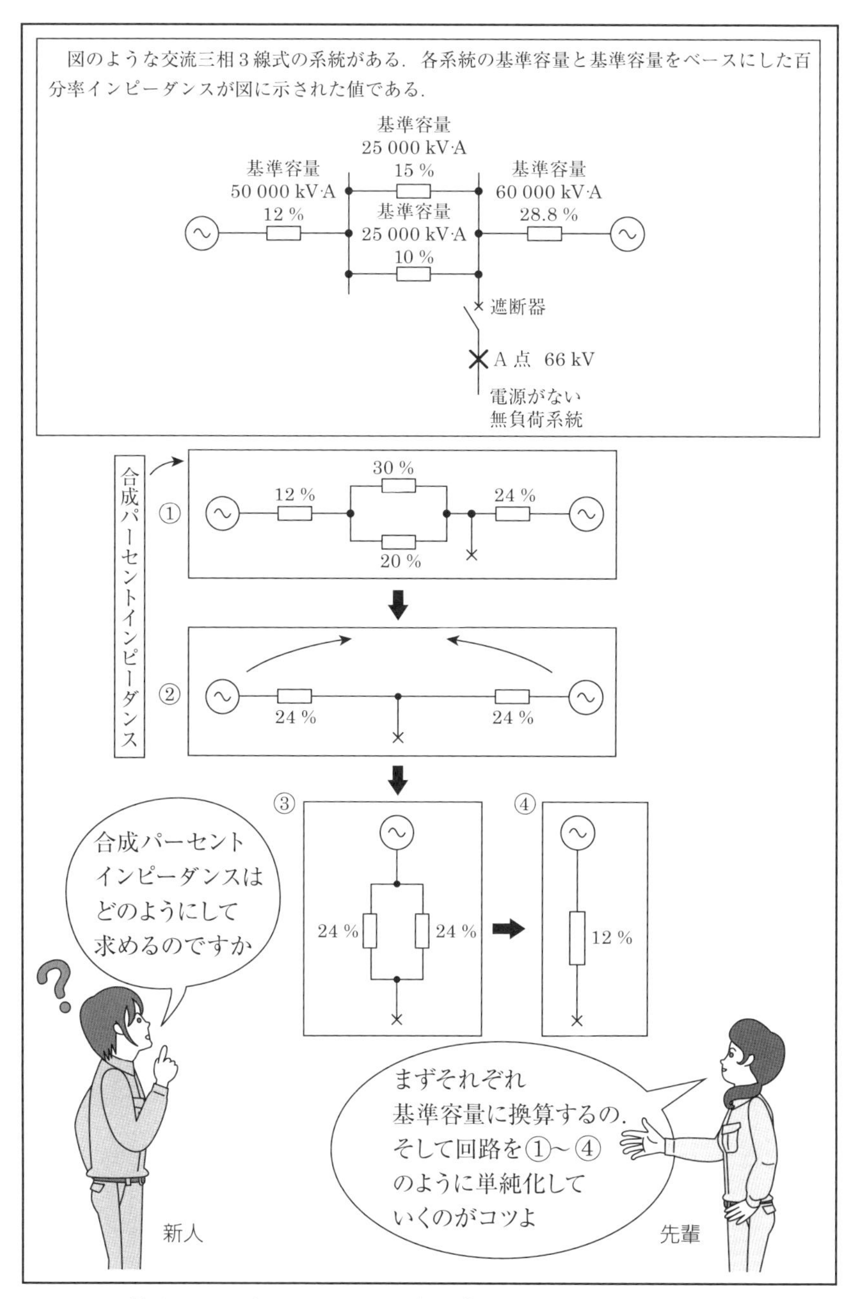

第21図　パーセントインピーダンスで表された送電系統

送電の疑問解決！

22

直流送電の疑問？　あれこれ

「先輩．電力科目で直流送電の問題があったのですが，**第22図**で変圧器は交流側にあって，直流側にないのはなぜですか．」

「それは，変圧器の基本的なことよ．だけど疑問をもつことはいいことよ．」

「変圧器の原理の復習をするわよ．一次巻線を交流電源に接続すると，電磁誘導によって誘導起電力が発生する．そして磁束が二次巻線と鎖交することによって，二次側に誘導起電力が発生する．一次，二次の電圧は巻数比に比例する．一方，直流電源では電磁誘導が起こらないから誘導起電力は発生しない．磁束が変化しないからよ．そんなわけで，変圧器は交流側にあるの．交流ならば，電圧の変成も容易にできるからね．」「はい．」

「遮断器も交流側にありますが，なぜ直流側にはないのですか．」

「遮断器は電流を遮断するためのものよ．電流のサインカーブが零点のところで遮断できるの．カーブ頂上の大電流を遮断するのは難しいからね．ところが直流では，この零点がないから遮断しにくいので，交流側で遮断しているというわけなの．」

「そうか．そんな工夫をしているのか．そのほかに，直流ではフェランチ現象がないとありましたが，なぜですか．」

「交流では，ケーブルの対地静電容量（C）を通じて充電電流が流れるので，フェランチ現象が問題になるね（電力テーマ14参照）．

直流の場合は理論科目にあったように，電源にコンデンサ（C）をつなぐと，初期には電流が流れるけど，定常時には開放状態になって電流は流れなくなるのだったわね（理論テーマ3参照）．よって，交流の場合の充電電流は問題にならなくなるの．それに伴う誘電損（電力テーマ18参照）もないのよ．」

「そうか．直流送電は理論科目と電力科目の応用なのですね．」

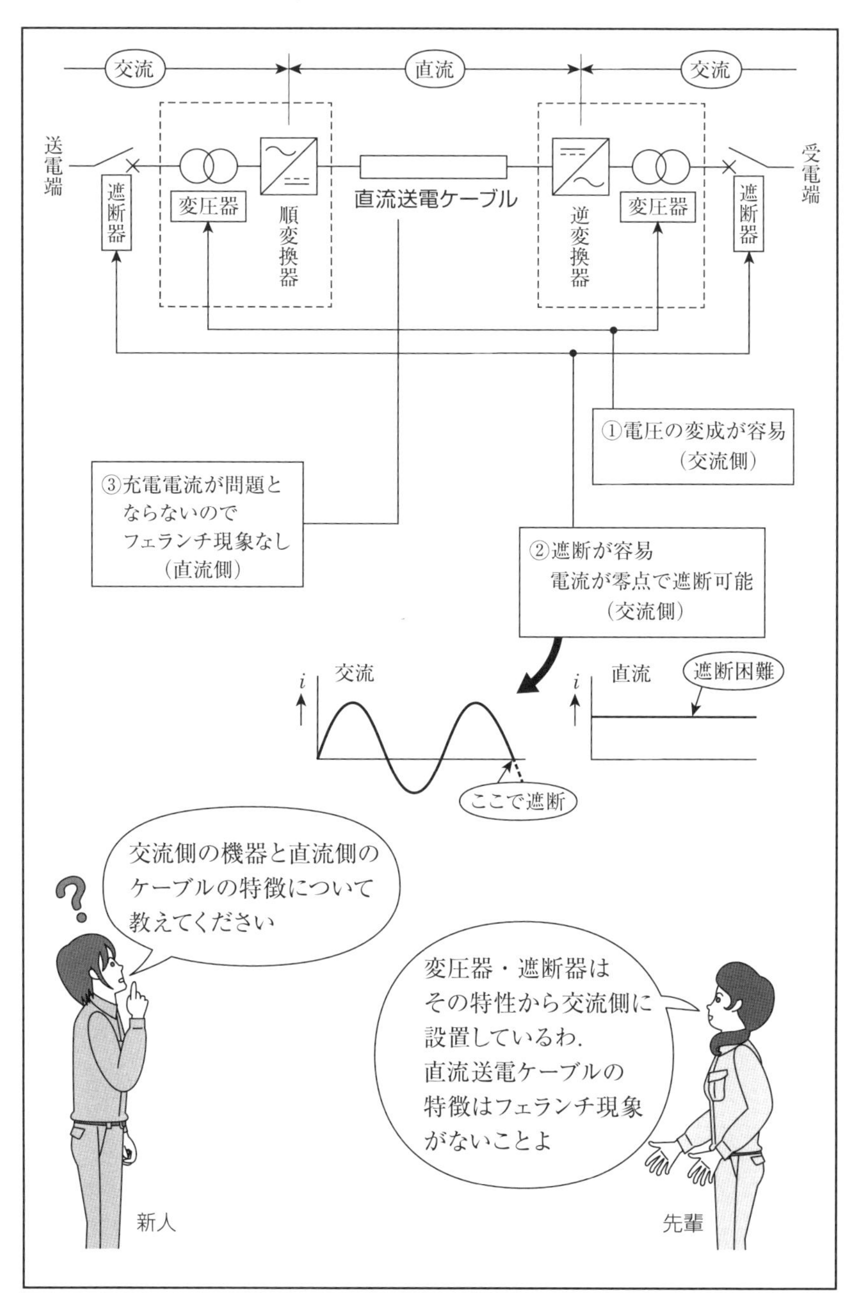

第22図　直流送電の疑問

配電の疑問解決！

23

スポットネットワーク（SNW）は，なぜ電力供給信頼度が高いの？

「先輩．スポットネットワークの問題が電力科目によく出ますが，その特徴と電力供給信頼度について教えてください．」

「では今度，スポットネットワークの施設の見学に連れていくわね．」

「ここは，データセンターだから停電は許されないので，この方式を採用しているわ．そのほかに，都市部の超過密需要地域で，電力の供給信頼度が強く要求されるビル群などの特別高圧受電の需要家に，このスポットネットワークが採用されているのよ．」

「受電電圧は22 kVよ．通常は3回線受電で，ネットワーク配電線からT分岐して引き込んでいるのよ．それぞれの回線は，受電用断路器を経由して，変圧器に接続されているのよ．そして，その変圧器はネットワーク変圧器（NWT）と呼ばれていて，ネットワーク配電線の1回線が停電しても，残りの正常な回線から受電しているので，継続して電力を供給できるのよ．定格の130％過負荷運転を連続8時間継続できるようにしているのよ．また，負荷制限を行えば，1回線でも供給可能なのよ．」

「そうか．そういうわけで供給信頼度が高いといえるのだな．」

「この変圧器は3台あるけど，どんな運転していると思う？」

新人は単線結線図を見ながら考えた．どこかで見たような図だな．

「そうだ．3台の並行運転だと思います．」

「そうよ．以前，機械科目で勉強したように3台並列で運転しているのよ．各変圧器が負荷の1/3ずつ負担しているわけよ．」

「そのほかにネットワークリレー(NWRy)があって，少し難しいけど，逆電力継電器などが組み込まれているのよ．また，スポットネットワークには三大特性（逆電力遮断・差電圧投入・無電圧投入）があるわ．ネットワークリレーは，これらの特性を制御しているのよ（**第23図**参照）．」

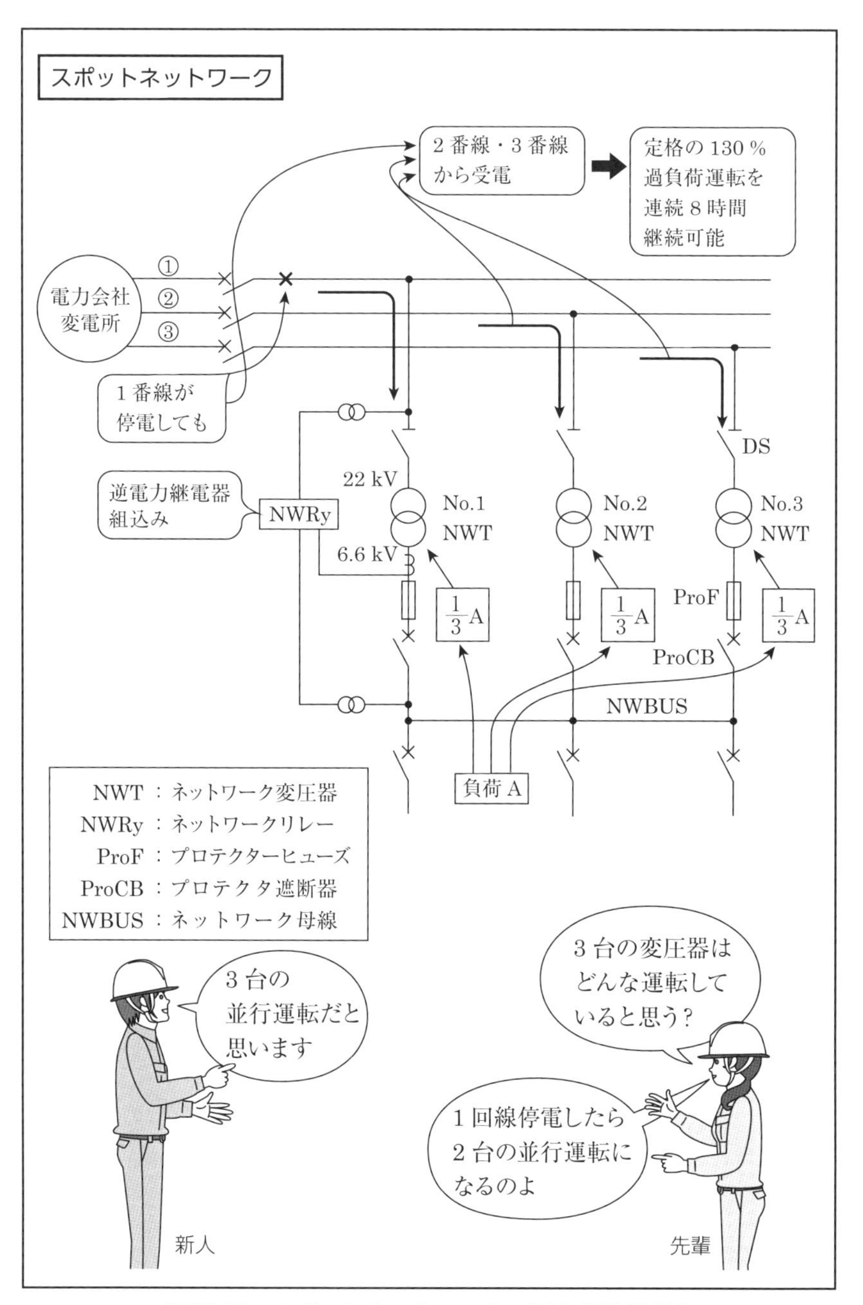

第23図　スポットネットワークの電力供給信頼度

配電の疑問解決！

24

単相3線式のバランサはどんな働きをするの？

「先輩．単相3線式のバランサの働きについて教えてください．」

「そうね．電験にもよく出てきているわね．まず，単相3線式の負荷状況について説明するわね．通常は負荷のバランスは完全にはとれていないから，両外側線の電流には差があるの．つまり不平衡になっているの．これには，設備不平衡率という考え方があるわ．

$$設備不平衡率=\frac{中性線と各電圧側電線間に接続される負荷設備容量の差}{総負荷設備容量の1/2}\times 100\ [\%]$$

各相の負荷配分をバランスさせることができないような場合については，内線規程によると，設備不平衡率を40 %以下とすることができるの．」

「バランサは，この不平衡を解消して，両外線のバランスを完全にするのよ．」

「そうですか．では，そのバランサの原理はどうなっているのですか．」

「例えば，**第24図**のように両外線に30 Aと20 Aが流れているとするわよ．中性線には，その差の10 Aが流れるわね．」「はい．」

「そこでバランサを取り付けて，両外線とも25 Aにするの．バランサは，巻数比が1：1の単巻変圧器なの．この単巻変圧器を負荷に接続すると，中性線を流れていた10 Aは向きを変えて，バランサに向かって流れるの．単巻変圧器の2巻線の端子電圧は等しいから，そこを流れる電流は等しくなるわ．中性線電流10 Aは，5 Aずつ両側へ流れることになるわ．そうすれば，外線には，30 A－5 A＝25 A，20 A＋5A＝25 Aとなって，バランスがとれるというわけなの．つまり，バランサは，中性線電流を1/2ずつ両外線に振り分ける働きをすることになるのよ．」

「そうか．バランサってすごいなー．そんな働きができるのですね．」

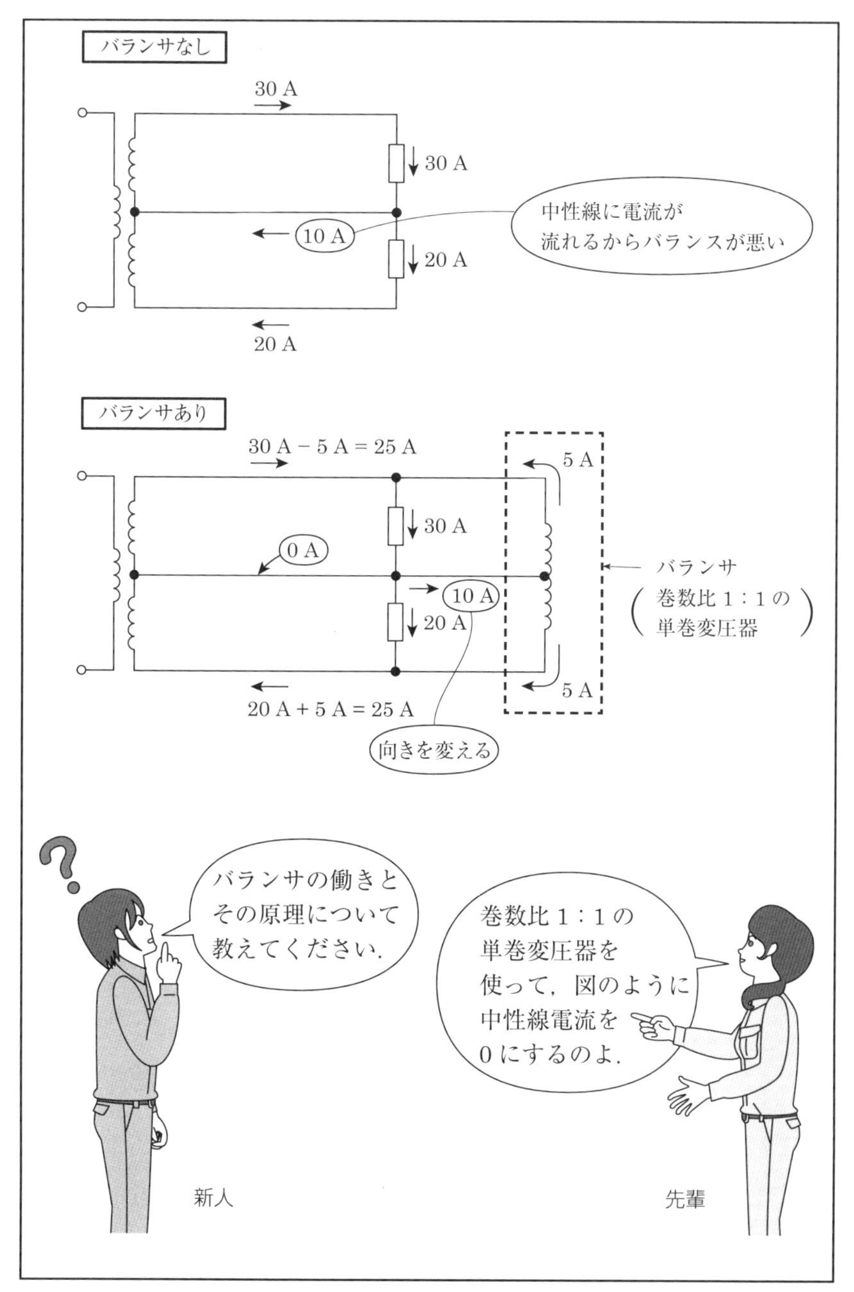

第24図　単相3線式のバランサの働き

25

配電の疑問解決！

単相3線式配電線路図の問題は，見なれた図に描き直す！

「先輩．第25図のように，柱上変圧器があって単相3線式配電線路が接続されている問題があったのですが，いつもと違う出題のようですが……．」

「そこには実際の回路図が出ているからね．現場にあるのはこのような図なのよ．問題を解くには，まずいつもの単相3線式回路，つまり見なれた回路に描き直すことがポイントよ．一次電圧6 400 V，二次電圧210 V/105 V，負荷1の50 A，負荷2の60 A，負荷3の40 Aを図のように落とし込んでみるのよ．柱上変圧器から配電線路を経て，負荷への経路をたどっていくとわかるでしょ．」

「そうか．これならわかりやすいです．」

「電圧降下を考えると，L_1には，電圧降下v_1が，L_2には電圧降下v_2が，中性線Nではv_Nの電圧降下があるわね．その値は次のようになるわね．

$v_1 = 90 \times 0.08 = 7.2\ \mathrm{V}$　　$v_2 = 100 \times 0.08 = 8\ \mathrm{V}$

$v_N = 10 \times 0.08 = 0.8\ \mathrm{V}$

したがって，V_a，V_bは，

$V_a = 105 - v_1 + v_N = 105 - 7.2 + 0.8 = 98.6\ \mathrm{V}$

$V_b = 105 - v_N - v_2 = 105 - 0.8 - 8 = 96.2\ \mathrm{V}$

次に，一次電流I_1 [A]を求めるわよ．まず，変圧器では一次電力P_1と二次電力P_2は等しいから，負荷を合計して，

$P_2 = 105 \times 90 + 105 \times 100 = 19\,950\ \mathrm{V{\cdot}A}$

P_2すなわちP_1を一次電圧V_1で割れば，一次電流I_1が出るわね．

$I_1 = P_1/V_1 = 19\,950/6\,400 \fallingdotseq 3.12\ \mathrm{A}$」

「最初の図の描き直しさえできれば，あとはそれほど難しくはないですね．」「そうよ．問題のような現場での結線図を，わかりやすい形にもっていけるかどうか．そこが理解できるかどうかが試されているわけなの．」

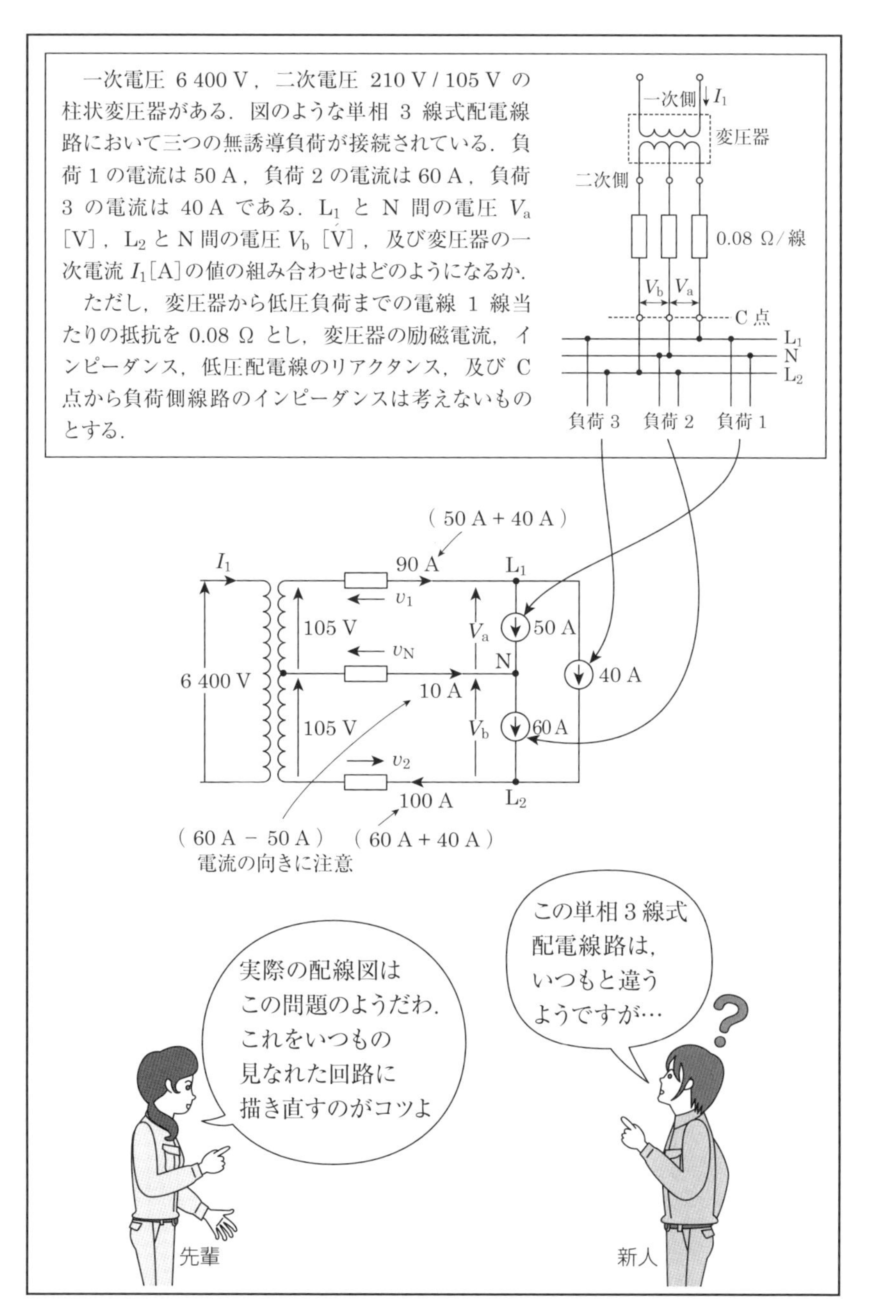

第25図　単相3 線式配電線路図の問題は，見なれた図に描き直す！

26

配電の疑問解決！

高圧配電線路の電力比の問題は未知数のおき方ポイントである！

「先輩．第26図の問題では電力を求めるのに電圧と電流が与えられていないのですが，どうすればいいのですか．」

「そうね．まず電力 P_1 と P_2 を求めるために，電圧 V と電流を I $(I_1,\ I_2)$ として式を立てるのよ．」

「そんなわからない V や I が出てきて，どうやって処理するのですか．」

「未知数が出てきても，後で消すことを考えればいいのよ．V と I $(I_1,\ I_2)$ をほかの文字で置き換えればいいのよ．」「うーん．」

「三相だから，電力 $P=\sqrt{3}VI\cos\Phi$　①

問題文から線路損失がキーワードだから，これを求めるのよ．負荷電力 P_1 [kW] 力率 $\cos\Phi_1$ から P_2 [kW] $\cos\Phi_2$ に変わるわね．そのときの線路損失をそれぞれ求めるの．問題の条件から線路損失に変化はなかった，というところに着目するの．

①式を変形すると，$I=\dfrac{P}{\sqrt{3}V\cos\Phi}$　②

そして1線当たりの線路抵抗を r として，次の等式を立てる．

$$3{I_1}^2r=3{I_2}^2r\rightarrow {I_1}^2={I_2}^2$$

②式を使って

$$\left(\frac{P_1}{\sqrt{3}V\cos\Phi_1}\right)^2=\left(\frac{P_2}{\sqrt{3}V\cos\Phi_2}\right)^2$$

$$\frac{P_1}{\cos\Phi_1}=\frac{P_2}{\cos\Phi_2}\rightarrow\frac{P_1}{P_2}=\frac{\cos\Phi_1}{\cos\Phi_2}$$

このようになるわ．ここで，I $(I_1,\ I_2)$，V が消えたでしょ．」「そういうことか．」「この問題は，未知数を仮定すること，問題文の条件を使って式を立てられるかを問うているのよ．問題文をよく読めば，どこかに必ず条件らしきものがあるから，これを見逃さないようにすることね．」「電気理論とともに数学力が試されているのですね．」

負荷電力 P_1 [kW]，力率 $\cos\phi_1$（遅れ）の負荷に電力を供給している三相 3 線式高圧配電線路がある．負荷電力が P_1[kW]から P_2[kW]に，力率が $\cos\phi_1$(遅れ)から $\cos\phi_2$(遅れ）に変わったが，線路損失の変化はなかった．このときの $\frac{P_1}{P_2}$ の値を示す式として，正しいのは次のうちどれか．

ただし，負荷の端子電圧は変わらないものとする．

(1) $\frac{\cos\phi_1}{\cos\phi_2}$　(2) $\frac{\cos\phi_2}{\cos\phi_1}$　(3) $\frac{\cos^2\phi_1}{\cos^2\phi_2}$　(4) $\frac{\cos^2\phi_2}{\cos^2\phi_1}$　(5) $\cos\phi_1\cdot\cos\phi_2$

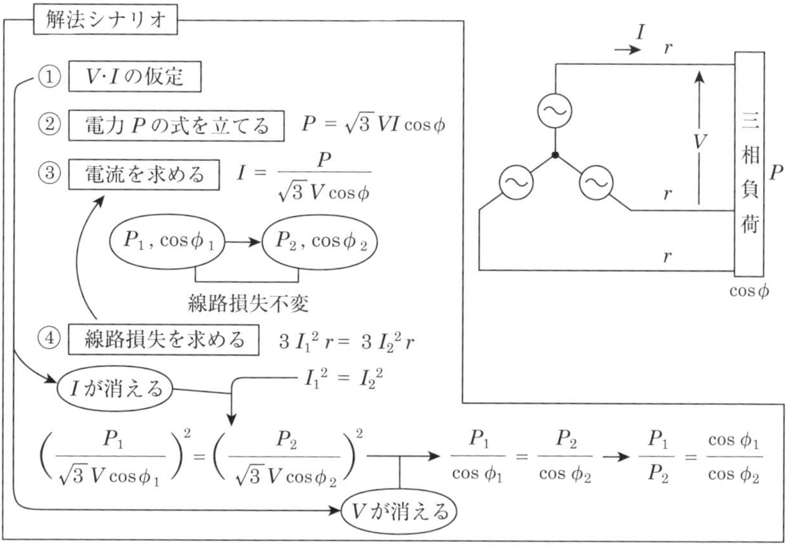

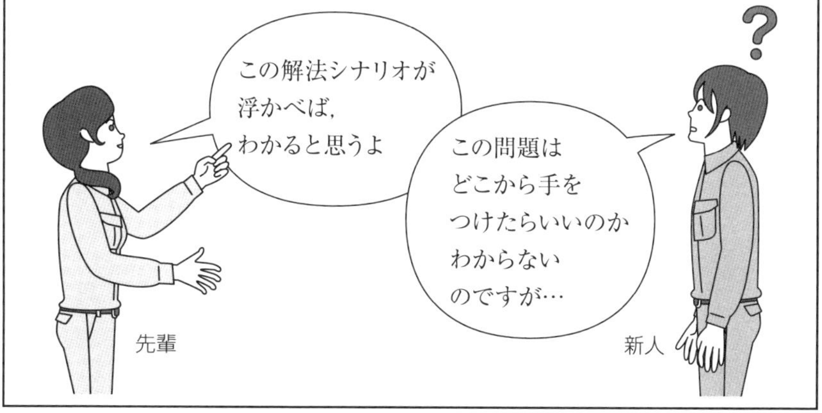

解法シナリオ

① $V\cdot I$の仮定

② 電力 P の式を立てる　$P=\sqrt{3}\,VI\cos\phi$

③ 電流を求める　$I=\dfrac{P}{\sqrt{3}\,V\cos\phi}$

$P_1, \cos\phi_1$ → $P_2, \cos\phi_2$

線路損失不変

④ 線路損失を求める　$3I_1^2 r = 3I_2^2 r$

Iが消える　$I_1^2 = I_2^2$

$$\left(\frac{P_1}{\sqrt{3}\,V\cos\phi_1}\right)^2=\left(\frac{P_2}{\sqrt{3}\,V\cos\phi_2}\right)^2 \rightarrow \frac{P_1}{\cos\phi_1}=\frac{P_2}{\cos\phi_2} \rightarrow \frac{P_1}{P_2}=\frac{\cos\phi_1}{\cos\phi_2}$$

Vが消える

I　r　V　r　r　三相負荷　P　$\cos\phi$

この解法シナリオが浮かべば，わかると思うよ

この問題はどこから手をつけたらいいのかわからないのですが…

先輩　新人

第26図　高圧配電線路の電力比！

電気材料の疑問解決！

27

変圧器鉄心にはなぜ，けい素鋼板が使われているの？

新人は，日常巡視点検で疑問に思ったことがあったので，質問した．
「先輩．変圧器はなぜ，うなり音を出しているのですか．」
「それは，主に変圧器鉄心の磁気ひずみによるものよ．変圧器のうなり音の原因には，鉄心と巻線があるのよ．油入変圧器では，これらの大部分が絶縁油を経てタンクに伝わり，タンク壁から気中に音波として放散しているのよ．モールド変圧器の場合は，直接空気中に音波となって放散しているわ．うなり音のうち鉄心に起因するものには，けい素鋼板の磁気ひずみによる振動があって，巻線の振動は電磁機械力によるものよ．これらのなかで，磁気ひずみによるものを主な音源とみていいのよ．」
「磁気ひずみとは，鉄板に磁束が通ると，鉄板が磁束の通る方向に伸びる現象よ．交流磁束を加えた場合，この伸びは時間的に変化するので，機械的な振動が発生するのよ．」
「磁気ひずみが原因なのか．でもそんな騒音の出る鉄板をなぜ使っているのだろうか．」
「それは，けい素鋼板を使うと，鉄損を低減することができるからよ．鉄損には，ヒステリシス損と渦電流損があるわ．鉄心材料にけい素鋼板を用いると，透磁率μが大きくなってヒステリシス損が減少するのよ．」
「一方，鉄心に発生する渦電流損を低減するために，**第27図**のように薄いけい素鋼板を積層した成層鉄心が使われるの．成層鉄心では，鋼板相互は電気的絶縁が施されていて，渦電流は，それぞれの鋼板に発生するのよ．つまり，渦電流の通路が長くなったことになって，抵抗値が大きくなるので，渦電流損が減少するわけなの．渦電流損は鉄心の厚さの2乗に比例し，抵抗率に反比例するのよ．」
「鉄心に使われるけい素鋼板は，うなり音を出すけど，鉄損軽減に役立っているのですね．そういえば，電験にも磁性材料の問題が出ていました．勉強になりました．」

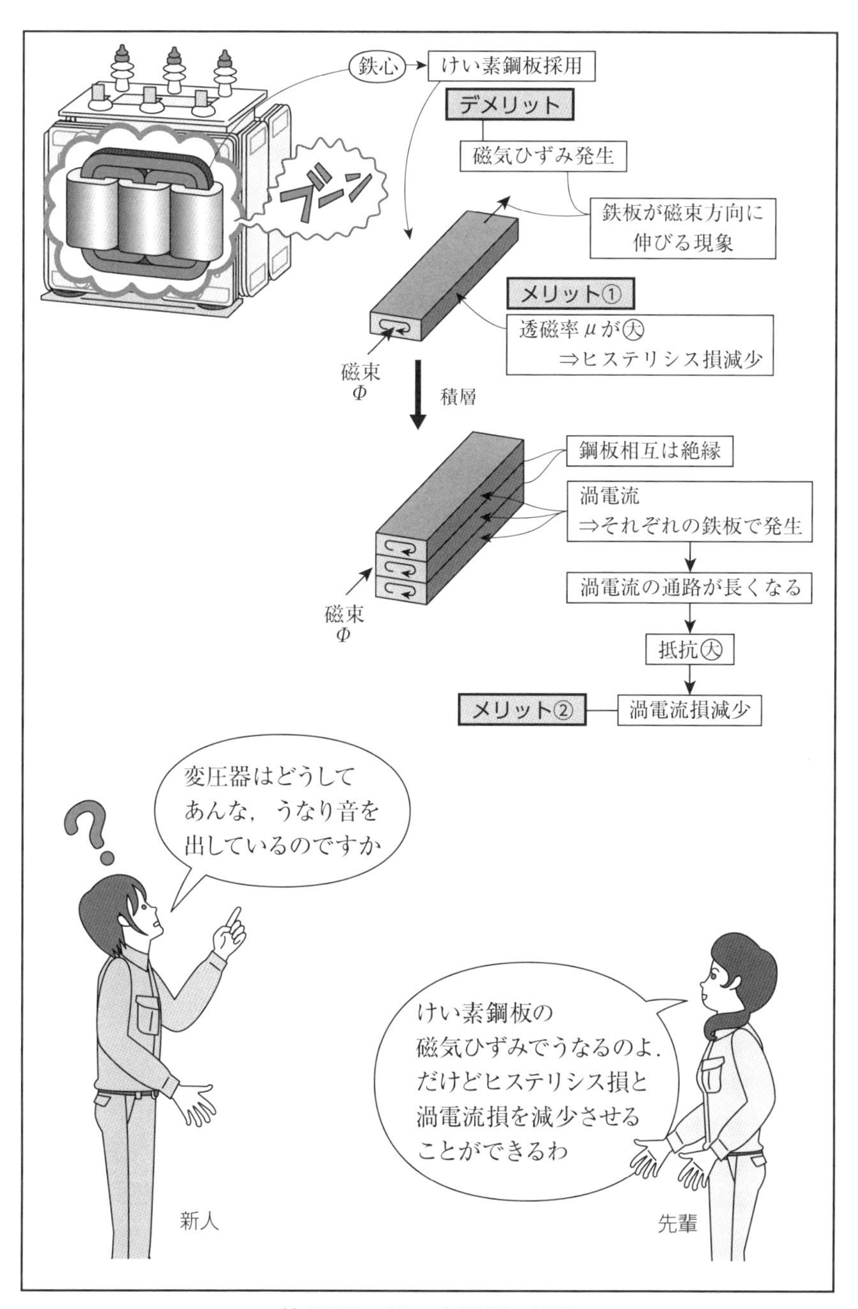

第27図　けい素鋼板の特徴

電気材料の疑問解決！

28

アモルファス変圧器の鉄心は，なぜ低損失なの？

「先輩．アモルファス変圧器は低損失だ，と言われていますが，どうしてですか.」「では，アモルファスの性質から説明するわね．アモルファス合金は，**第28図**のように固体を形成している原子の配列に規則性のない非結晶素材なの．鉄，けい素，ボロンを原材料とした合金を急速に冷却して，固形化する過程における再結晶化を阻止することで，非結晶構造を形成しているのよ．変圧器の無負荷損(W)は，①式のように，渦電流損(W_e)とヒステリシス損(W_h)の和よ．

$$W = W_e + W_h \quad ①$$

渦電流損は②式のように，磁性材料の板厚の2乗に比例して，抵抗率に反比例するのよ．

$$W_e = k_e \frac{(fBt)^2}{\rho} \quad ②$$

k_e：定数，f：周波数，B：磁束密度，t：板厚，ρ：抵抗率

アモルファス合金は板厚が，けい素鋼板に比べて約1/10と非常に薄くて，抵抗率が約3倍であるため，渦電流損を低く抑えることができるのよ.」

「次にヒステリシス損は③式のように，スタインメッツの実験式で表されるわよ．磁性材料に磁束が通るとき，磁区が回転して磁束方向に向きをそろえるのに必要なエネルギーよ．磁区とは，ひとかたまりの磁石のことよ．

$$W_h = k_h f B^{1.6} \ (k_h：定数) \quad ③$$」

「アモルファス合金は非結晶構造だから，磁区が小さく磁化回転が容易なため，ヒステリシス損が小さくなるのよ．すなわち，アモルファス変圧器は，無負荷損を，けい素鋼板の変圧器に比べて約1/5～1/3に低減することができるのよ.」「そんな優れた変圧器なのにどうして普及していないのですか.」「大形になることと，コストが高いことが問題なの.」「損失は小さいけど，デメリットもあるのだな.」

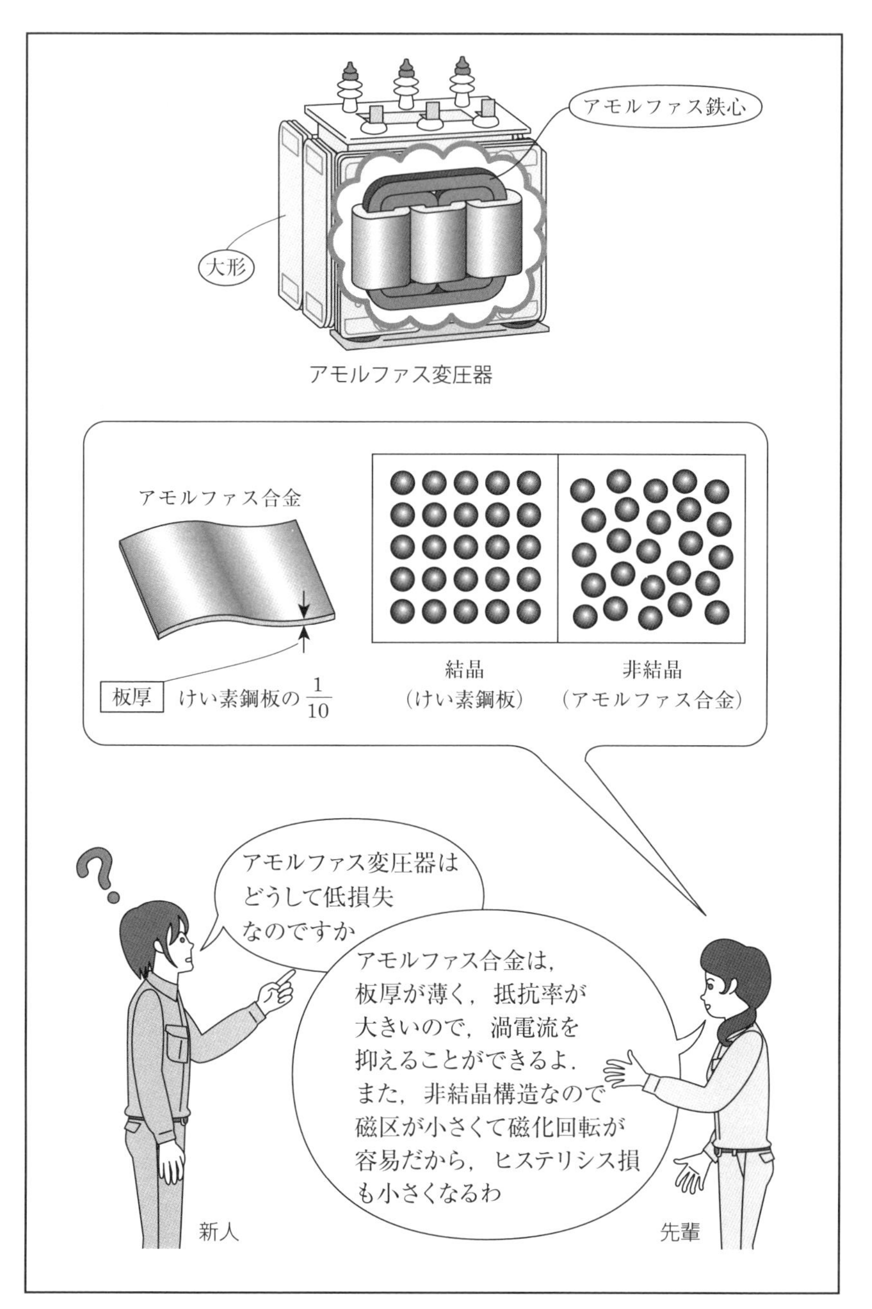

第28図　アモルファス変圧器が低損失の理由

第3章　機　械

変圧器の疑問解決！
同期機の疑問解決！
誘導機の疑問解決！
直流機の疑問解決！
その他機器の疑問解決！
電熱の疑問解決！
自動制御の疑問解決！

1

変圧器の疑問解決！

変圧器のコンサベータは，このようにして絶縁油の劣化を防いでいる！

「先輩．変圧器の上に載っている円筒形のものは何ですか？」新人は写真を見ながら質問した．「それは，コンサベータよ．」

「どんな働きをしているのですか？」

「この変圧器は絶縁油で満たされていて，呼吸作用をしているから劣化するのよ．その劣化をくい止めるのがコンサベータよ．絶縁油は，温度変化によって膨張・収縮するから，それに伴って変圧器内部に空気が供給されると，絶縁油は徐々に酸化して劣化するの．酸化が進むと電気的特性の低下につながり，スラッジが生成されることになるわ．絶縁紙等の有機質材料も，酸素の存在で劣化が進むの．このような絶縁材料の劣化防止が，コンサベータの役目よ．」

「その原理は**第1図**のように，油が空気に接する面積を小さくすることで酸化を防ぐわけよ．変圧器本体より高い位置に取り付けて，その役目を果たしているのよ．さらに付属的にブリーザを連結して，空気中の水分の侵入を防いでいるわ．ブリーザの中にはシリカゲルなどの吸湿剤を入れているのよ．」

「今まではブリーザやコンサベータを付けた開放式，窒素ガスで空気をパージした窒素封入式などが多かったわ．近年では，信頼性の向上や保守の簡便さを目指した，ゴム膜やゴム袋によって空気を遮断する隔膜式が主流になっているのよ．」

「隔膜式はコンサベータ内で，外気と油の接触による劣化を防止するために，図のようなゴムセルで外気と油を隔離しているのよ．ゴムセルには，外部に設置してあるブリーザを通して外気が出入りするけど，ゴムセルの異常によりコンサベータ内に外気が侵入した場合には，ガスディテクタによって警報が出るようになっているわ．」

「うーん．コンサベータは，僕たちに見えないところで活躍しているのだな．」

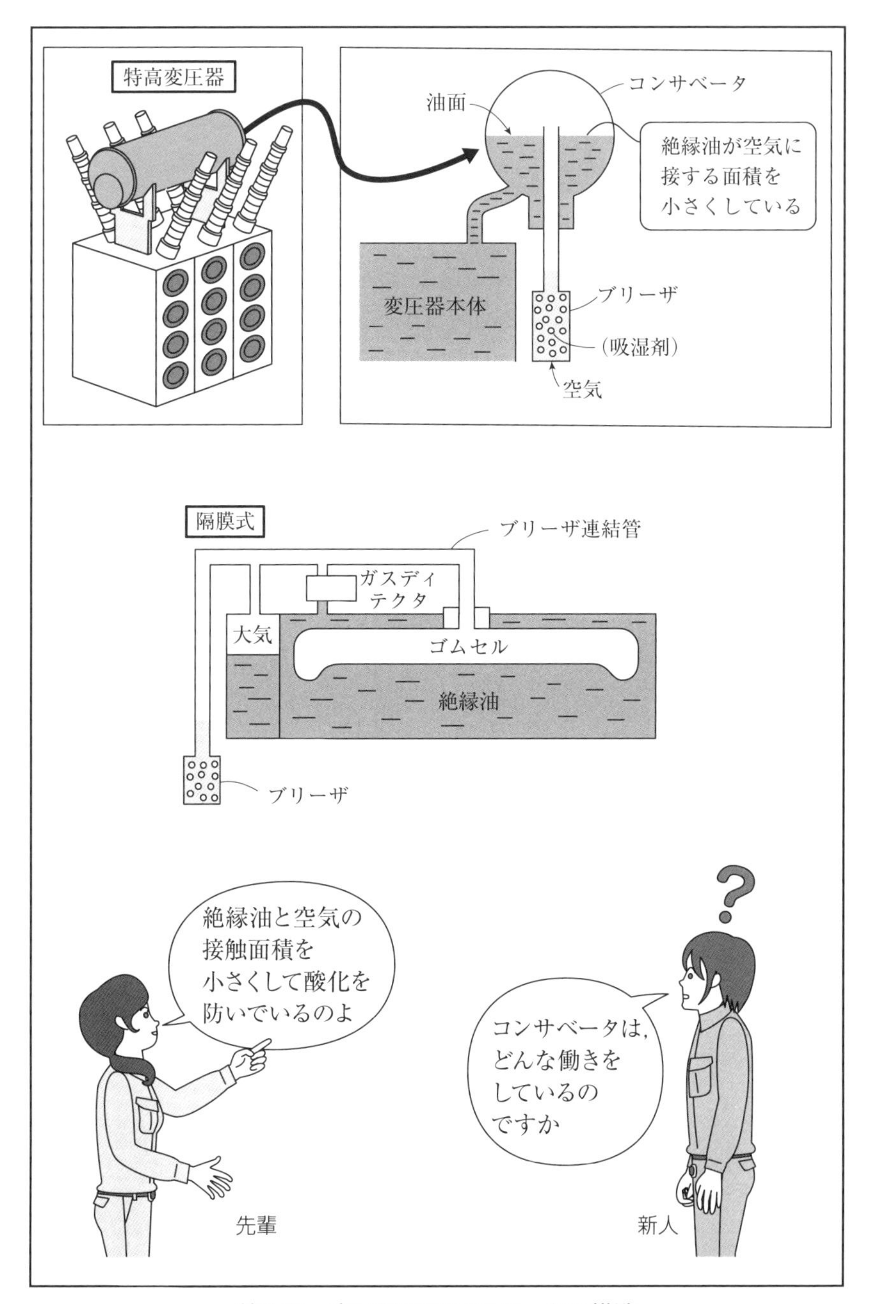

第1図　変圧器のコンサベータの構造

変圧器の疑問解決！

2

変圧器の鉄損はなぜ一定なの？ 励磁回路を解明すればわかる！

先輩から，変圧器の鉄損が一定になるという根拠に関する説明があった．

「**第2図**のように，回路によって取り囲まれた面を鎖交する磁束の変化率に比例して起電力が生じる現象を「電磁誘導の法則」という．起電力をe，磁束をϕ，回路の巻数をNとすると，次式で表すことができる．

$$e = -N\frac{\mathrm{d}\phi}{\mathrm{d}t}$$

上式から，起電力が発生するためには，磁束ϕが時間的に変化しなければならない．」

「この磁束発生に関わっているのが，励磁電流である．解析の便宜上，無負荷状態とし，変圧器の一次側に交流電圧$\dot{V}_0$を印加すると，励磁電流が流れ，磁束が発生する．この電流は，遅れ電流である．鉄心と巻線により，いわゆるインダクタンスが形成されるためである．このインダクタンスをLとする．このインダクタンスLは，変圧器の一次巻線と並列に接続された励磁サセプタンスb_0と考えてよい．磁束を形成するために励磁サセプタンスb_0を磁化電流$\dot{I}_\mu$が流れることになる．」

「一方，鉄損のための有効電流（鉄損電流）$\dot{I}_\mathrm{w}$を必要とするが，この$\dot{I}_\mathrm{w}$は励磁コンダクタンスg_0を流れることになる．したがって励磁電流$\dot{I}_0$は，

$$\dot{I}_0 = (g_0 - \mathrm{j}b_0)\,\dot{V}_0 \qquad \left(\frac{1}{\mathrm{j}\omega L} = -\mathrm{j}b_0\right)$$

$\dot{I}_0 = \dot{I}_\mu + \dot{I}_\mathrm{w}$となる．」

「鉄損電流$\dot{I}_\mathrm{w}$により発生する鉄損は，変圧器に電圧を印加すると，負荷の有無に関係なく発生し，かつ一定である．鉄損は，励磁回路のコンダクタンスg_0によって発生する．したがって，一次電圧$\dot{V}_0$が一定ならば，g_0にかかる電圧も一定であるため，その損失である$g_0\dot{V}_0^2$，つまり鉄損は一定となる．電験にもよく出題されているよね．」

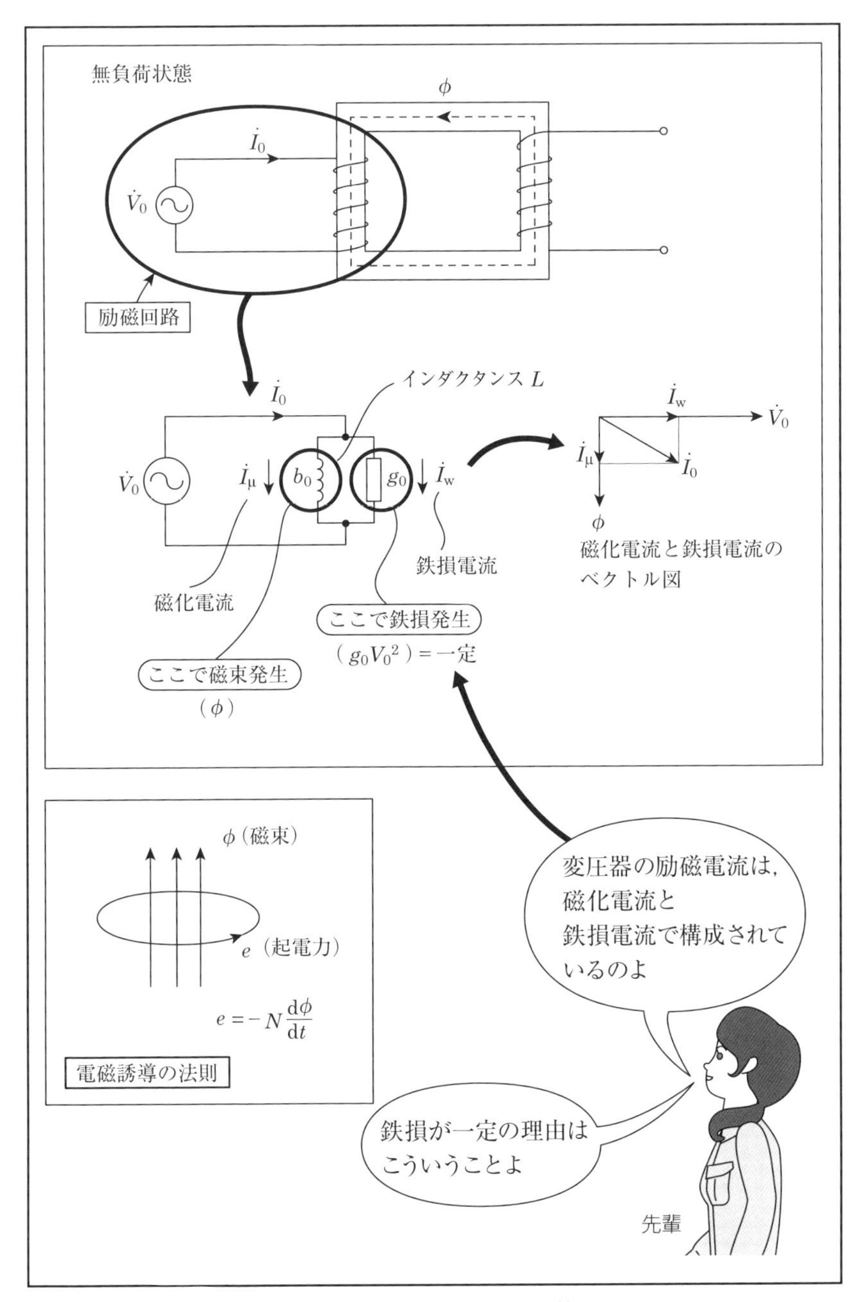

第2図　変圧器の励磁回路の仕組み

変圧器の疑問解決！

3

変圧器の効率は，なぜ鉄損と銅損が等しいときに最大になるの？

新人は機械科目の勉強をしていて，ふと思った．変圧器が最大効率となるのは，鉄損と銅損が等しいときだとテキストには載っていたが，なぜだろう．「先輩，教えてください．」

「そうね．たしかに電験3種では，その説明までは詳しく踏み込んでいないかもしれないわね．では，基本からいくわよ．」

「変圧器の効率は，次式で表されるのはわかるわよね．

$$\text{効率}\ \eta=\frac{\text{出力}}{\text{出力}+\text{損失}}=\frac{\text{出力}}{\text{出力}+\text{鉄損}+\text{銅損}}$$

ここで，出力を $VI\cos\theta$，鉄損を W，銅損を kI^2 とおくと，効率 η は

$$\eta=\frac{VI\cos\theta}{VI\cos\theta+W+kI^2}=\frac{V\cos\theta}{V\cos\theta+W/I+kI}$$

となるわね．

効率 η を最大にする I の値を求めると，$x=W/I+kI$ とおけば，この x が最小になればいいことになるわね．

そこで，x を I で微分すれば，

$$\mathrm{d}x/\mathrm{d}I=-W/I^2+k$$

$-W/I^2+k=0$ とおけば

$$W=kI^2$$

となるのよ．」

「こういうわけで，鉄損と銅損が等しいとき最大効率になるのよ．図のように鉄損 W は一定であって直線となって，銅損は電流 I の2乗に比例しているから，二次曲線になるわね．鉄損は小さいから，銅損が少ないとき効率が最大となるわけよ．」

「なるほど．先輩の説明でよくわかりました．奥深いところは微分がでてくるから，電験2種の数学レベルですね（**第3図**参照）．」

「そうよ．数学の勉強も必要なのよ．」

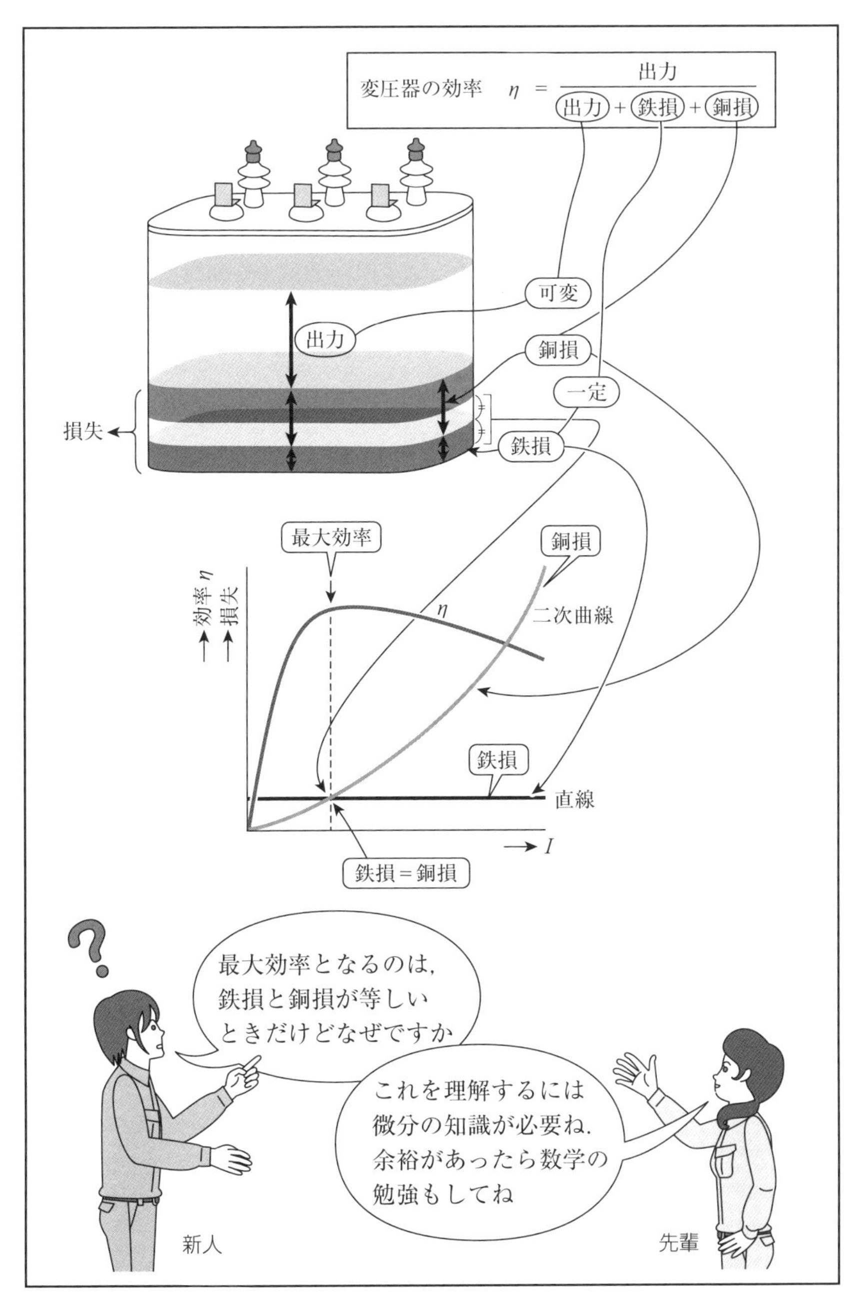

第3図　鉄損＝銅損のとき最大効率となる理由

変圧器の疑問解決！

4

変圧器の並行運転では極性・巻数比が等しくなければならないわけとは？

「先輩．変圧器の並行運転で，循環電流が流れることがあると聞いたのですが，どんなときなのですか．」

「変圧器の並行運転の条件は五つあるのだけど，循環電流に関わるのは，そのうち二つだわね．極性と巻数比よ．一つは各変圧器の極性が一致していること．二つ目は各変圧器の巻数比が等しく，一次および二次の定格電圧が等しいこと，という条件に反している場合よ．」

「まず，極性については，**第4図**のように減極性と加極性がある．極性が相違している場合だけど，極性（減極性と加極性）の異なる変圧器を並列接続すると二次側では，電圧 $(E_{2a}+E_{2b})$ [V] が変圧器巻線に加わることになるわね．巻線のインピーダンスは非常に小さいから，大きな循環電流が流れて，変圧器を焼損することになるのよ．ただし，日本の場合は，加極性はほとんど製作されていないの．ほぼ減極性だから，この極性の相違が問題になることはまずないのだけど，知識として学習しておくことは大切だと思うわよ．」

「一方，並行運転する変圧器の巻数比が異なる場合は，二次誘導起電力に差異が出てくる．図において，$E_{2a}>E_{2b}$ とすると，電圧差は $(E_{2a}-E_{2b})$ [V] であり，この電圧が巻線に加わって循環電流が流れることになるの．これによって，変圧器が過熱するおそれがあるから注意が必要よ．」

「最初から並行運転を前提として設置する場合は，同じ仕様の変圧器を使うから問題はないけど，現場で仮設の応急的な対応をする場合など，あり合わせの変圧器を使う場合に限られると思うけどね．」

「循環電流が流れる場合というのは，特殊な条件のときなのか．しかし，現場でそういう状況に直面する場合もあり得るわけだから，将来のためにその現象をよく理解しておかなければならないな．電験のためにも．」

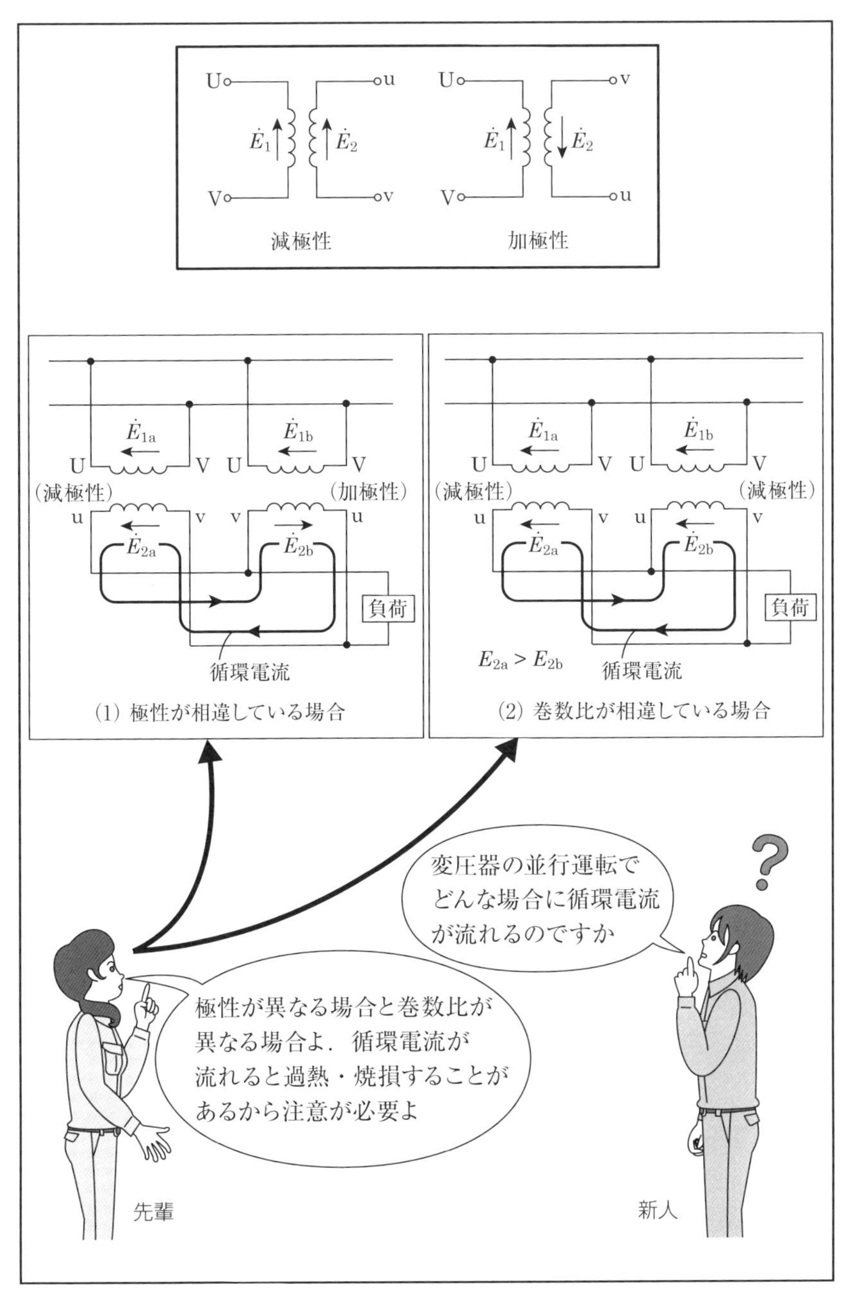

第4図　変圧器の並行運転で循環電流が流れる場合

5

変圧器の疑問解決！

三相変圧器の励磁電流の第3調波が△結線内を循環するわけとは？　その1

新人は，変圧器の論説問題に出る，第3調波が△結線内を循環する原理を先輩に聞いた．

「では，第3調波のことを詳しく説明するわよ．三相交流の基本波は，各相に120°の位相差があるから，各相の電流I_a，I_b，I_cはI_mを最大値とすると次のようになるわね．

$$I_a = I_m \sin \omega t,\ I_b = I_m \sin(\omega t - 2\pi/3),\ I_c = I_m \sin(\omega t - 4\pi/3)$$

電流の和は，

$$I_a + I_b + I_c = I_m \sin \omega t + I_m \sin(\omega t - 2\pi/3) + I_m \sin(\omega t - 4\pi/3) = 0$$

となって，Y結線内を流すことは可能なの．第3調波電流は

$$I_{a3} = I_m \sin 3\omega t,\quad I_{b3} = I_m \sin 3(\omega t - 2\pi/3) = I_m \sin 3\omega t$$

$$I_{c3} = I_m \sin 3(\omega t - 4\pi/3) = I_m \sin 3\omega t$$

となって同位相なのよ．電流の和は，

$$I_{a3} + I_{b3} + I_{c3} = 3I_m \sin 3\omega t$$

となって，0にはならないわ．$3I_m \sin 3\omega t$が残るけど，**第5図**のように非接地のY結線では，この電流を流す回路がないので流れ得ないというわけなの．」

「Y-Y結線で中性点を接地すれば，第3調波を流すことができるけど，この電流で，通信線に誘導障害を起こすことになるの．変圧器がY-△結線であれば，二次側が△結線なので，二次巻線が循環回路となるため，第3調波成分を巻線内に流すことができるの．第3調波成分は各相とも同位相なので，△結線内を循環して流れて，線電流には現れないわ．誘導起電力は正弦波となって，第3調波の起電力を発生することはないから，通信線への誘導障害を起こすことはないのよ．」

先輩の説明はやや難しかったが，新人が抱いていた疑問は解けかかったのである．

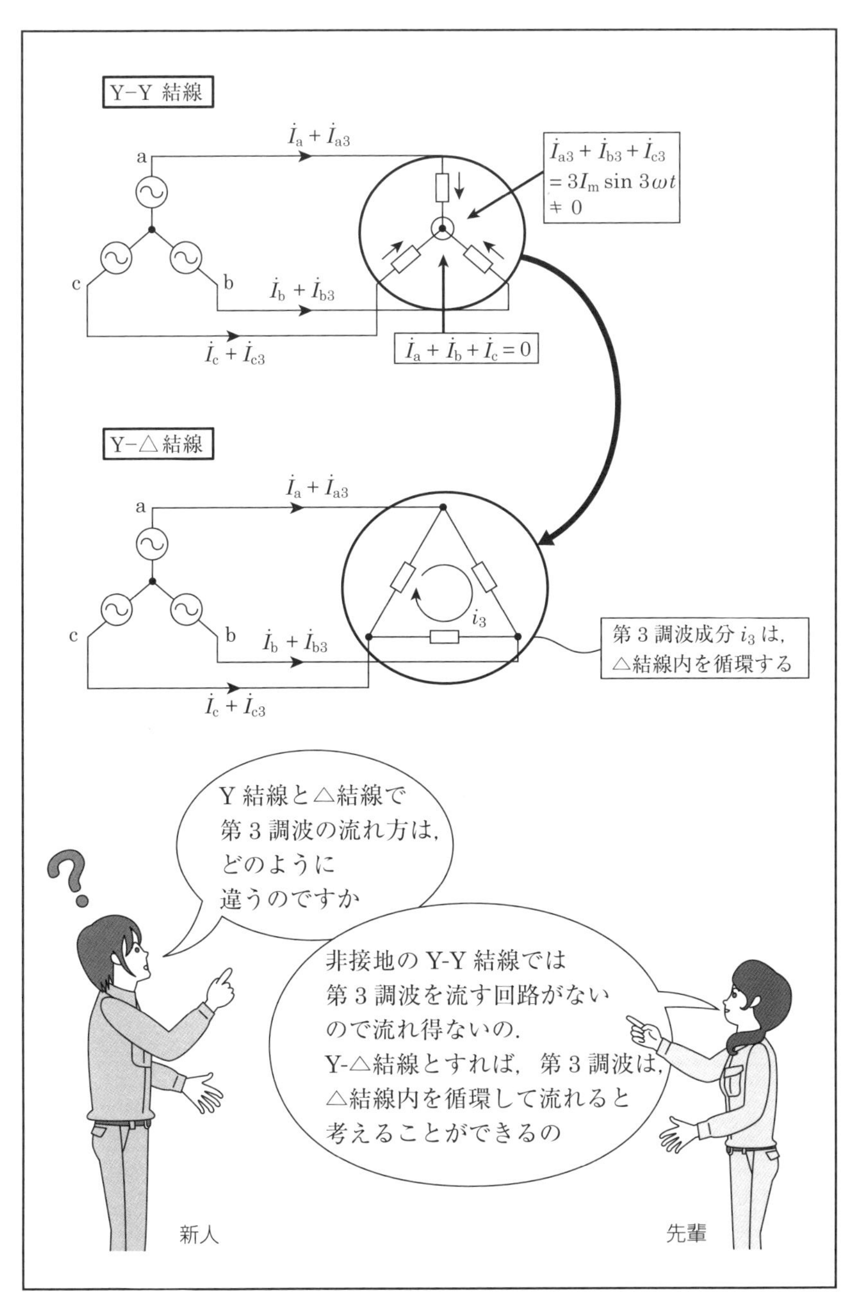

第5図　励磁電流の第3調波は△結線内を循環する（その1）

変圧器の疑問解決！

6

三相変圧器の励磁電流の第3調波が△結線内を循環するわけとは？　その2

「先輩．三相変圧器の励磁電流第3調波成分は，△結線の中を循環するということが，いま一つわかりにくいのですが．」「それでは，テーマ5について，そのわけを数式を使って説明するわよ．励磁電流 i_1，i_2，i_3 は，第3調波を含んでいるので，次式となるわね．

$$i_1 = I_{m1}\sin\omega t + I_{m3}\sin 3\omega t$$

$$i_2 = I_{m1}\sin(\omega t - 2\pi/3) + I_{m3}\sin 3(\omega t - 2\pi/3)$$
$$= I_{m1}\sin(\omega t - 2\pi/3) + I_{m3}\sin 3\omega t$$

$$i_3 = I_{m1}\sin(\omega t - 4\pi/3) + I_{m3}\sin 3(\omega t - 4\pi/3)$$
$$= I_{m1}\sin(\omega t - 4\pi/3) + I_{m3}\sin 3\omega t$$

上式より，第3調波成分は同位相で同振幅となるわね．

第6図の相電流 I_{ab}，I_{bc}，I_{ca} は，

$$I_{ab} = I_{m1}\sin\omega t + I_{m3}\sin 3\omega t \quad ①$$

$$I_{bc} = I_{m1}\sin(\omega t - 2\pi/3) + I_{m3}\sin 3\omega t \quad ②$$

$$I_{ca} = I_{m1}\sin(\omega t - 4\pi/3) + I_{m3}\sin 3\omega t \quad ③$$

①，②，③式より，第3調波の存在がわかるよね．

線電流 I_a，I_b，I_c は

$$I_a = I_{ab} - I_{ca} = I_{m1}\sin\omega t - I_{m1}\sin(\omega t - 4\pi/3) \quad ④$$

$$I_b = I_{bc} - I_{ab} = I_{m1}\sin(\omega t - 2\pi/3) - I_{m1}\sin\omega t \quad ⑤$$

$$I_c = I_{ca} - I_{bc} = I_{m1}\sin(\omega t - 4\pi/3) - I_{m1}\sin(\omega t - 2\pi/3) \quad ⑥$$

④，⑤，⑥式より，線電流 I_a，I_b，I_c の第3調波成分は消滅しているでしょ．第3調波は線電流としては流れないことになるの．△結線内の中だけを循環して流れていると解釈できるのよ．第3調波成分は同位相で同振幅だから，△結線の中を連続して流れると考えていいのよ．」

新人は，ずっと抱いていた疑問が解明できて，やっと納得したのである．

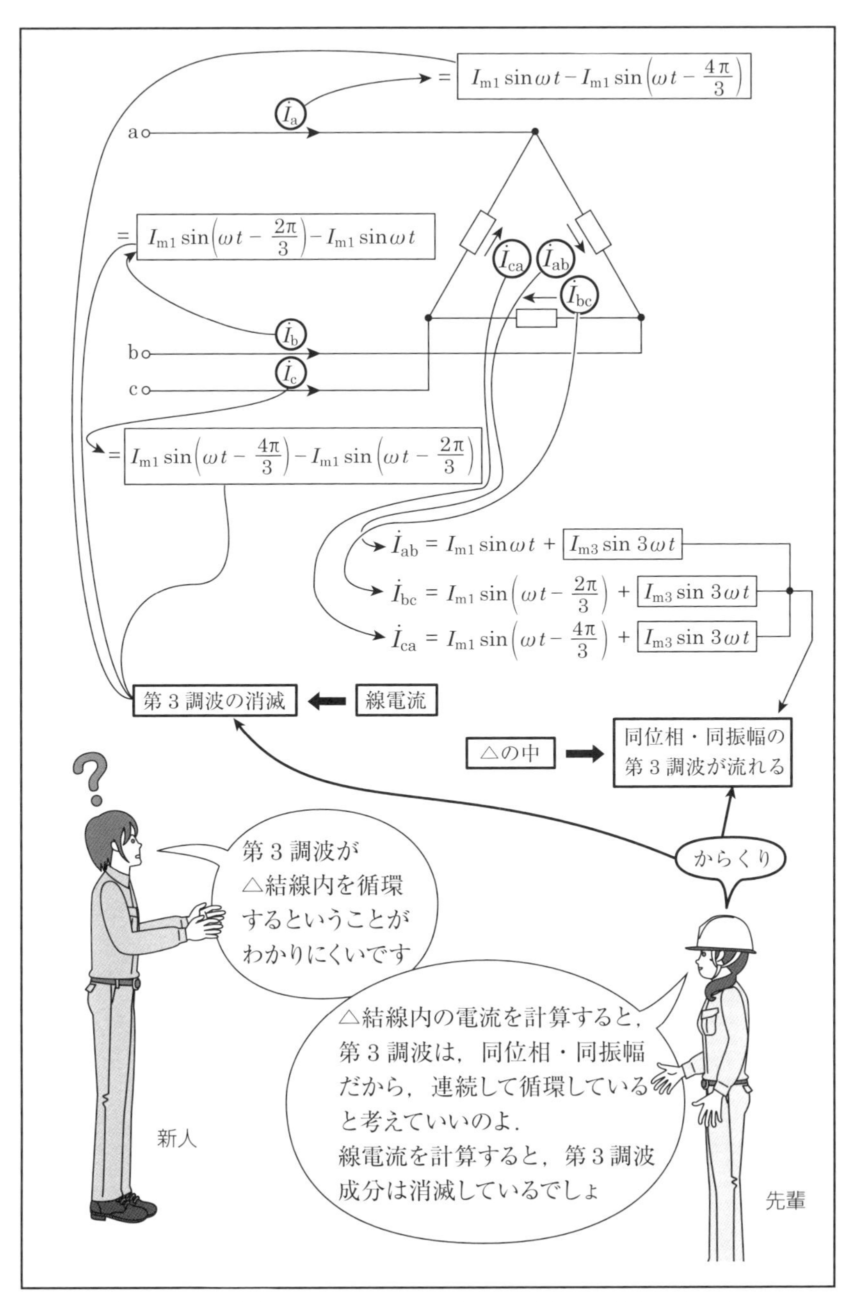

第6図　励磁電流の第3 調波は△結線内を循環する（その2）

7

変圧器の疑問解決！

自家用の三相変圧器結線は，なぜY-△となっているのだろうか？

新人は，テキストを見ていて疑問に思った．自家用変電所の三相変圧器のほとんどの結線が，Y-△結線になっていたからである．

電気設備の技術基準の解釈第24条（高圧又は特別高圧と低圧との混触による危険防止施設）によれば，『高圧電路または特別高圧電路と低圧電路とを結合する変圧器には，B種接地工事を施すこと．その箇所としては，低圧側の中性点．低圧電路の使用電圧が300 V以下の場合において，接地工事を低圧側の中性点に施し難いときは，低圧側の1端子．』となっている．

この条文では，低圧側に中性点があることを前提としているので，新人は，△-Y結線になっていると思っていたのである．

「先輩．なぜ，△-Y結線でなくて，Y-△結線となっているのですか．」

「そうね．まず，Y結線と△結線の特徴から説明するわね．Y結線は，各相巻線の相電圧は線間電圧の$1/\sqrt{3}$だから，絶縁距離が小さくていいわね．相電流は線電流と等しいから，導体の断面積は大きいのよ．△結線は，各相巻線の相電圧は線間電圧と等しいから，絶縁距離は大きいわね．相電流は線電流の$1/\sqrt{3}$だから，導体の断面積は小さいのよ．」

「はい．ここまではわかりますが…」

「変圧器は通常，一次側の電圧が高いから，一次巻線を△結線にすると，Y結線よりも相電圧が高くなって，絶縁物が多くなるから，大形になるのよ．だから，6 kVの自家用変電所の変圧器では，高圧はY結線を採用して小形化しているのよ．第3調波を循環させるために△結線が必要だから，低圧側は△結線としているのよ．こういうわけで，一般にY-△結線の変圧器が多いのよ．」

「なるほど．結線の組合せにも，いろいろ工夫がなされているのだな．」と，新人はしみじみと感じ入ったのである（**第7図参照**）．

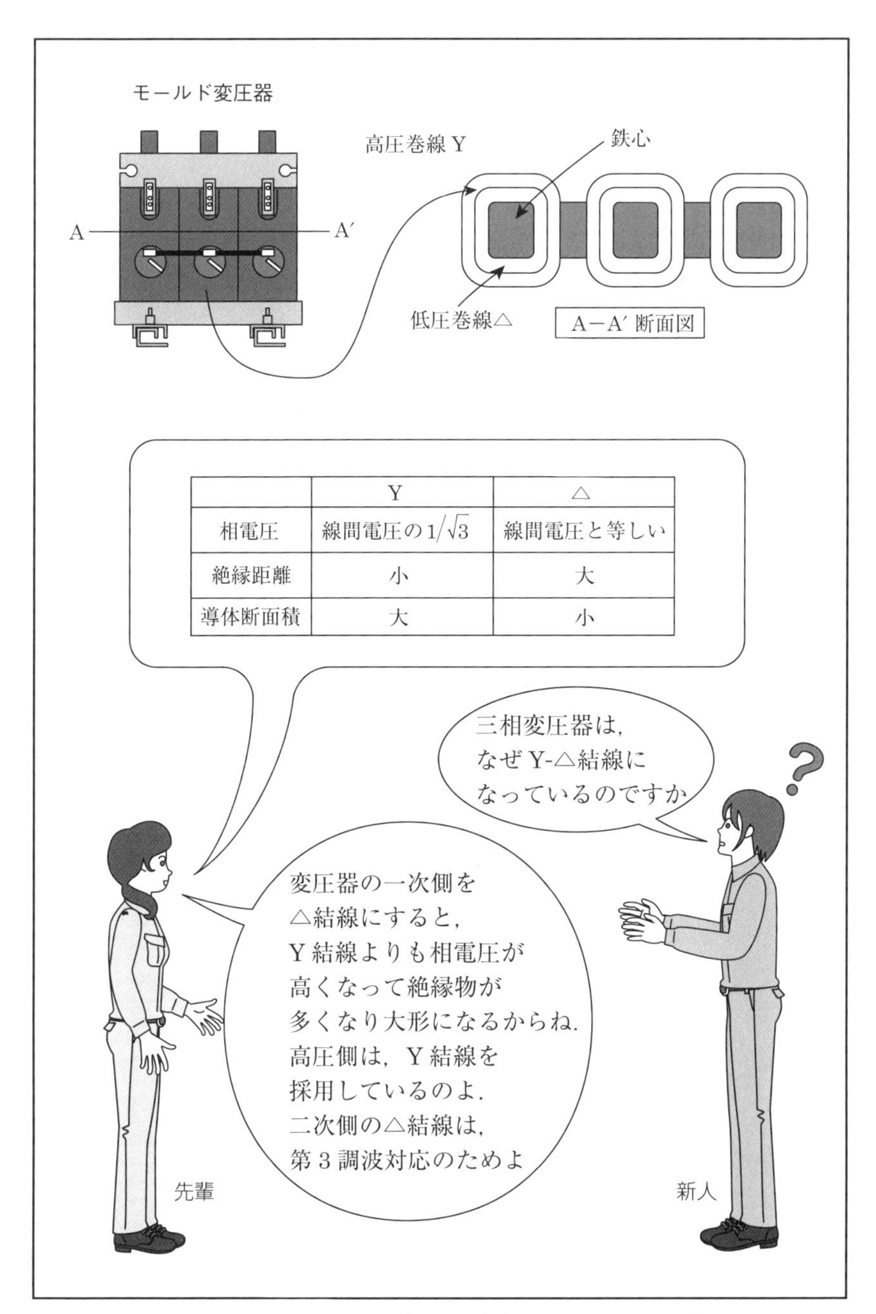

	Y	△
相電圧	線間電圧の$1/\sqrt{3}$	線間電圧と等しい
絶縁距離	小	大
導体断面積	大	小

第7図　三相変圧器がY-△結線になっている理由

8

変圧器の疑問解決！

磁気漏れ変圧器の仕組みはどのようになっているの？

「先輩ー．機械科目に磁気漏れ変圧器という変圧器があったのですが，一体どういう仕組みになっているのですか？」

「そうね．まず漏れ磁束の話からするわね．**第8図**のように変圧器には，一次・二次の巻線と完全に鎖交する$\varPhi_{\mathrm{m}}$（主磁束）のほかに，一次巻線と交わり二次巻線とは交わらない磁束$\varPhi_1$と，二次巻線と交わり一次巻線と交わらない磁束$\varPhi_2$があるの．これらの磁束をそれぞれ一次漏れ磁束，二次漏れ磁束というの．一般の変圧器では主磁束があれば，漏れ磁束なんていらないわ．」

「でも，この漏れ磁束をうまく使ったのが磁気漏れ変圧器なのよ．構造は図のように磁路にギャップを設けて，そのギャップを調整することで，漏れ磁束を調整しているの．この磁気漏れ変圧器を使っている例として，アーク溶接機があるわ．溶接機は電圧変動が激しいけど，その電圧（磁気漏れ変圧器の二次電圧）が増加しようとすると，漏れ磁束が増えることによって，主磁束を減らし，二次電圧を低下させているのよ．つまり，負荷電圧を，磁気が漏れることによって下げる仕組みとなっているのよ．この加減は，図の磁気漏れ調整鉄心を制御して行っているよ．」

「この変圧器の出力特性は垂下特性といって，電圧が大きく変化しても，電流の変化はわずかなの．垂下特性とは図のように，電流を横軸に電圧を縦軸にとると，電流の増加に伴って，電圧がカーブを描いて下がるの．電圧が，大きくΔV変化しても，電流の変化はわずかであることがわかるでしょ．この特性がアーク溶接機に適しているの．この変圧器は，電流の大きな範囲では定電流とみなし得るから，定電流変圧器ともいわれているわ．」

「そうか．漏れ磁束なんて不要な磁束でも活躍の場があるのだな．」

新人は，磁気の奥深さを感じたのである．

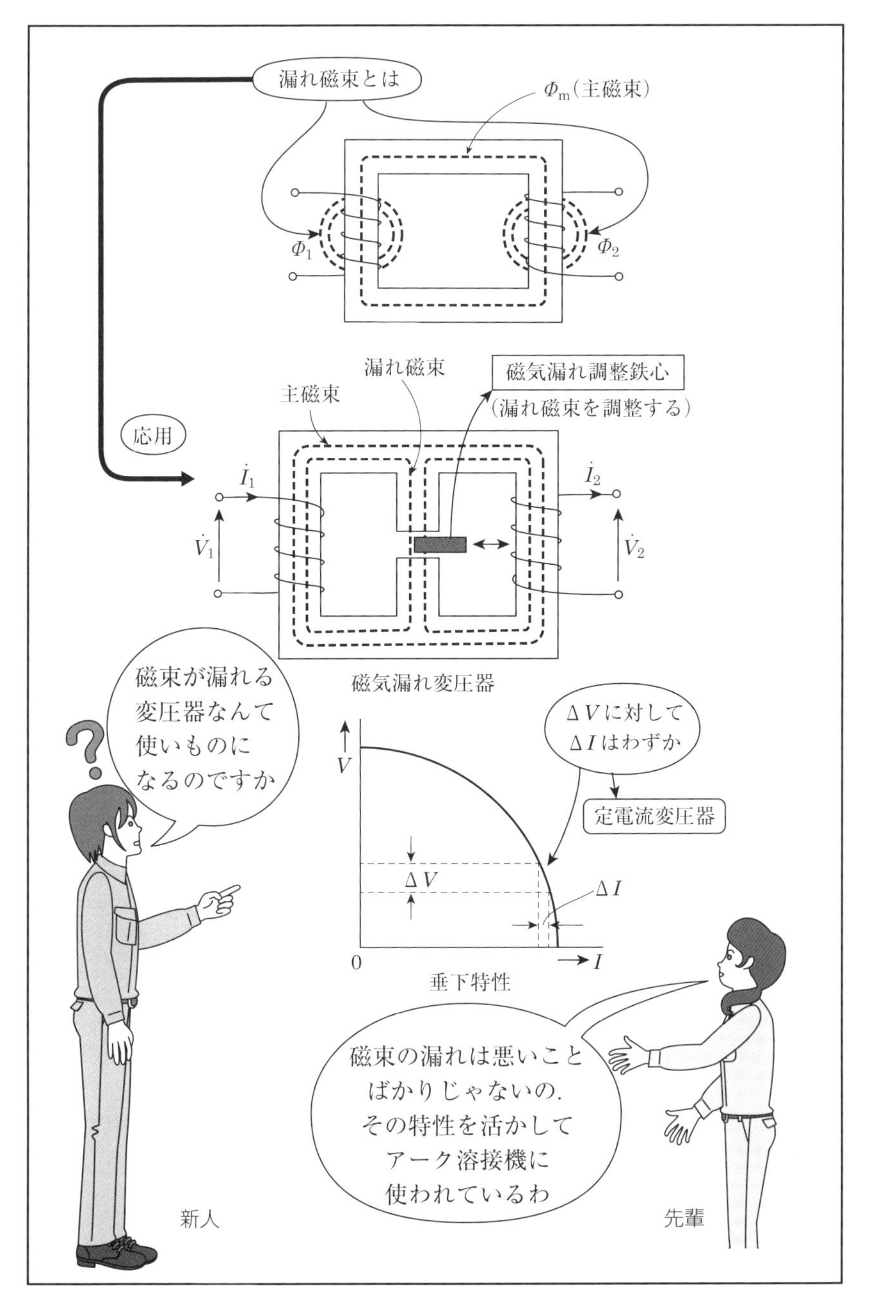

第8図　磁気漏れ変圧器の仕組み

9

変圧器の疑問解決！

3台の単相変圧器の△-Y結線の問題はこのように解く！

「先輩．機械科目で**第9図**の変圧器の問題があったのですが，途中までしかわからなかったのですが…….」

「そうね．まず問題文から図を描いてみることだね．この問題は変圧器の基本がわかっているかを問う問題だけど，ポイントは三つあるわ．

Ⓐ　電圧は巻数比に比例すること

Ⓑ　△-Y結線なので，一次側は線間電圧，二次側は相電圧であること

Ⓒ　一次側と二次側の電力P_1，P_2は等しいこと

では，具体的に説明するわね．Ⓐより，巻数比をaとすると，

$$\frac{V_1}{V_2}=\frac{N_1}{N_2}=a \quad ①$$

となるわね.」「そこまではわかります.」

「Ⓑより，一次側の△結線と二次側Y結線は図のように向き合っているから，一次側は線間電圧，二次側は相電圧となるわ．よって，二次側の線間電圧は$\sqrt{3}V_2$となるわ.」

「そこは，気がつきませんでした.」

「次に，Ⓒより電力は，$P=\sqrt{3}V_1I_1\cos\theta=\sqrt{3}(\sqrt{3}V_2)I_2\cos\theta$

力率は1だから，$P=\sqrt{3}V_1I_1=3V_2I_2$　②

①式より，$V_2=V_1/a$とおいて，②式に代入すると，

$$P=3\times\frac{V_1}{a}I_2 \rightarrow a=\frac{3V_1I_2}{P}$$

与えれた数値を代入して，$a=\dfrac{3\times440\times17.5}{100\times10^3}\fallingdotseq0.23$となるわね.」

「わりと時間のかかる問題ですね.」

「そうよ．問題文を読みながら，変圧器の基本式を思い浮かべて素早く解くことが大切なのよ．これも訓練だね.」

一次側の巻数が N_1，二次側の巻数が N_2 で製作された，同一仕様３台の単相変圧器がある．これらを用いて一次側をΔ結線，二次側をY結線として抵抗負荷，一次側に三相発電機を接続した．発電機を電圧 440 V，出力 100 kW，力率 1.0 で運転したところ，二次電流は三相平衡の 17.5 A であった．この単相変圧器の巻数比 $\frac{N_1}{N_2}$ の値として，最も近いものを次の(1)～(5)のうちから一つ選べ．

ただし変圧器の励磁電流，インピーダンス及び損失は無視するものとする．

(1)　0.13　　(2)　0.23　　(3)　0.40　　(4)　4.3　　(5)　7.5

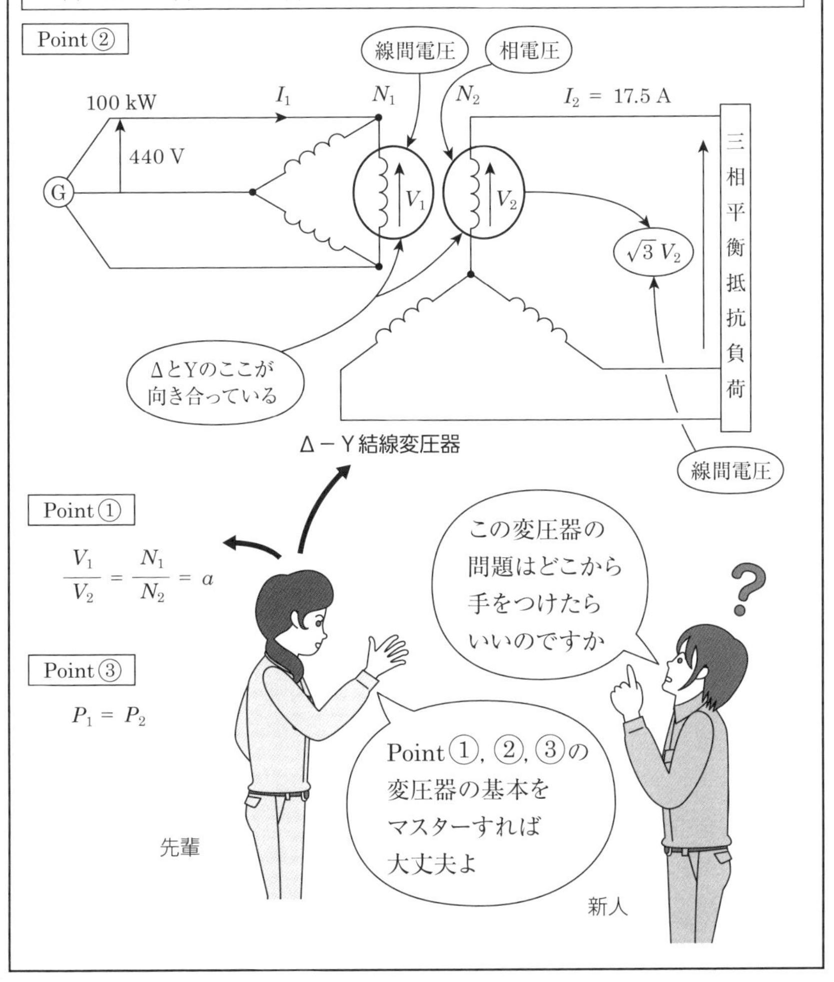

第9図　3台の単相変圧器の△-Y結線

変圧器の疑問解決！

10

電験問題に出てくる理想変圧器とは，どういう変圧器なの？

「先輩．問題に理想変圧器という言葉が出てきますが，どういう変圧器なのですか．」

「理想変圧器とは，次の5点の特徴をもつ変圧器のことよ．①鉄心の磁気飽和がない．②巻線の抵抗はゼロである．③鉄損，銅損はゼロである．④漏れ磁束はない．⑤励磁電流は無限に小さい．だけど，このような理想変圧器は，現実には存在しないのよ．理想変圧器は，**第10図**のように実際の変圧器の中に内包されると考えればいいのよ．等価回路は，サセプタンスb_0と理想変圧器から構成されているわ（⑤から$\dot{I}_0$は無限に小さい）．理想変圧器は，単に電流$\dot{I}_1{}'$を$\dot{I}_2$に，電圧$\dot{E}_1$を$\dot{E}_2$に変換するものと考えられるわ．こういう条件設定をしているから，一次，二次の変圧比は巻数比に等しくなるわけなの．

実際の変圧器では，次のようになるのよ．

① 励磁電流と磁束は，完全な比例関係にはなく，磁気飽和現象がある．また，ヒステリシス損（鉄損）が発生する．

② 一次巻線，二次巻線ともに，漏れ磁束と抵抗分による銅損が存在する．

等価回路で①は，鉄損が励磁電流$\dot{I}_0$の一部から生じるので，励磁回路のサセプタンスb_0と並列にコンダクタンスg_0がある．②は，漏れ磁束の分だけ電流が流れにくくなるので，直列にリアクタンスと抵抗を加えることになる．①，②によって，正確には一次，二次の変圧比は，巻数比に等しくはならないわ．」

「電験の問題では，『一次巻線抵抗，二次巻線抵抗，漏れリアクタンスや鉄損を無視した磁気飽和のない変圧器』という注釈がしてあるでしょ．先に述べたように，実際の変圧器には損失などがあるから，変圧比は巻数比に等しくならないわね．だけど，それでは計算が複雑になって解くのが難しいから，理想変圧器という仮想の変圧器として出題しているわけなの．」

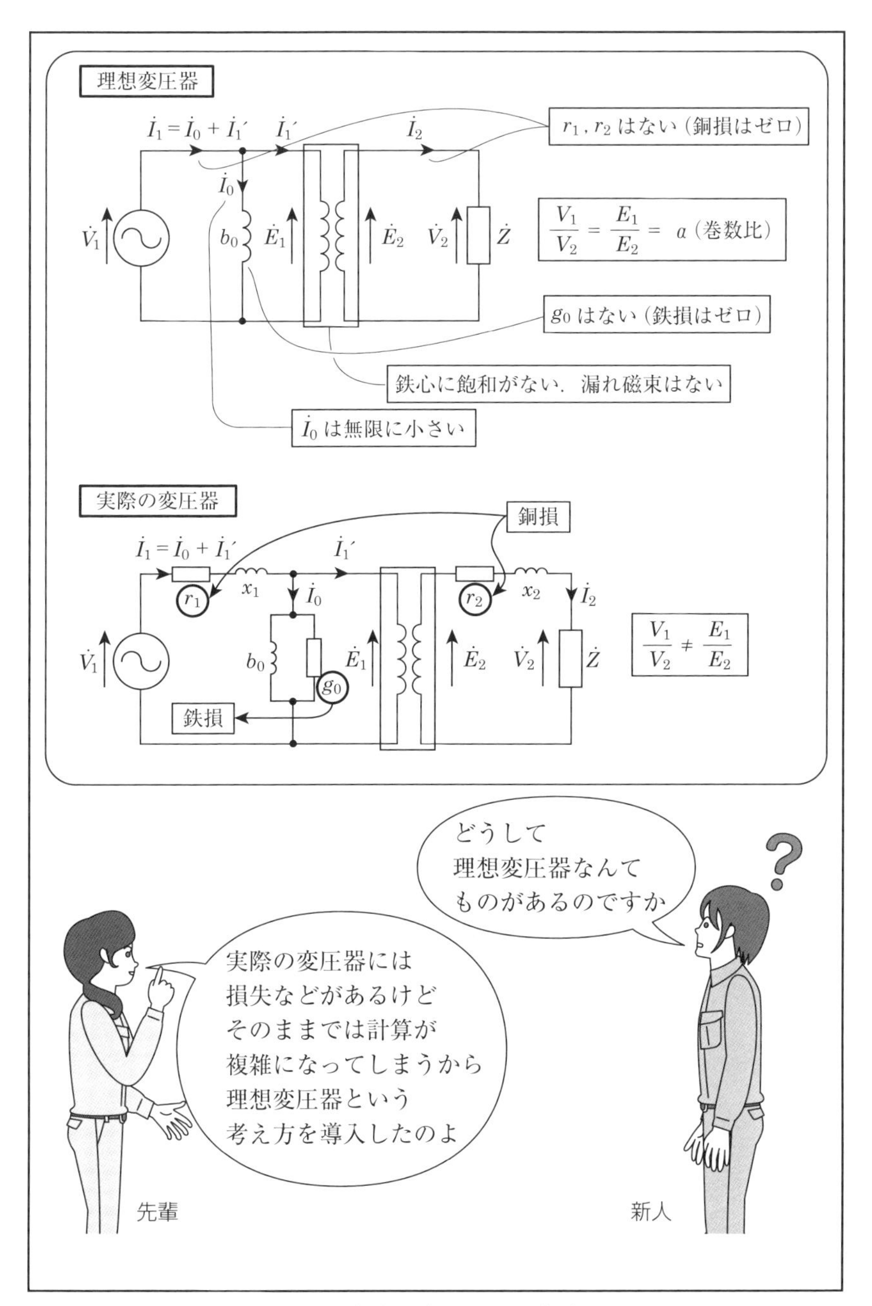

第10図　実際の変圧器と理想変圧器

変圧器の疑問解決！

11

比率差動継電器の動作の仕組みは，どうなっているの？

「先輩．特高変圧器の比率差動継電器はどのような動作をするのですか.」

「まず，比率差動継電器設置の根拠規定は，電気設備技術基準・解釈第46条にあるのよ．その主旨として，供給支障の観点から変圧器が著しく損壊するおそれがあるような事故または電気供給に著しい支障を及ぼすような異常発生の場合に，変圧器を電路から自動遮断することが義務付けられていることにあるのよ.」

「構造的には，**第11図**のように，変圧器の一次側と二次側にそれぞれCTを取り付けて，そのCTの二次側に抑制コイル2個と動作コイル1個があるの．動作原理を説明するわよ．正常運転時や変圧器外部事故時には，継電器の動作コイルには，変圧器一次側電流i_1と二次側電流i_2には差はないので，電流は流れないの．変圧器に内部故障が起こった場合は，$i_1 \neq i_2$となるので，その差電流が動作コイルに流れるから継電器が動作するのよ．そして，変圧器一次側の遮断器と二次側の遮断器が開放することで変圧器を保護するの.」

「では，比率というものは何ですか.」

「それは，外部事故電流などによる不必要動作を避けるために，変圧器の一次および二次電流と差電流が一定の比率になると動作するように設定しているから，その比率のことよ．通常は，変圧器タップ切換時の変動誤差やCTの誤差にもよるのだけど，30 %～50 %程度の比率としているのよ．あまりわずかな変化で動作しても困るからね.」

「あと，変圧器には励磁突入電流があったよね．励磁突入時のたびに動作していては困るから，そのときの不必要動作を防ぐために，第2調波含有率15 %程度で，比率差動要素をロックする機能も採用しているのよ.」

「うーん．特高変圧器では高圧の変圧器に比べて，より高度な内容が要求されるのだな.」と新人は感じたのである.

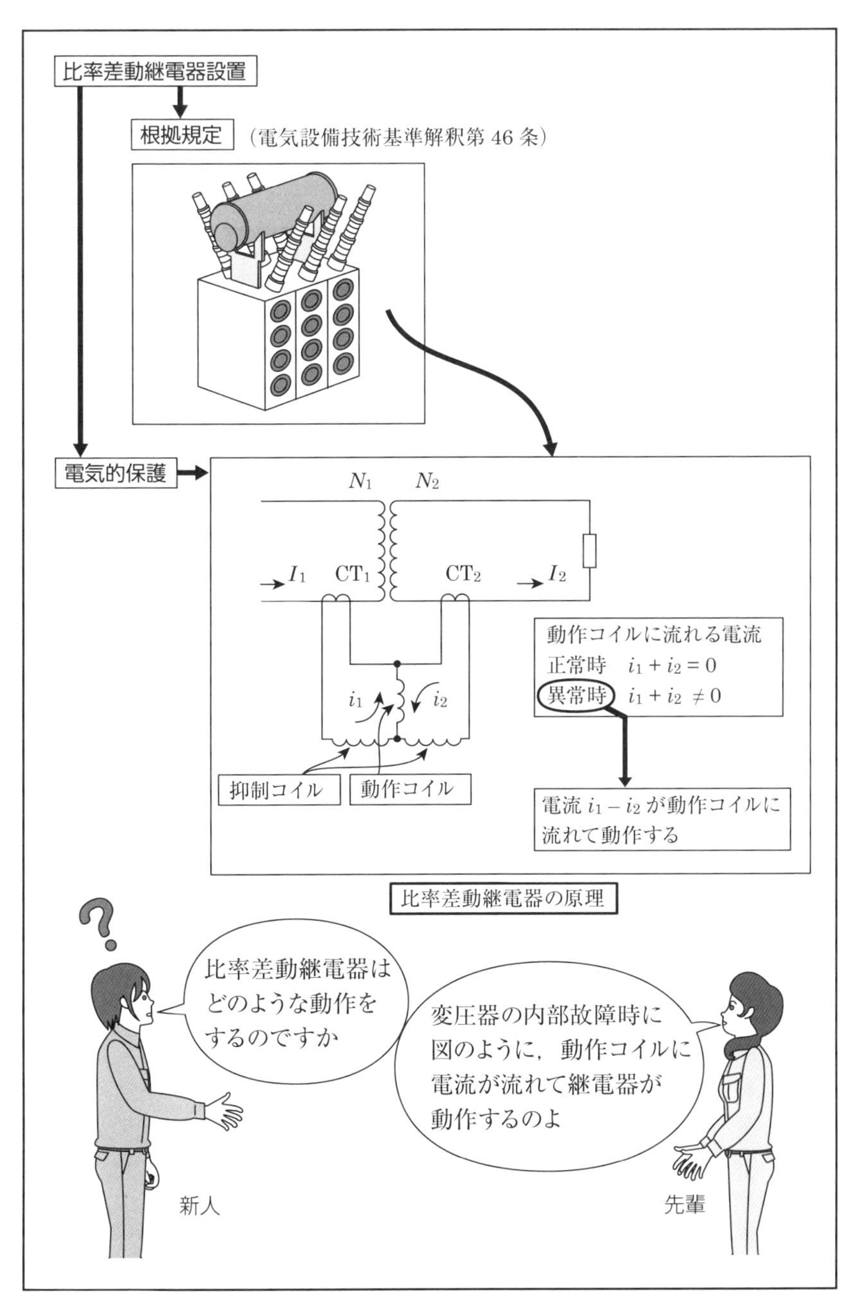

第11図　比率差動継電器の動作の仕組み

変圧器の疑問解決！

12

特別高圧変圧器の機械的保護動作は，どのようになっているの？

「先輩．特別高圧変圧器の電気的保護については，比率差動継電器の仕組みを教えていただきましたが，機械的保護もあるようですね．」

「あるわよ．一つはブッフホルツ継電器（BHR）よ．BHRは，**第12図**に示すような構造になっていて，変圧器の本体とコンサベータとの間に取り付けられている．変圧器の内部故障時に発生する分解ガスや急激な油流の変化の両方を検出するものよ．」

「すなわち，軽微な故障でBHRの上部にガスがたまって，浮子Aが下がって接点を閉じる．急激な故障では，油流によって浮子Bが押し下げられて接点を閉じるシステムとなっている．また，たまったガスの色・臭いによって故障箇所の推定が可能な場合もあるわ．」

「二つ目は，衝撃油圧継電器よ．重故障時のタンク内油圧の急激な上昇を検出するものよ．本体タンクの側壁に取り付けられている．構造は図のように，上下二つの密封室に分かれていて，上部はガス空間に接点が収納されているの．下部はベロー構造で，シリコーン油が充てんされているの．」

「通常運転時の緩慢な圧力変化では，フロート部の細孔（オリフィス）を通して，シリコーン油が上部室との間を移動しているため動作しないのよ．内部故障時の急激な圧力上昇があった場合は，ベローが急激に圧縮されて，シリコーン油がフロートを持ち上げることになるので，接点が閉じるのよ．」

「衝撃油圧継電器の特徴は，ブッフホルツ継電器に比べて，振動に強いことなの．このような機械的継電器は，電気的な比率差動継電器と併用されることが多いのよ．機械的継電器は地震の際，誤動作するおそれもあるから注意が必要なの．」

「機械的継電器は，電気的継電器と違って物理的な接点をもっているのだな．」と，新人は，その構造を理解したのである．

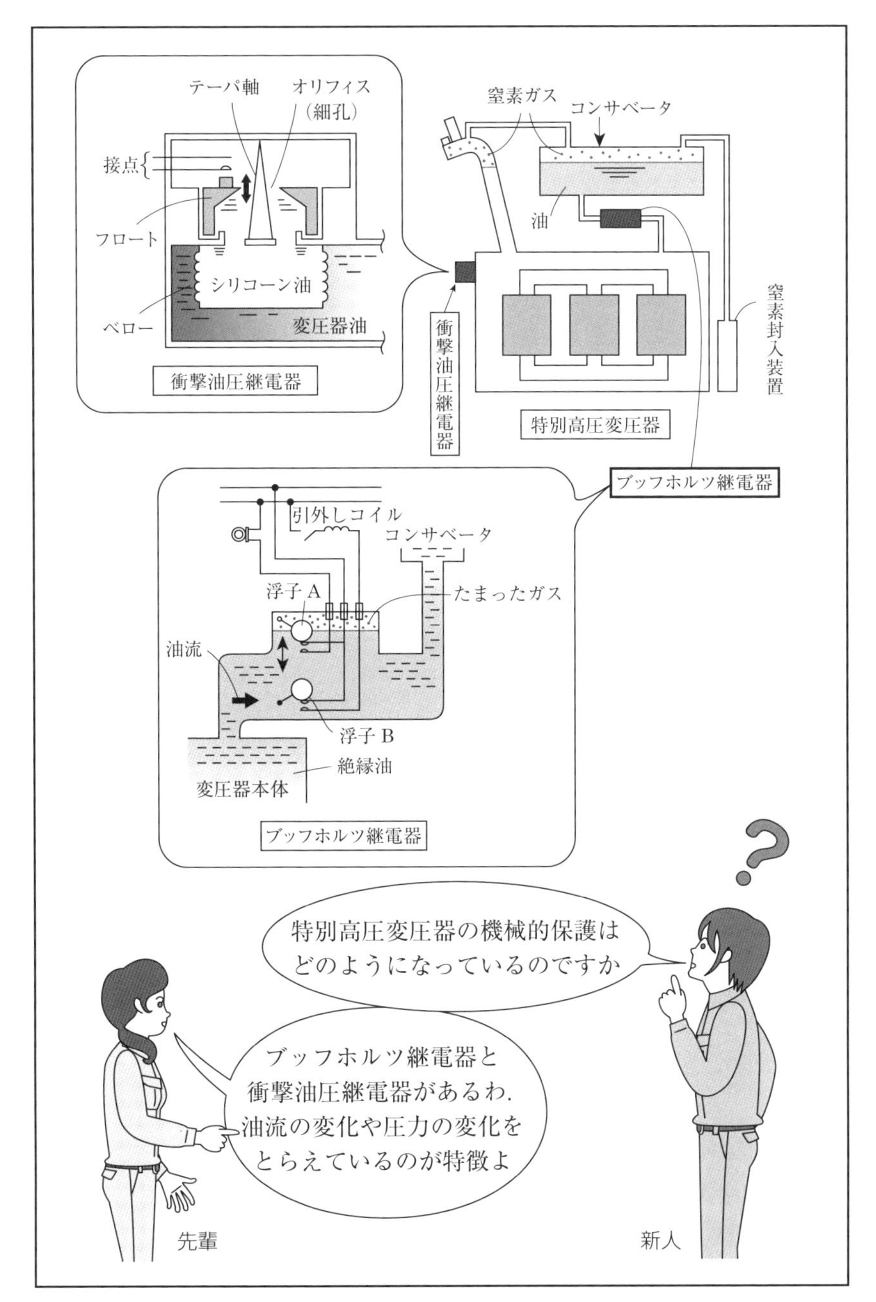

第12図　特別高圧変圧器の機械的保護

同期機の疑問解決！

13

同期発電機の電機子反作用（増磁作用・減磁作用）の考え方は？

「先輩．同期発電機の電機子反作用がわからないのですが．その増磁作用と減磁作用の仕組みを教えてください．」

「そうね．ここは難しいから，得意な人はあまりいないかもしれないね．」

「まず，電機子反作用はなぜ起こるか説明するね．同期発電機の電機子巻線に三相交流を流すと，同期速度で回転する磁界が発生するの．一方では，磁極は常に同期速度で回転しているので，電機子電流による磁束は，界磁磁束を乱すことになるのよ．同期機では直流機と違って，交流が流れるので，その位相，すなわち力率によって状況が変化して，増磁作用や減磁作用が起こるの．」

「やはり難しいですね．」

「では，**第13図**を見ながら，私のオリジナル解説をするね．」

「まず，①N極とS極の磁極が向かい合っている状況を考えるの．磁束はN極からS極（上から下）へ向かう．ここで，N極を左に展開して180度向きを変えるの．そうすると，磁束はN極では下から上へ，S極では上から下へ向かうわね．」「はい．」

「この考え方を問題に適用するの．手順としては，次のようにするの．

①　N極からS極へ磁束の矢印を描く．

②　各電機子巻線にアンペアの右ねじの法則を適用し，磁力線の円と方向（矢印）を描く．

③　電機子磁束の方向を界磁磁束（N→S）と比較する．

これが一致すれば，電機子磁束が界磁磁束を増やす方向に働くから，増磁作用となる．不一致であれば，電機子磁束は界磁磁束を減らす方向に働くから，減磁作用となる．」「どうかしら．」

「先輩，すごい．これはとてもわかりやすいです．」新人は，やっと頷いたのである．

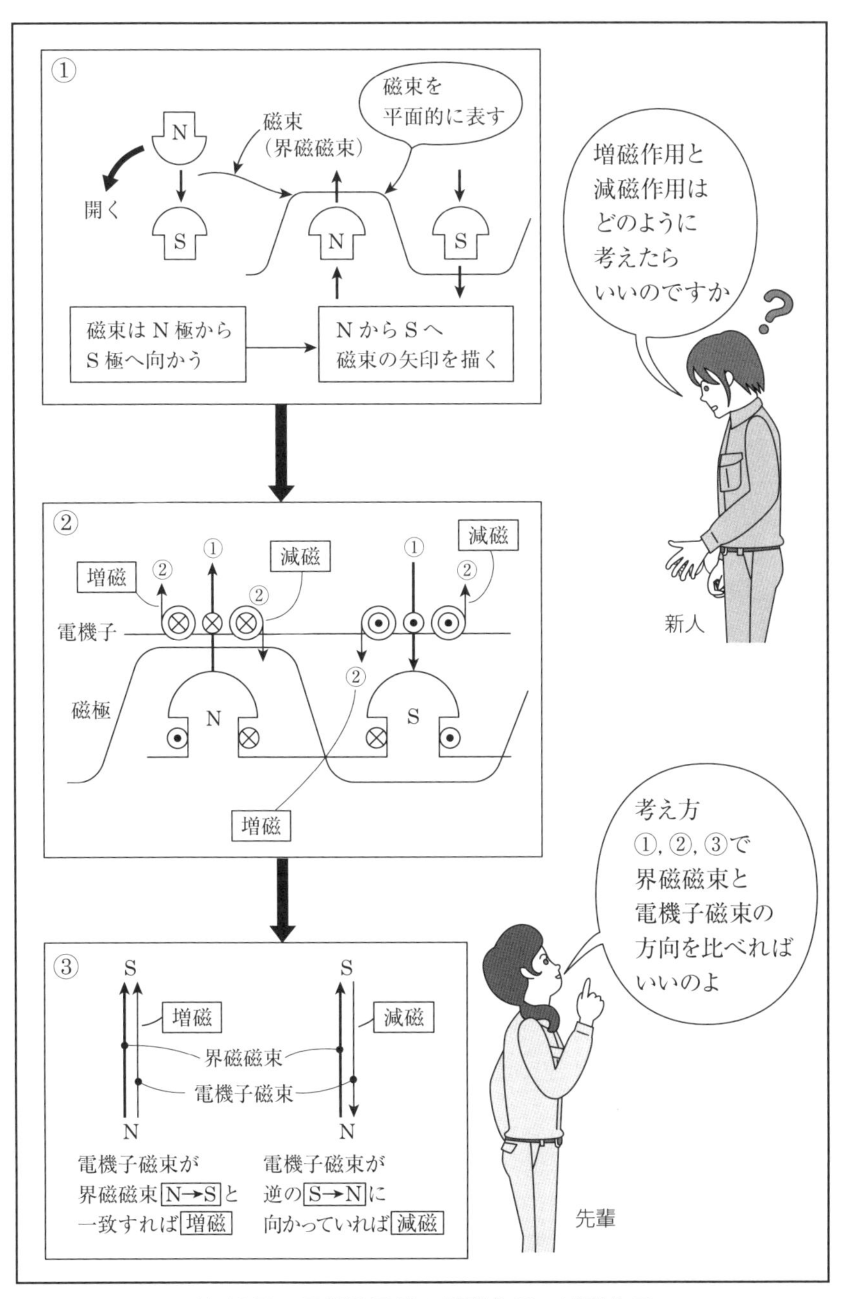

第13図　同期発電機の増磁作用・減磁作用

同期機の疑問解決！

14

同期発電機の電機子反作用（増磁・減磁）を解明する！

「同期発電機の電機子反作用については，テーマ13で説明していただきましたが，もう少し根本的な解説をお願いします.」

「そうね．もっと基本的な仕組みをオリジナル解説するわね．減磁作用については，電流$\dot{I}_a$が起電力$\dot{E}_a$より90°遅れている状態で起こるわ．**第14図**のように，このとき磁極は真上から90°右に回転した状態よ．a相の起電力が零となるとき，$\dot{I}_a$が最大になるわね.

減磁作用の解明手順は次のとおりよ.

① まず，界磁起磁力$\dot{E}_f$を磁極Nから外（右方向）へ向かって引く.

② コイルaにアンペア右ねじの法則を使って，電機子磁束$\dot{F}_a$を書き入れる．そうすると，上部コイルでは右回り，下部コイルでは左回りになる.

③ 磁極ラインに$\dot{F}_a$（左方向）を書き入れる．その結果，$\dot{F}_a$は$\dot{F}_f$に対して反対に作用するから，$\dot{E}_f$を減じる方向に働くよ．すなわち，これが減磁作用となるのよ.」

「次に，増磁作用については，電流$\dot{I}_a$が起電力$\dot{E}_a$より90°進んだ状態で起こるわ．図のように，このとき，磁極は真上から90°左に回転した状態よ．a相の起電力が零となるとき$\dot{I}_a$が最大になるわね.

増磁作用の解明手順は次のとおりよ.

① まず，界磁起磁力$\dot{E}_f$を磁極Nから外（左方向）へ引く.

② コイルaにアンペア右ねじの法則を使って，電機子磁束$\dot{F}_a$を書き入れる．そうすると，上部コイルでは右回り，下部コイルでは左回りになる（減磁作用のときと同じ）.

③ 磁極ラインに$\dot{F}_a$（左方向）を書き入れる．その結果，$\dot{F}_a$は$\dot{F}_f$と同方向だから，$\dot{E}_f$を増加させる方向に働くよ．すなわち，これが増磁作用となるわけよ.」

「なるほど．テキストでわからなかったところが明確になりました.」

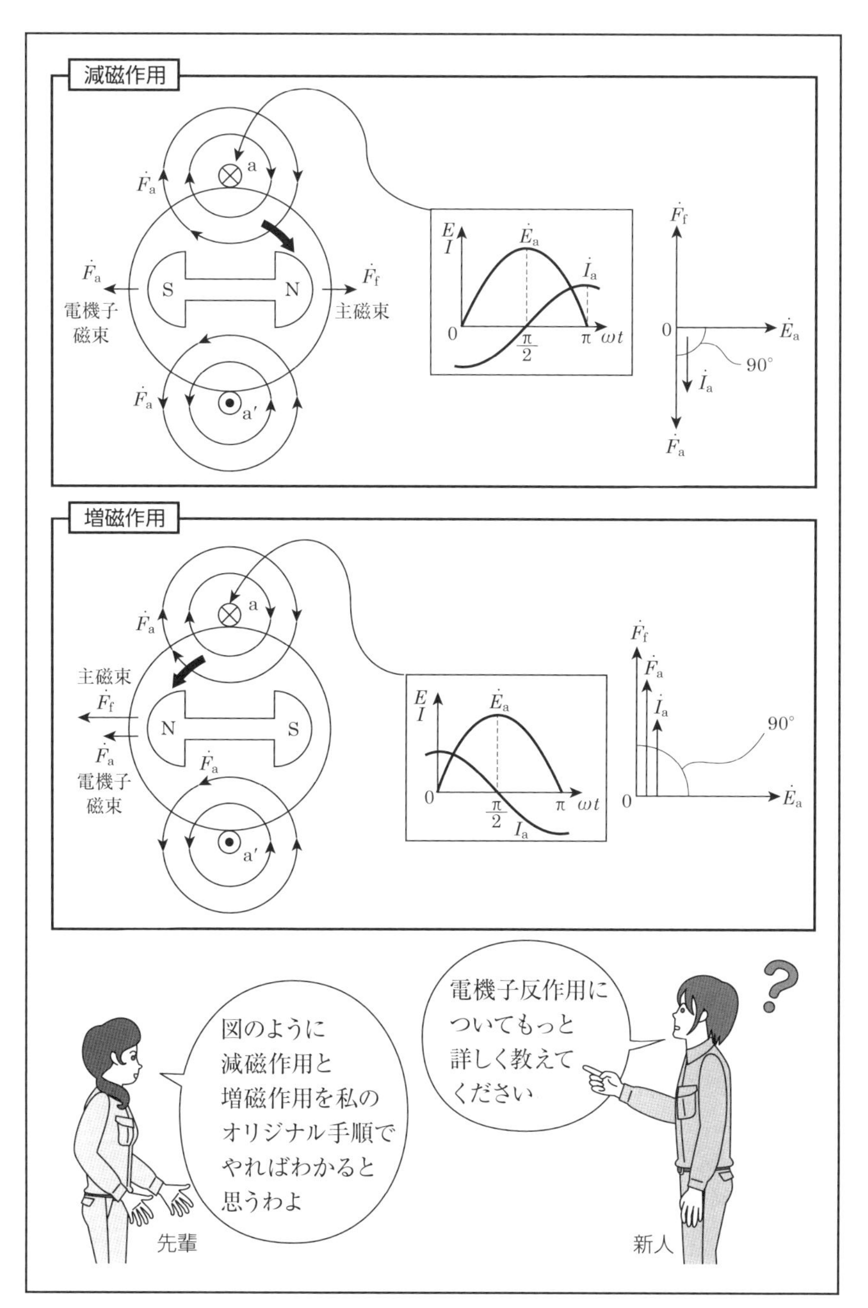

第14図　同期発電機の電機子反作用の解明

同期機の疑問解決！

15

同期電動機の界磁電流と力率の関係はどうなっているの？

「先輩．同期電動機は，界磁電流を変化させると，なぜ力率が進んだり遅れたりするのですか．」

「それは，ちょっと難しいけど，ベクトル図を描くとわかるわ．まず，端子電圧を$\dot{V}$，誘導起電力を$\dot{E}$，電機子電流を$\dot{I}_{\mathrm{a}}$，リアクタンスをXとすると，**第15図**のような等価回路になるの．ここで，$\dot{V}=\dot{E}+\mathrm{j}X\dot{I}_{\mathrm{a}}$が成り立つわね．そして，一定周波数，一定電圧，一定出力で運転して，界磁電流を変化させると，電機子電流の大きさと力率が変化するのよ．」

「力率1の場合は，ベクトル図(1)のようになるわ．ここから界磁電流を増加させると，ベクトル図(2)のように，界磁電流を減少させると，ベクトル図(3)のようになるわ」「このベクトル図はどのように描くのですか．」

「まず，界磁電流を増加させると，①誘導起電力$\dot{E}$は大きくなるので，図のように描く．②$\dot{E}$の先端と$\dot{V}$の先端を結ぶ．③リアクタンス降下$\mathrm{j}X\dot{I}_{\mathrm{a}}$は，左斜めになる．④$\mathrm{j}X\dot{I}_{\mathrm{a}}$は，電流$\dot{I}_{\mathrm{a}}$を90°進めたものだから，逆をたどると，$\dot{I}_{\mathrm{a}}$は進み電流になる．①②③④により，力率が進むことがわかるでしょ．」

「次に，界磁電流を減少させると，①$\dot{E}$は小さくなるので，図のように描く．②$\dot{E}$の先端と$\dot{V}$の先端を結ぶ．③$\mathrm{j}X\dot{I}_{\mathrm{a}}$は，右斜めになる．④$\mathrm{j}X\dot{I}_{\mathrm{a}}$は$\dot{I}_{\mathrm{a}}$を90°進めたものだから，逆をたどると，$\dot{I}_{\mathrm{a}}$は遅れ電流になるわ．①②③④より，力率は遅れることになるのよ．このように，$\dot{V}$，$\dot{E}$，$\mathrm{j}X\dot{I}_{\mathrm{a}}$の関係を満たすように，電流$\dot{I}_{\mathrm{a}}$が流れると考えればいいのよ．」

「これらを表す曲線はV曲線といって，励磁電流と電機子電流の関係も表しているけど，その変化の解明は，1種・2種のレベルになるからここでは触れないようにするわね．3種では，界磁電流が増加すると進み力率，界磁電流を減少すると遅れ力率になるということの理解でいいわ．」「はい．」

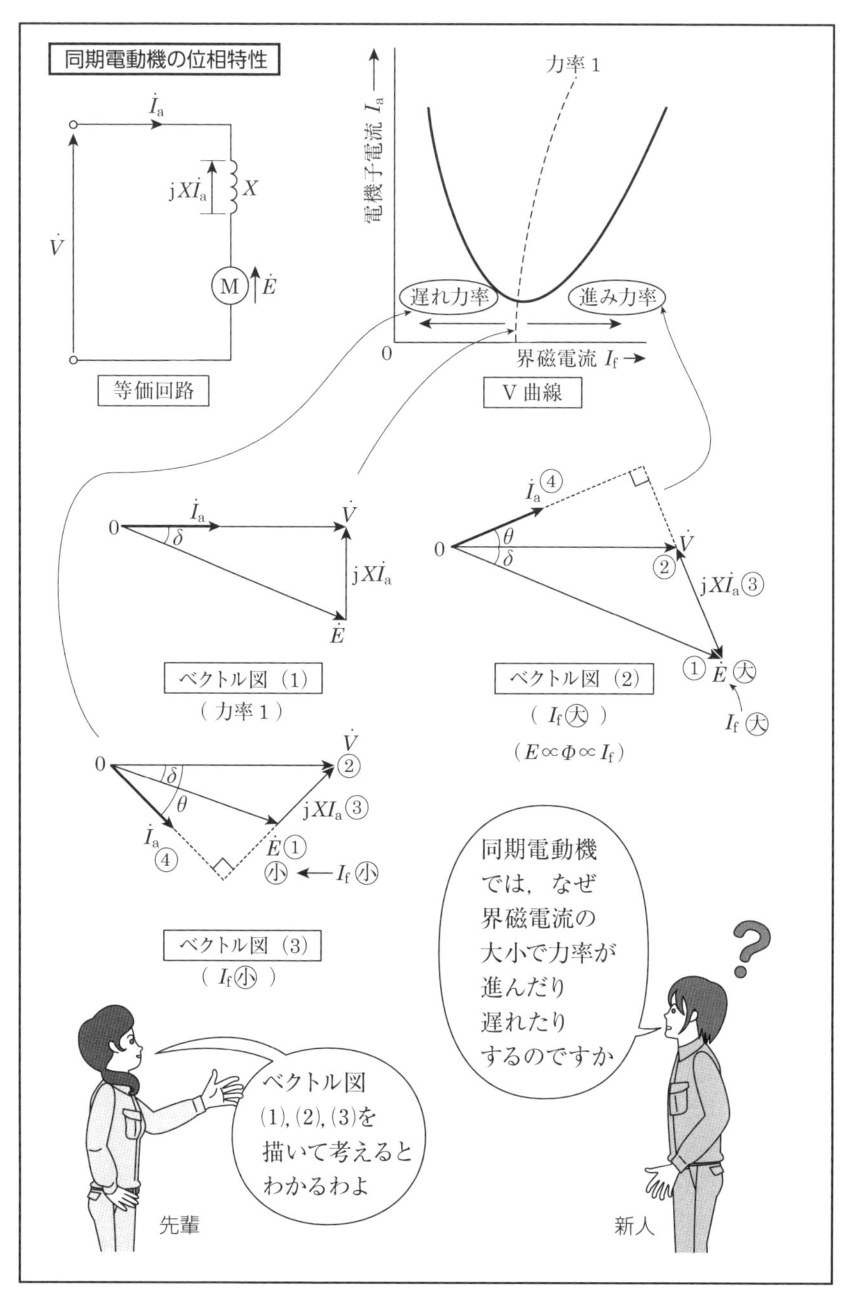

第15図　同期電動機の位相特性

同期機の疑問解決！

16

同期調相機では，なぜ減磁作用と増磁作用が働くの？

「先輩．機械科目に同期調相機が出てきたのですが，同期電動機と関係あるのですか．」

「そうよ．同期調相機は無負荷の同期電動機と考えればいいのよ．電力系統では，負荷の力率改善や系統電圧の維持が必要だけど，これについては，無効電力の制御によって行っているのだったね．」「はい．」

「無効電力の制御には，コンデンサやリアクトルを使うのが一般的だけど，同期調相機でも行うことができるのよ．」

「では，その特性について話すわね．同期電動機を端子電圧一定，出力一定の状態で運転して，界磁電流I_fを増減すると，電機子電流I_aの大きさと力率は，**第16図**のように変化するの．この曲線を位相特性曲線というのだけど，その形状がV字形に似ていることから，V特性ともいわれているのよ．このように，同期電動機は界磁電流の調整によって，任意の力率で運転できるという特徴があるの．」

「このV特性で，電流I_aの最小値では力率1.0であって，その点より界磁電流I_fが小さいと遅れ力率，大きいと進み力率になるの．I_fが小さい領域では遅れ力率となり，それによる電機子反作用の増磁作用によってI_fの不足を補うの．I_fが大きい領域では進み力率となって，減磁作用によってI_fの増加を抑えているの．」「なぜ減磁作用と増磁作用が働くのかが，わからないです．」

「では，電動機のリアクタンス降下を無視して，つまり$E=V$として，同期電動機の遅れ90°電流と進み90°電流のベクトル図を描くわよ．図においてF_fは界磁起磁力で，逆起電力Eは電磁誘導の法則から90°遅れるわね．すなわち，F_fはEより90°進むわね．F_aは電機子起磁力で，電機子電流I_aと同相よ．ベクトル図から，遅れ電流によって増磁作用，進み電流によって減磁作用が起きるというわけなの．」

「なるほど．これでわかりました．」

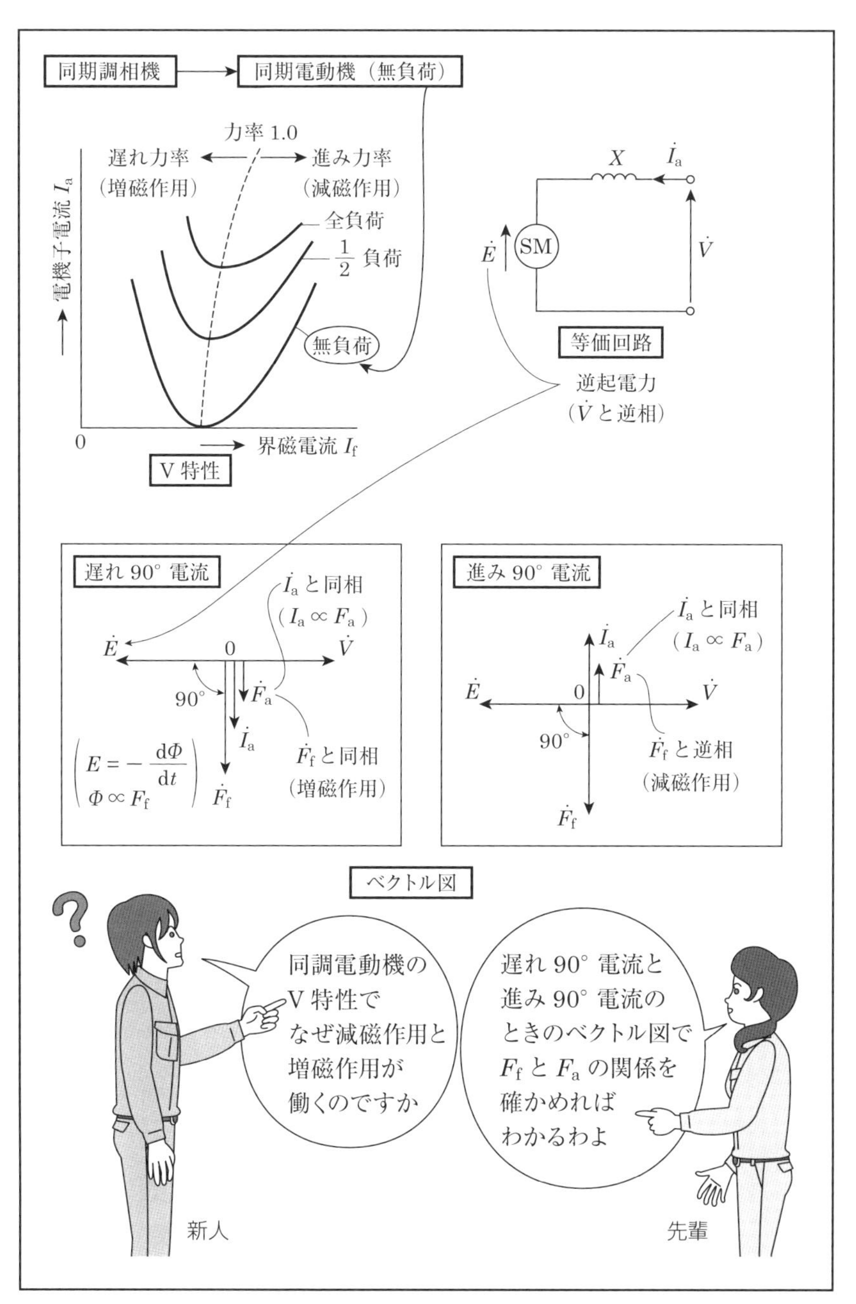

第16図　同期調相機の仕組み

同期機の疑問解決！

17

発電機の同期をとるためにはどうすればいいの？

「先輩．機械科目で発電機の同期投入に関する問題があったのですが，具体的にどのようにすればいいのですか．」

「そうね．これは現場を経験しないとわかりにくいと思うけど，ひとまず聞いてね．」

「例えば，2台の発電機があって，これを同期投入する場合について考えてみようね．この場合，2台の発電機の同期がとれてから系統に投入するシステムになっているわ．発電機の同期をとるために，同期検定器を使っているのよ．同期検定器は，2台の発電機盤の間にある同期盤に付いているわ．」

「同期をとるには，後発発電機の電圧，周波数を先発発電機のそれらと一致させるよう，AVR（自動電圧調整器），ガバナ調整器を使っているの．同期検定器は，二つの電源の周波数差によって，計器の針が回転するもので，**第17図**のようになっているわ．」「同期検定器の針は，周波数差に比例して回転するのよ．例えば，1 Hzの差があれば，1秒間に1回転することになるの．針が右回り，すなわちFAST側であれば，後発発電機の周波数が先発発電機の周波数よりも高いことを示しているの．針が左回り，すなわちSLOW側であれば，後発発電機の周波数が先発発電機の周波数より低いことを示しているの．」

「同期検定器は，周波数の度合いを示すだけではなくて，二つの電源の位相差も同時に示しているの．周波数差がゼロのとき，つまり二つの電源の周波数が一致したとき，計器の針は中央真上で静止するの．これが，位相差がゼロのときよ．針が真下を指したとき，位相差が180°あることになるのよ．したがって，周波数が一致しないときは，針は，0～360°の位相差を示しながら，回転を続けることになるのよ．」

「なるほど，これでシステムがわかりました．」

新人は，先輩の言葉に納得したのである．

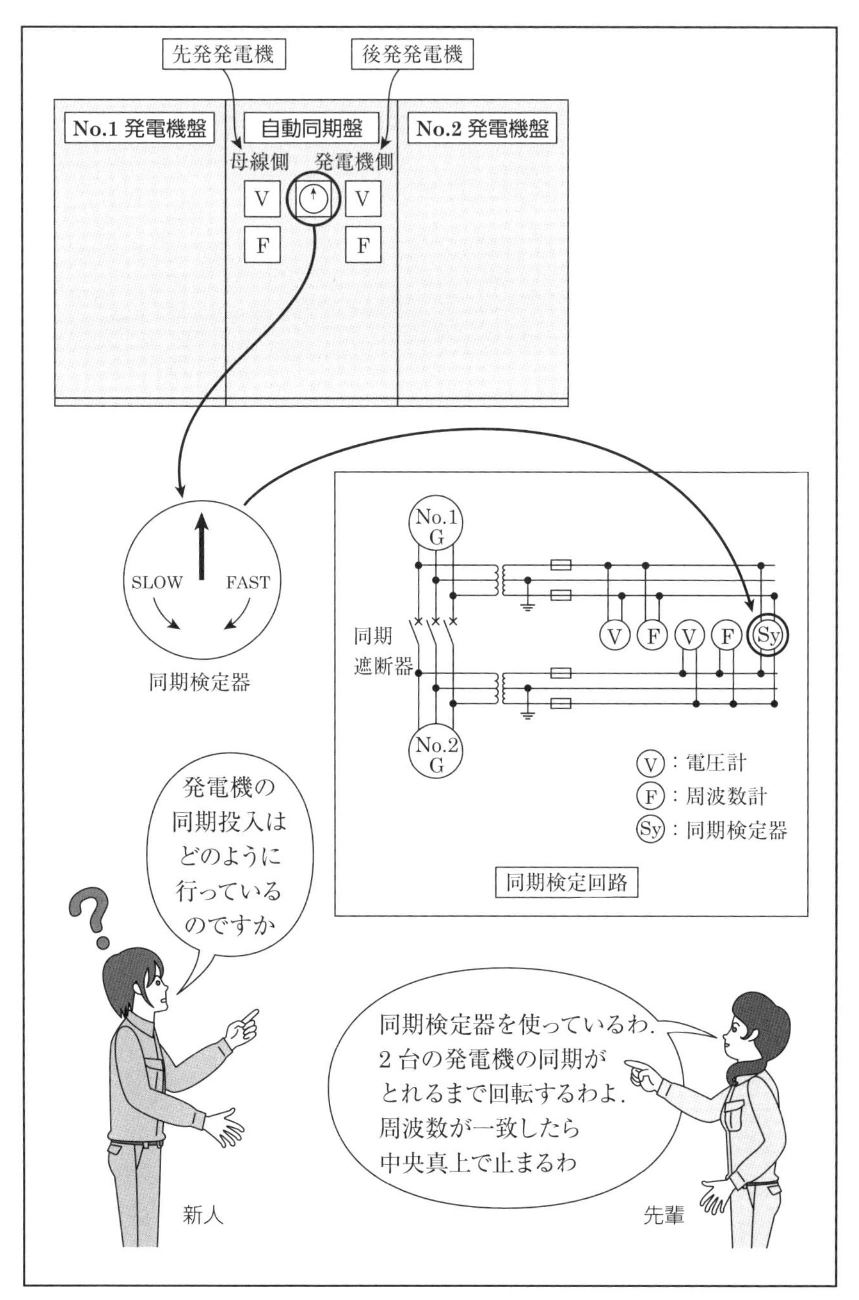

第17図　発電機の同期投入法

18

同期機の疑問解決！

同期発電機の自己励磁はどういう現象なのだろうか？

「先輩．機械科目に同期発電機の自己励磁に関する問題があったのですが，詳しいことを教えてください．」

「そうね．これは電験2種レベルだから，ちょっと難しいけどね．発電機に進み電流が流れると，増磁作用によって誘導起電力が上昇するわね．このことについては，機械テーマ14で解説したよね．」「はい．」「自己励磁現象はその極端な例なのよ．発電機が無励磁で定格速度で運転しているときに，端子電圧が上昇する現象なの．**第18図**のように，発電機が，無負荷の長距離送電線や地中送電線などの対地静電容量の大きい線路に接続された場合に発生するの．進み電流が多く流れる場合ね．これについては，電力テーマ13で扱ったわね．」

「はい．電力科目とも関係あるのですね．でも，励磁がないのに，なぜ端子電圧が上昇するのですか．」

「無励磁だと，誘起起電力は零になるはずだけど，発電機鉄心の残留磁気によって，わずかだけど起電力が発生するの．この起電力によって充電電流(進み電流)が流れて，増磁作用によって端子電圧が上昇するの．これによって，ますます励磁が強まって，端子電圧は上昇を続けることになるの．最悪の場合，電路の絶縁破壊を起こしてしまうの．」

「図のように，進み電流による飽和曲線O′Nと充電曲線OCの交点Pまで上昇するの．残留磁気があるから，飽和曲線がOからではなく，O′から始まるの．O′Nは無負荷飽和曲線ではないので注意してね．OCは次式で表されるよ．

$$V=\frac{I}{2\pi fC}\quad (V:\text{端子電圧},\ I:\text{充電電流},\ f:\text{周波数},\ C:\text{静電容量})$$

図から線路のCが大きいほど，端子電圧は大きくなることがわかるでしょ．飽和曲線の傾きより充電曲線の傾きが大きいと（充電曲線OC_0の場合），自己励磁は起こらないわ．」

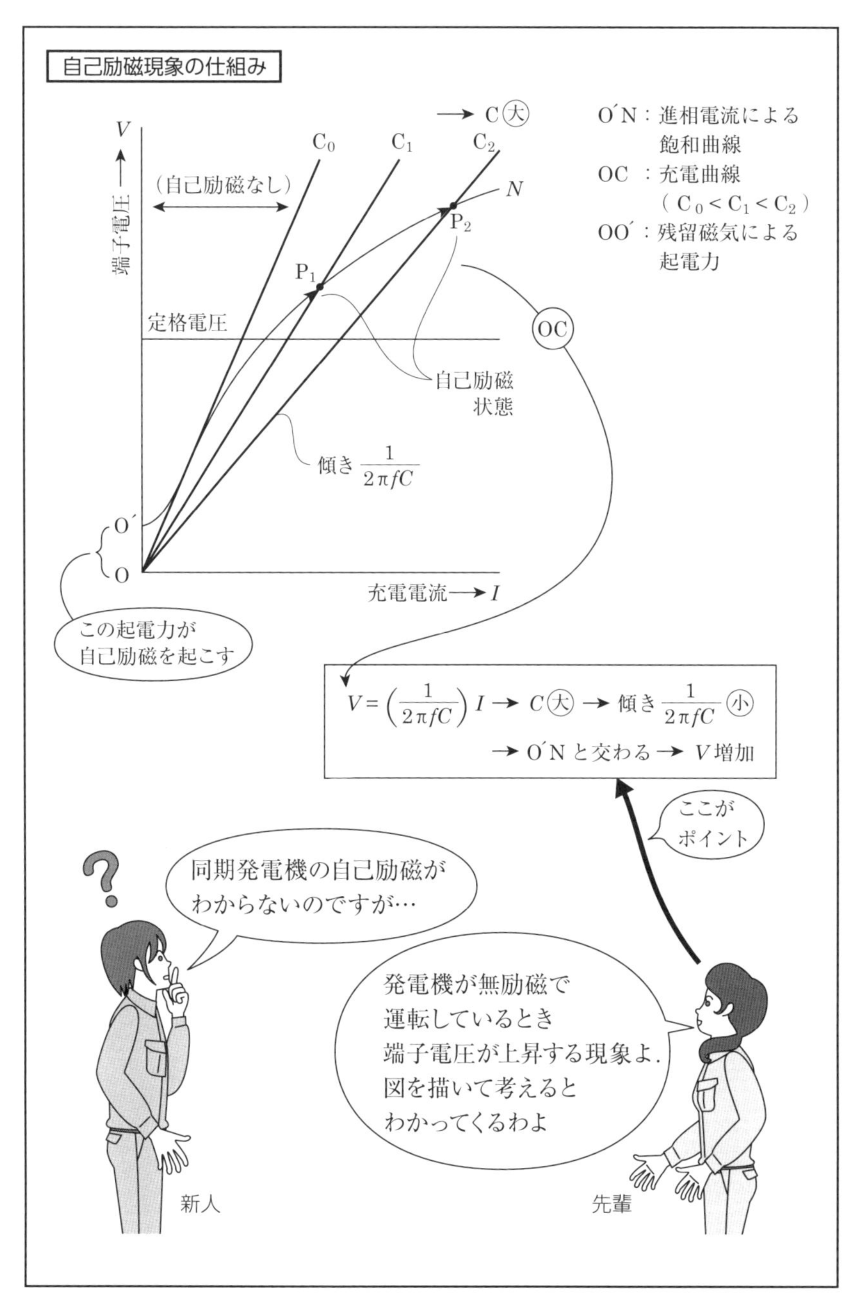

第18図　同期発電機の自己励磁現象

19

誘導機の疑問解決！

誘導電動機の滑りが負になると，なぜ誘導発電機になるの？

「先輩．誘導電動機と誘導発電機の関係はどうなっているのですか．」

「**第19図**のように等価回路を描いて数式を用いればわかるわ．滑りsで回転しているとき，誘導電動機の二次誘導起電力はsE_2 [V]，二次リアクタンスはsx_2 [Ω]だね．

$$I_2=\frac{sE_2}{\sqrt{{r_2}^2+(sx_2)^2}}=\frac{E_2}{\sqrt{(r_2/s)^2+{x_2}^2}}\text{[A]} \qquad ①$$

①式で有効電力に関わりのある抵抗分（r_2/s）に着目すると，等価回路を変形して図のようになるわ．よって，

二次入力：二次銅損：機械的出力

$$P_2:P_{C2}:P_M=\frac{r_2}{s}:r_2:\frac{1-s}{s}r_2=1:s:1-s\rightarrow P_M=\frac{1-s}{s}P_{C2} \qquad ②$$

誘導電動機は同期速度から数％低い速度で運転するのだけど，これを外力によって同期速度以上で運転している状態が誘導発電機なのよ．同期速度以上では，滑りsが負となって，②式よりP_{C2}は常に正だから，機械的出力P_Mは負となるわ．機械的出力が負ということは，電力の流れが出力側から入力側へ向かうことを表していて，機械的入力を意味するの．つまり，発電機として運転していることを意味しているのよ．滑り$s<0$では，回転子は電動機の場合と逆方向に磁束を切って誘導起電力・二次電流の方向が逆になるわ．図のようなトルク－速度曲線になるわ．」

「この誘導発電機には次の特徴があるわ．

①　系統の電源から励磁をとらなければならないので，単独運転は難しい．②　同期発電機のような励磁装置は不要になり，構造が簡単，丈夫で安価である．③　始動時に同期調整が不要である．漏れインピーダンスが大きいため短絡電流が小さい．

このような特徴を生かして，小水力用発電機や風力発電機などに採用されているわ．」

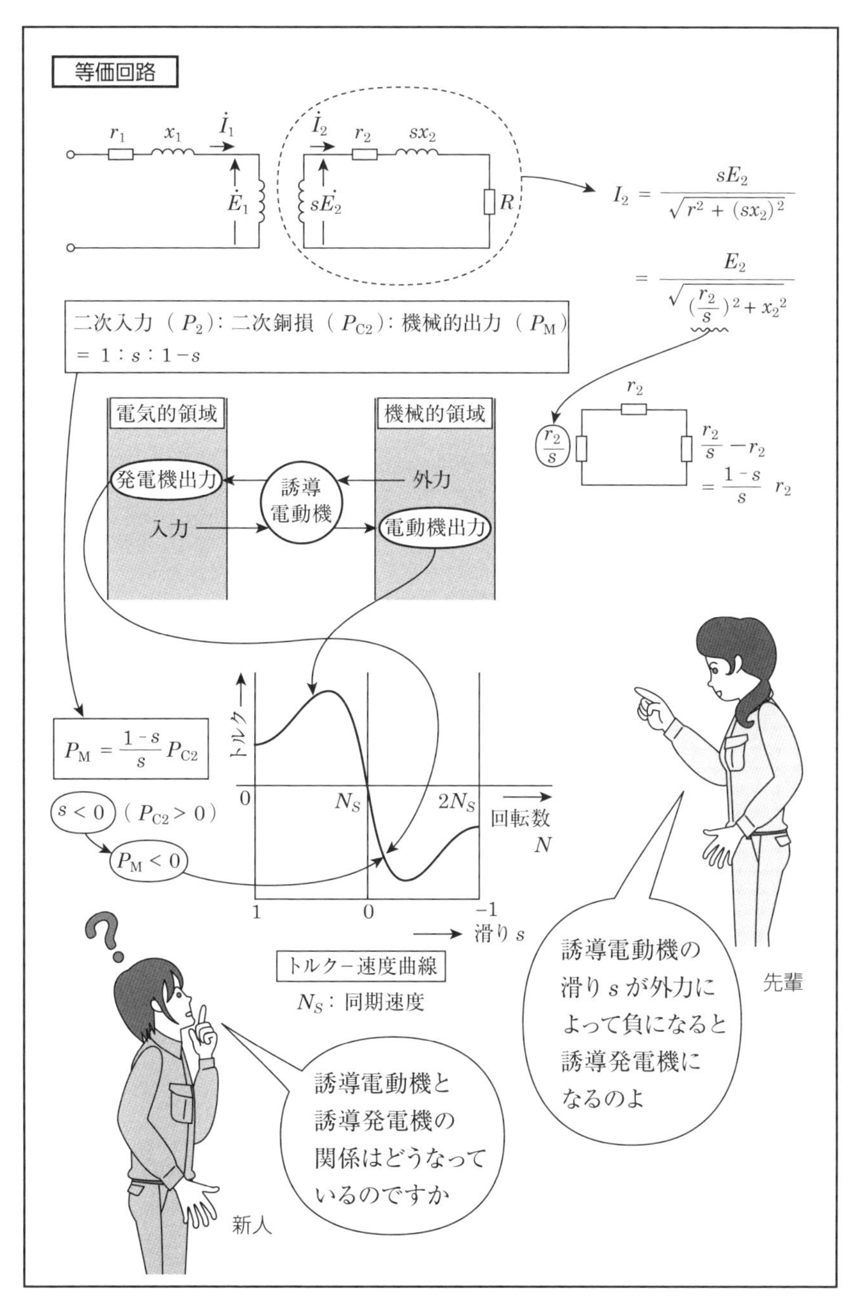

第19図　誘導電動機と誘導発電機

20

誘導機の疑問解決！

特殊かご形誘導電動機の動作原理はどうなっているの？

「先輩．機械科目に特殊かご形誘導電動機が出てきたのですが，どういうものなのですか．」

「それは，かご形の回転子の構造に工夫を加えたもので，始動特性を改善したものよ．」

「誘導電動機は，出力が3.7 kWを超えるとY-△始動などの始動装置を使って，始動電流を抑えていたよね．特殊かご形誘導電動機では，11 kWまで始動装置を省略できるのよ．回転子の構造によって，深溝かご形と二重かご形に分類できるわ．」

「深溝かご形は**第20図**のように，回転子の溝が深くて，その中に導体を収めているの．溝下部の導体は，多くの漏れ磁束と鎖交するため，リアクタンスが大きいのよ．始動時（$s = 1$）には，二次周波数$f_2 = sf_1$が最大になるので，電流はリアクタンスの小さい導体表面に集中することになるわ．これは表皮効果だわね．だから，始動時には二次抵抗を大きくしたのと同じ働きをするのよ．通常運転時にはf_2は非常に小さくなるから，電流は導体全体に流れるの．」

「そうか．表皮効果は送電線の単導体・多導体のところで出てきたけど，こんなところでも起こる現象なのですね．」

「一方の二重かご形も，原理は深溝かご形と同じなのよ．回転子導体を図のように二重構造として，上部導体には黄銅，銅ニッケル合金などの高抵抗のものを使っているの．始動時には，表皮効果によって，電流は外部導体に多く流れるわ．定格運転時には，滑りが小さくなるので，電流は低抵抗である下部導体に多く流れることになるわ．」

「特殊かご形には長所ばかりではなく，短所もあるわ．始動特性は改善できるけど，漏れリアクタンスが大きいから，力率や効率はやや悪くなるのよ．二重かご形は，その形状から回転子の冷却性能が悪いので，頻繁な始動・停止には適さないわ．」

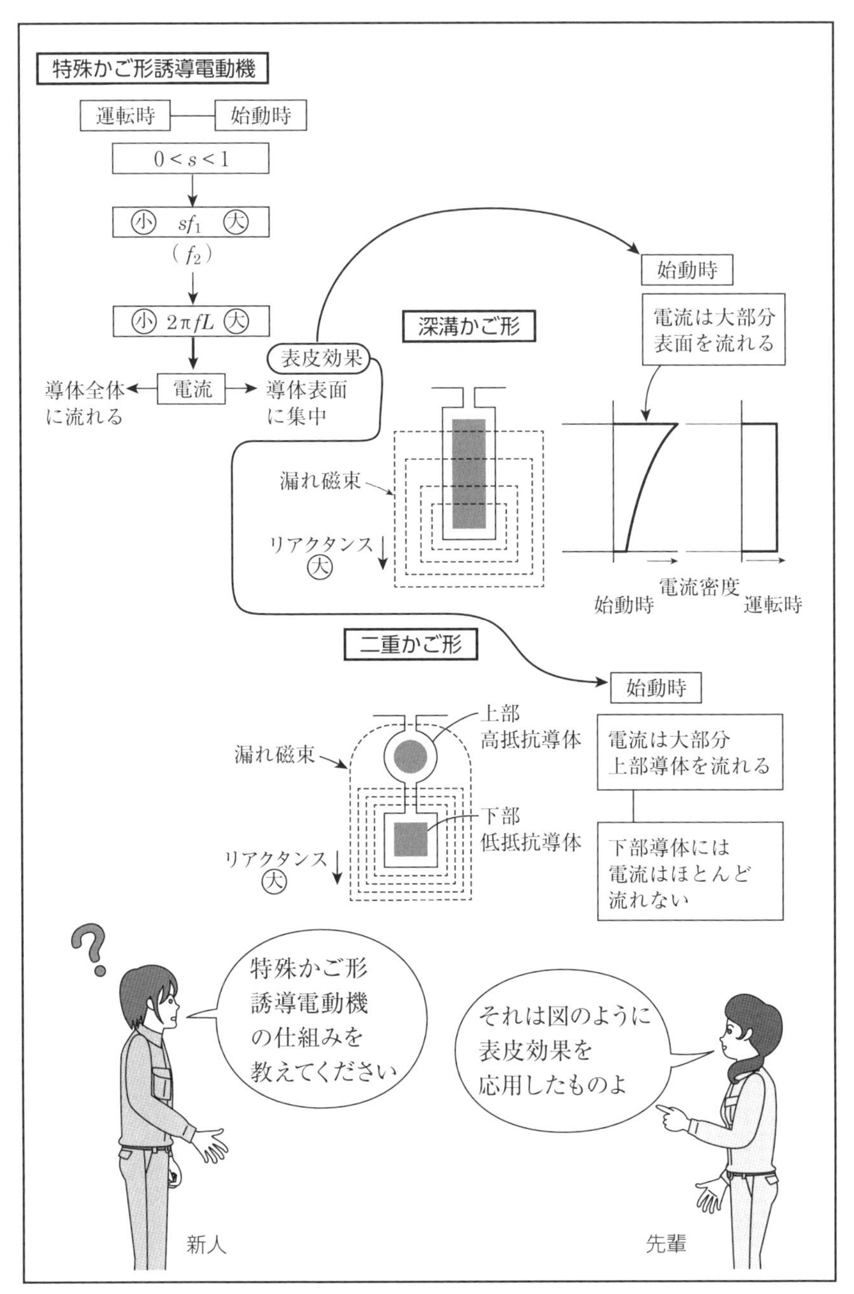

第20図　特殊かご形誘導電動機の動作原理

直流機の疑問解決！

21

直流機の電機子反作用とはどういう現象なの？

「先輩．機械科目の問題に直流機の電機子反作用が出てくるのですが，一体どういう現象なのですか．」

「それは直流機の原理からひも解かなくてはならないわね．直流機は固定子に界磁巻線があって，直流の界磁電流を流して磁界Φ_fをつくるのよ．回転子には電機子導体があるわ．この電機子に流れる電流が問題となるのよ．」

「**第21図**の直流機を直流発電機とすると，（図1）において，フレミング右手の法則より，回転子は右回りに回転するわ．電機子導体には，アンペア右ねじの法則よりΦ_aが生じるわ．このΦ_aはΦ_fに対して90°位相が異なるため，合成磁束ΦはΦ_fに対して角度がαだけ傾くわ．このように，磁束Φ_aがΦ_fに悪い影響を及ぼすことを電機子反作用というのよ．」

「うーん．電磁気の理論がいろいろ使われているのですね．」

「そうよ．また（図2）のように，上部にある電機子導体が180°回転して下部の位置にくると，電流の向きが反対になるため，これでは回転方向が逆になってしまうから，同方向の回転とするためには，ブラシと整流子が必要になるわ．」

「Φ_aがゼロで，界磁磁束Φ_fだけならば，ブラシは，Φ_fがゼロになる□印の位置でいいのだけど，Φ_aが発生して合成磁束がΦとなれば，このブラシの位置では電流切換えの際，磁束があるため火花を発生することになるわ．そこで，（図3）のようにブラシの位置を■印までαだけ移動させる必要があるの．」

「この対策として，補極を取り付けているのよ．補極は，Φ_aを打ち消す方向に磁束Φ_hを発生させるため，合成磁束はΦ_fのみとなって電機子反作用がなくなるというわけなの．」

「直流機にもいろいろな工夫が凝らされているのですね．」「そうよ．」

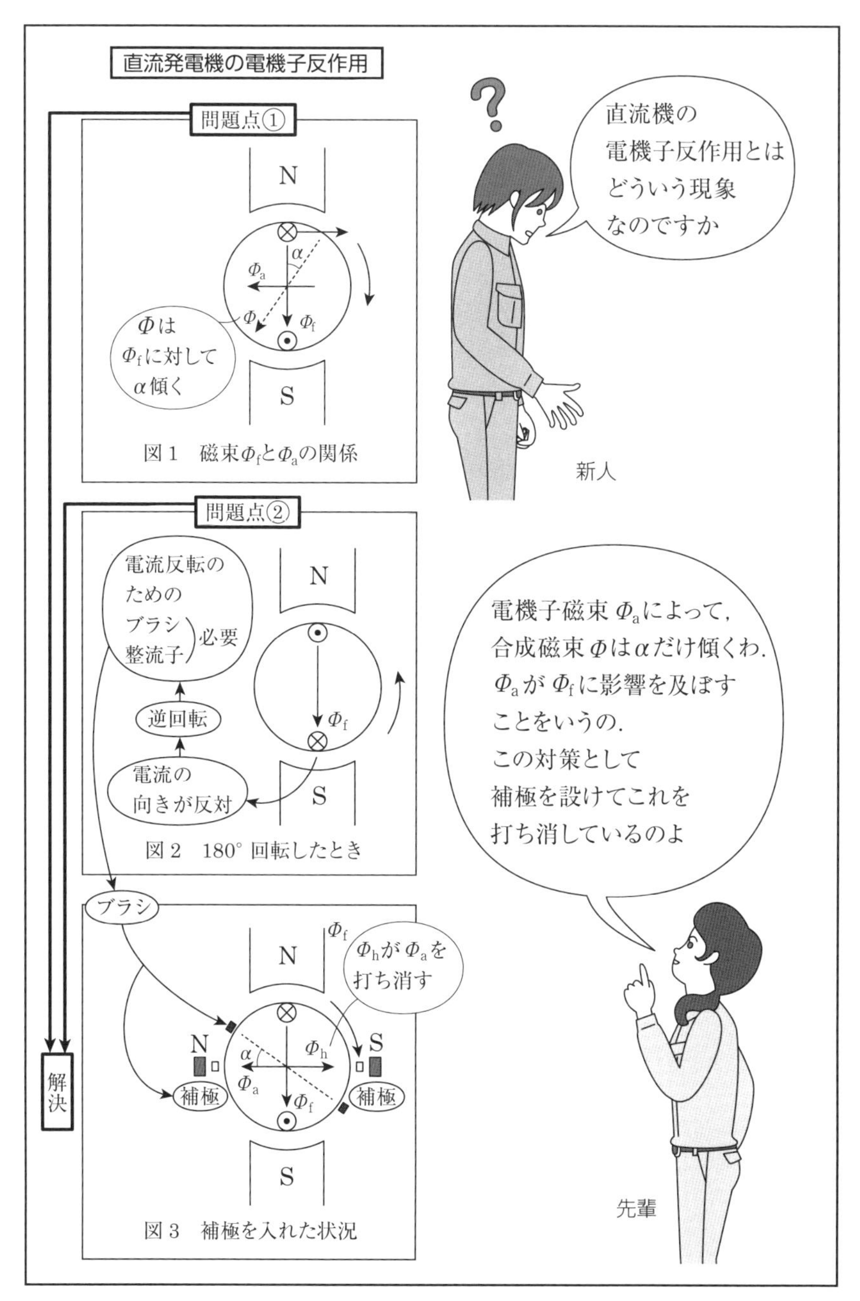

第21図　直流機の電機子反作用

その他機器の疑問解決！

22

蒸着電極コンデンサは，絶縁破壊しても自己回復するのはなぜだろう？

「先輩．高圧コンデンサで蒸着電極コンデンサというものがありましたが，どういうコンデンサなのですか．」

「そうね．従来は，箔(はく)電極コンデンサしかなかったけど，現在では蒸着電極コンデンサが主流になっているわよ．その違いについて説明するわね．箔電極コンデンサは，電極にアルミ箔（箔電極）を使っていて，局部的な破壊が生じると，破壊部分は短絡状態となって絶縁が回復しない．したがって，コンデンサ内部で絶縁破壊が起こると，大きな短絡電流が流れて，コンデンサ容器が破壊して噴油に至ることもあるのよ．このような危険を回避するために，蒸着電極コンデンサが開発されたのよ．電極には，フイルムの表面に蒸着金属膜を設けたものを使っているの．絶縁破壊が生じても，大きな事故電流が流れることはなく，破壊部の自己回復が繰り返されて，容器の内圧は徐々に上昇するので安全が保たれているわ．」

「自己回復とは，どういう現象なのですか．」

「それは**第22図**のように，電極のフイルムが絶縁破壊したとき，破壊点に隣接する電極に微小な貫通孔が生じるけど，貫通孔周辺の蒸着電極がなくなって，貫通孔には電圧がかからないため，欠陥が取り除かれるのよ．この現象によって，瞬間的にコンデンサの機能を復元することができるの．つまり，孔の部分は捨てて残りの部分を生かすことで，その影響を最小限にくいとめるというのが，この現象の考え方なのよ．」

「もう一つの特長は，保安装置による回路自己遮断機能をもっていることね．事故時の容器の変形力を使って，電流の通路を遮断することができるから，破壊や噴油の危険がないのよ．」

「うーん．電験問題にはまだ出てきてないようだけど，もし出たら絶対得点できるな．」

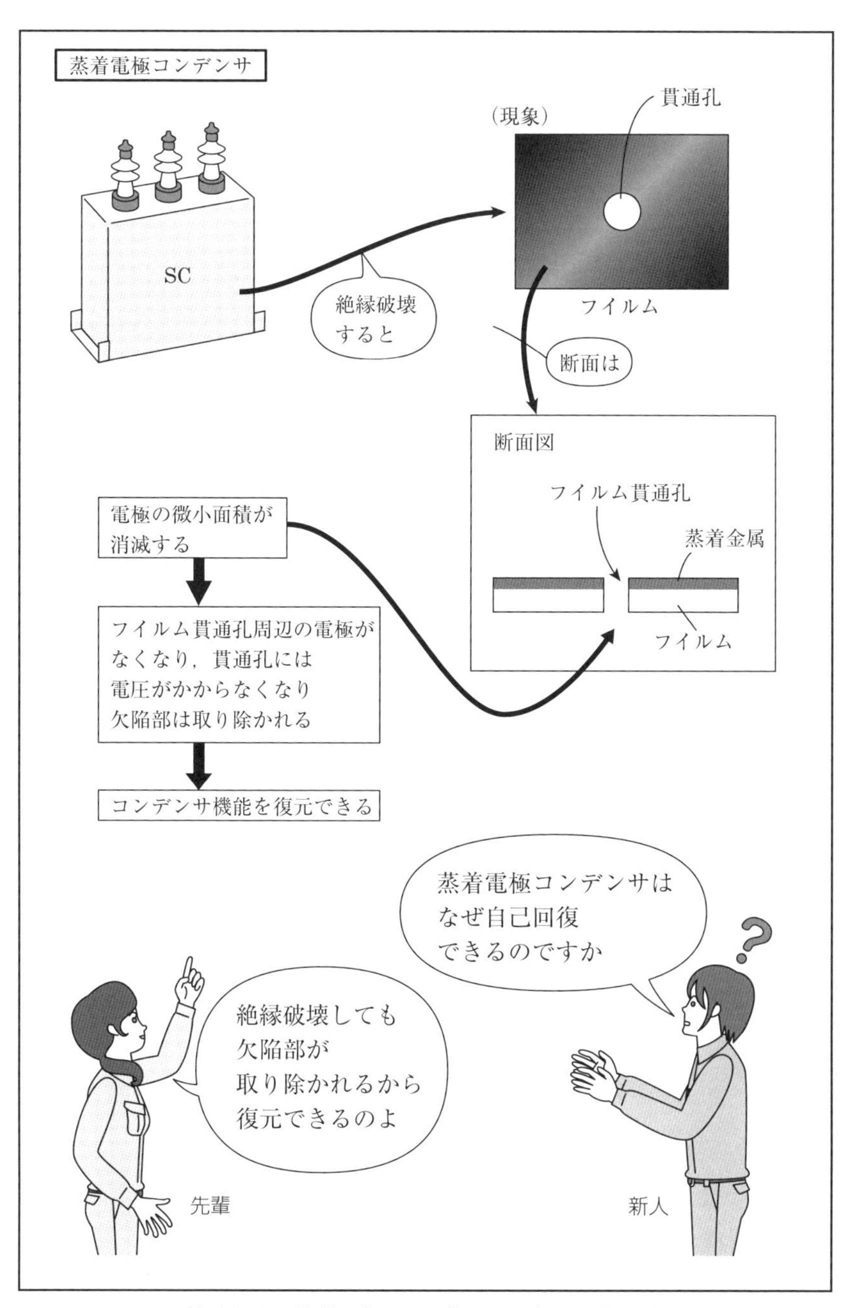

第22図　蒸着電極コンデンサの自己回復現象

その他機器の疑問解決！

23

高圧コンデンサに付ける放電コイルには，どのような働きがあるの？

「先輩．高圧コンデンサに放電コイルを取り付ける場合があると聞きましたが，どんなときですか．」

「そうね．高圧コンデンサは充電されていると，電荷をもっているわね．放電コイルは，コンデンサを回路から切り離したときに，電流が零の点で消弧して回路が遮断するのだけど，このときの電圧は最大値に達しているから，コンデンサは電圧の最大値に充電されたことになるの．コンデンサの電流と電圧の間には，90°の位相差があるのは勉強したよね．」「はい．」

「電荷はその後，誘電体の抵抗やがいし，その他の漏れ抵抗を通じて放電するのだけど，これらの抵抗は非常に大きいから，放電が完了するまでには時間がかかるの．残留電荷があるからなの．この残留電荷を速やかに放電させるために，放電コイルが取り付けられているわけなの．」

「コンデンサの放電については，開放後5秒以内にその端子電圧を50 V以下に下げるように規定されているわ．一方，小規模施設ではコンデンサは放電抵抗内蔵型というのが一般的だけど，この抵抗は開放後5分以内に，その端子電圧を50 V以下に下げるよう規定されているのよ．」

「放電抵抗のほうは，以前に勉強したのでわかります．」

「大規模な施設では，コンデンサが複数台あって，自動力率制御が行われているわ．これによって，コンデンサの投入，開放が頻繁に行われるような場合には，放電抵抗だけでは，時間がかかるため適さないのよ．だから，放電コイルを取り付けて，短時間で放電させるのが一般的なのよ．」

新人は，放電コイルひとつにも，それなりの工夫が凝らされているのだな，と感じたのである（**第23図参照**）．

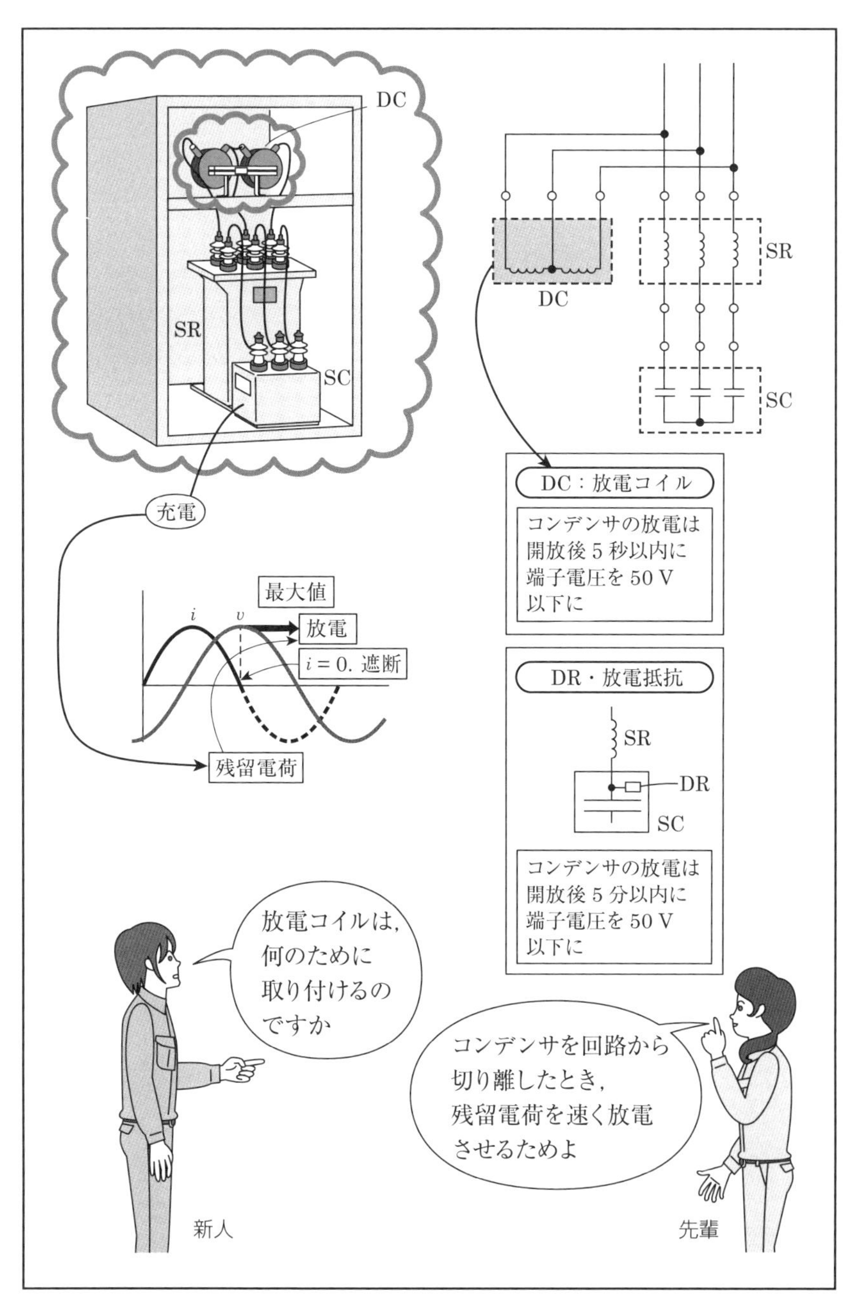

第23図　高圧コンデンサに放電コイルを取り付ける理由

その他機器の疑問解決！

24

直列リアクトル(SR)は，なぜ6％が使われるの？

「先輩．直列リアクトルの働きと6％が使われる理由を教えてください．」

「そうね．以前は，直列リアクトルなんてものはなかったのよ．近年，パワーエレクトロニクス技術を使った電子機器が増加してきたことに関係しているの．高圧コンデンサ（SC）は，電子機器が発生する高調波の影響を受けるから，電圧波形にひずみが生じるの．その現象を改善するために，高圧コンデンサに直列リアクトル（SR）を挿入するのよ．障害となる高調波は主として，第5調波だから，これを相殺する（打ち消す）ことが目的なのよ．つまり，この第5調波と共振させるリアクトルを設置しているわけなのよ．」

「実体図は，**第24図**のようになるわ．共振の条件は基本波の場合は$\omega L=\dfrac{1}{\omega C}$だけど，第5調波に焦点を当てると，$5\omega L=\dfrac{1}{5\omega C}$となるわ．

$$\therefore\quad \omega L=\frac{1}{25\omega C}=0.04\times\frac{1}{\omega C}$$

となって，直列リアクトルの容量は，コンデンサ容量の4％あればよいことになるのよ．」

「ここで大切なことは，回路安定の条件として誘導性にしておくことなの．そのために理論上は4％でよいのだけれど，実際は余裕を見込んで，6％にするのが一般的なのよ．第3調波が無視できない場合には，13％リアクトルを設置する必要があるのよ．」

「また，ある回路条件では，直列リアクトルに流れる電流が許容電流以上となって，コンデンサには異状がないにもかかわらず，直列リアクトルが焼損することがあるの．」

「電験3種では，このくらいのことがわかっていれば，対応できると思うよ．」「はい．」

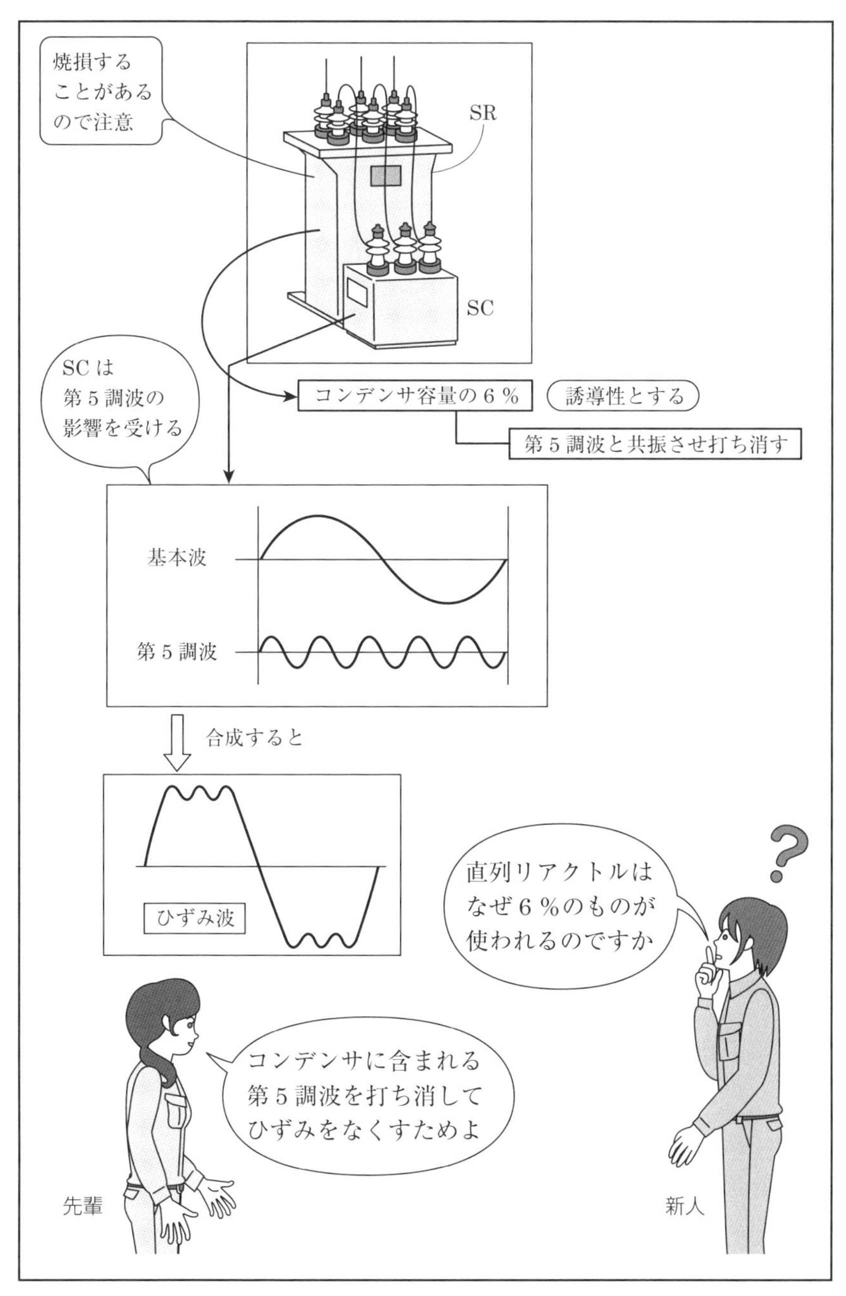

第24図　直列リアクトルの役割

その他機器の疑問解決！

25

高圧コンデンサに直列リアクトルを入れるとなぜ定格電圧が上昇するの？

「先輩．機械科目で，直列リアクトルを入れると，高圧コンデンサの定格電圧が上昇することに関する問題があったのですが，その理由がよくわからないのですが……」

「そうね．最初は不思議に思うかも知れないわ．そのわけは，直列リアクトルにありそうでしょ．その直列リアクトルは「6％リアクトル」といって，コンデンサ容量の6％あるの．高調波を防止しているのよ．その影響で定格電圧が上がるのよ．」「それは，どういうことなのですか．」

「そうね．口だけではわからないので，等価回路で数式を使って説明するわね．**第25図**において，コンデンサ1相分の電圧 $\dot{E}_{\mathrm{C}}$ は，次式のように表すことができるのよ．

$$\dot{E}_{\mathrm{C}}=\frac{-\mathrm{j}X_{\mathrm{C}}}{-\mathrm{j}X_{\mathrm{C}}+\mathrm{j}X_{\mathrm{L}}}\dot{E}=\frac{X_{\mathrm{C}}}{X_{\mathrm{C}}-X_{\mathrm{L}}}\dot{E}=\frac{X_{\mathrm{C}}}{X_{\mathrm{C}}\left\{1-(X_{\mathrm{L}}/X_{\mathrm{C}})\right\}}\dot{E}$$

$$=\frac{X_{\mathrm{C}}}{X_{\mathrm{C}}(1-\alpha)}\dot{E}=\frac{\dot{E}}{1-\alpha}$$

$\alpha=6\,\%$，$E=6\,600/\sqrt{3}\ \mathrm{V}$（1相分）の場合は

$$E_{\mathrm{C}}=\frac{6\,600/\sqrt{3}}{1-0.06}\fallingdotseq\frac{7\,020}{\sqrt{3}}\ \mathrm{V}$$

よって，SCの端子電圧 V_{C} は，$V_{\mathrm{C}}=\sqrt{3}E_{\mathrm{C}}=7\,020\ \mathrm{V}$

こういう理由でコンデンサの端子電圧が上昇するのよ．注意点として，改修工事でリアクトルを設置する場合は，定格電圧の確認をしなければならないよ．既設のコンデンサの定格電圧が，6 600 Vだったら，リアクトルを設置する場合は，定格電圧が7 020 Vのコンデンサが必要よ．この件に関しては，平成10年にJIS改正があって，コンデンサの電圧は，直列リアクトルによる電圧上昇分を見込んだ電圧になったというわけなの．」

「そうか．この疑問は，理論的に数式で解明できるのだな．」

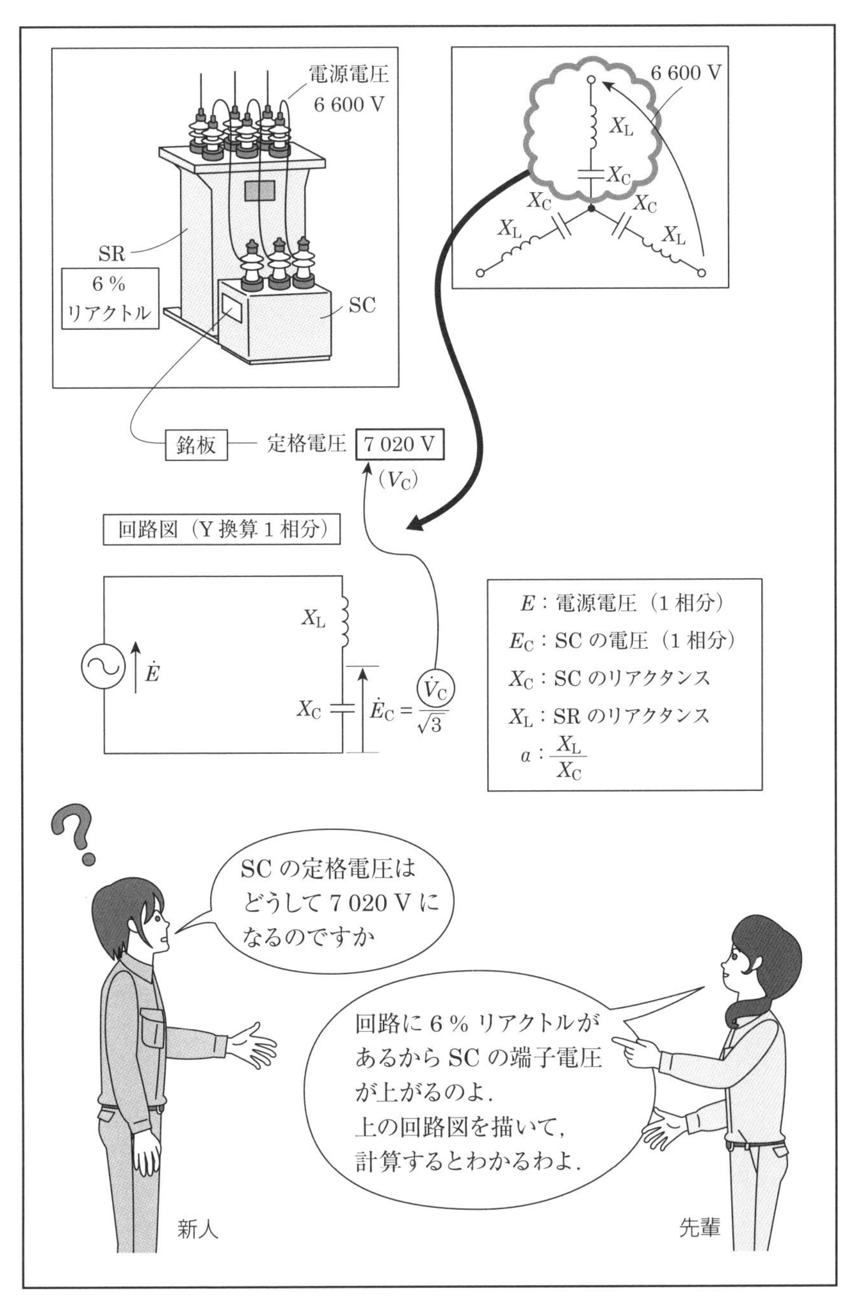

第25図　6％リアクトルでSCの端子電圧上昇

その他機器の疑問解決！

26

真空遮断器（VCB）の消弧原理はどのようになっているの？

「先輩．遮断器は，負荷電流や事故電流を遮断する能力をもっていることは，わかったのですが，その構造はどのようになっているのですか．」

「たしかに内部が見えないから，わかりにくいわね．その構造は**第26図**のようになっているのよ．遮断器に付いている3個の筒状のものが真空バルブよ．その中は，真空の密封構造になっているわ．上下に，固定電極と可動電極があるの．その真空中でアークを拡散させて，消弧するのよ．消弧とは，アークを消すことよ．」

「高真空のバルブ内では遮断時に，固定電極に接触していた可動電極が離れるのよ．その際，電極間にアークが発生するけど，アーク部分とアーク周辺部の粒子の密度差が非常に大きくなって，高速度で真空中に拡散して消弧できるというわけなの．」

「少しわかってきました．もっと詳しく説明してください．」

「交流回路を遮断する場合，開極によってアークが発生して，接点間隔の増加につれてアークが引き伸ばされるわ．半周期ごとに電流は零になるから，このときアークはいったん消滅するの．しかし，その直後に系統側の影響によって，急激な立上り電圧が電極にかかるのよ．この電圧を過渡回復電圧というの．この過渡回復電圧に耐えることができれば，電流遮断は成功するのよ．」

「だけど，この過渡回復電圧が絶縁回復特性を上回るような場合は，絶縁破壊を起こして，電流遮断は失敗してしまうの．絶縁回復特性は，遮断器の特性によるものよ．よって，過渡回復電圧の立上りよりも早く，絶縁回復することが，電流遮断成功のカギとなるのよ．」

新人は，何気なく点検している遮断器の複雑な消弧原理に，興味を抱いたのである．

「これで，電験問題も解けるぞ．」

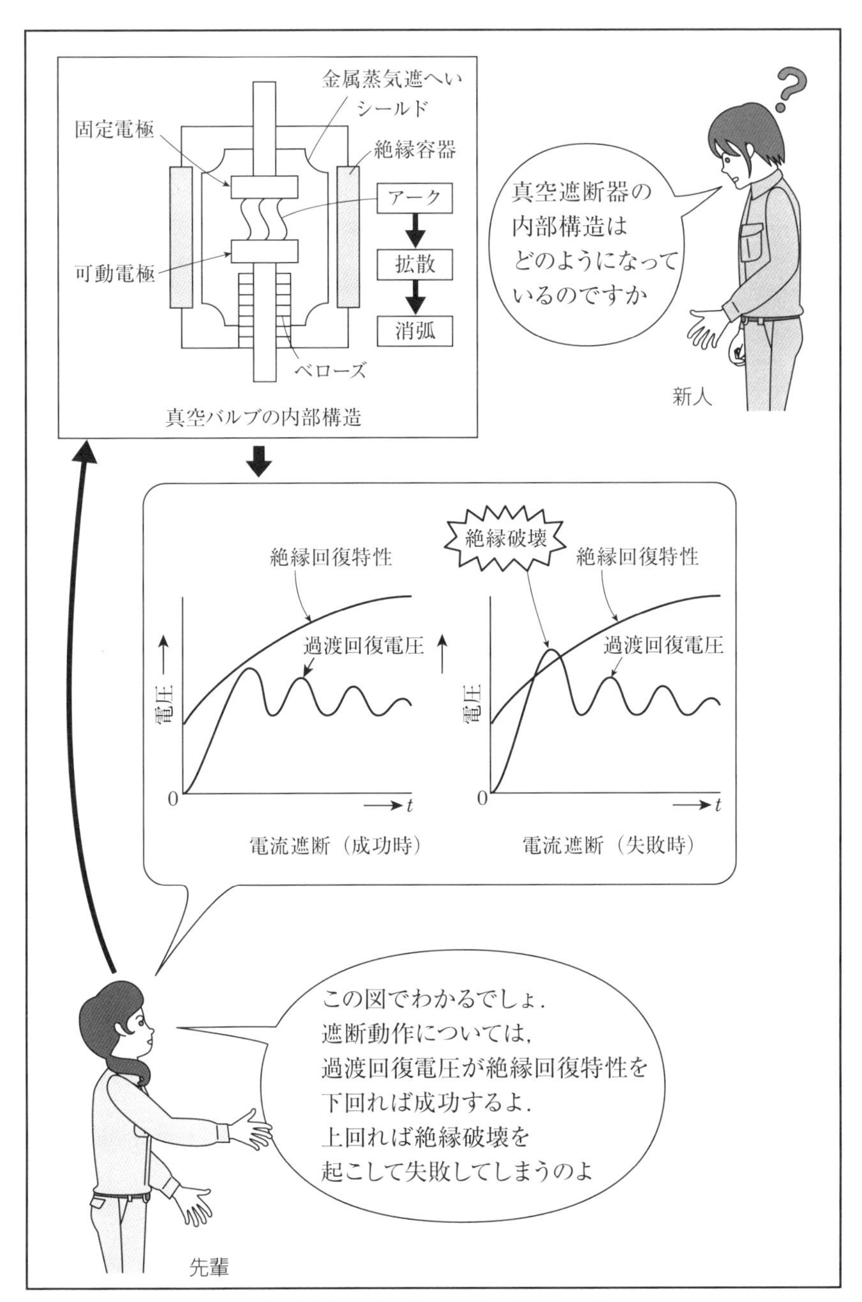

第26図　真空遮断器の消弧原理

電熱の疑問解決！

27

誘電加熱は損失（誘電損）を利用している！

「先輩．機械科目に誘電加熱が頻繁に出てくるのですが，その仕組みについて教えてください．」

「そうね．誘電加熱は誘電損を利用しているわ．誘電損とは，誘電体に交番電界を加えたときに生じる分子の摩擦熱なのよ．**第27図**のように，誘電体内では分極が起こって，電気的に＋と－に分かれるの．これを電気双極子というの．」

「そもそも，誘電体という材料に電極をつけたものがコンデンサ（C）なのよ．理論科目によく出てくるでしょ．誘電損という損失があるから，それを等価抵抗（R）として表しているのよ．こういうわけで，誘電体の等価回路は，コンデンサCと抵抗Rの並列回路で表されるのよ．この誘電損は，電力テーマ18で扱った損失と考え方は同じよ．」

「被加熱物に電圧$V\,[\mathrm{V}]$，周波数$f\,[\mathrm{Hz}]$の交流を加えると，コンデンサ$C\,[\mathrm{F}]$に流れる電流I_{C}は，$I_{\mathrm{C}} = 2\pi fCV\,[\mathrm{A}]$

抵抗Rに流れる電流I_{R}は，ベクトル図から

$$I_{\mathrm{R}} = I_{\mathrm{C}}\tan\delta = 2\pi fCV\tan\delta\,[\mathrm{A}]$$

$\tan\delta$のことを誘電正接というわ．誘電損Pは,等価抵抗Rの電力なので,

$$P = VI_{\mathrm{R}} = 2\pi fCV^2\tan\delta\,[\mathrm{W}]$$

となるわよ．I_{R}はVと同相の成分だわね．つまり，理論で扱う有効電力なのよ．この場合の有効電力は損失なのだけど，このとき発生する熱を利用しているのが誘電加熱なのよ．」

「単位体積当たりの電力P_{d}は，被加熱物の誘電率を$\varepsilon = \varepsilon_0\varepsilon_{\mathrm{s}}$（$\varepsilon_{\mathrm{s}}$は比誘電率），電界の強さを$E\,[\mathrm{V/m}]$とすると，$E = V/d$，$C = \varepsilon S/d$だから，次式で表せるの．

$$P_{\mathrm{d}} = P/Sd = 2\pi f\varepsilon_0\varepsilon_{\mathrm{s}}E^2\tan\delta\,[\mathrm{W/m^3}]$$

誘電損は周波数fに比例するのよ．」

「一見無駄なような損失だけど，それを有効に活用しているのだな．」

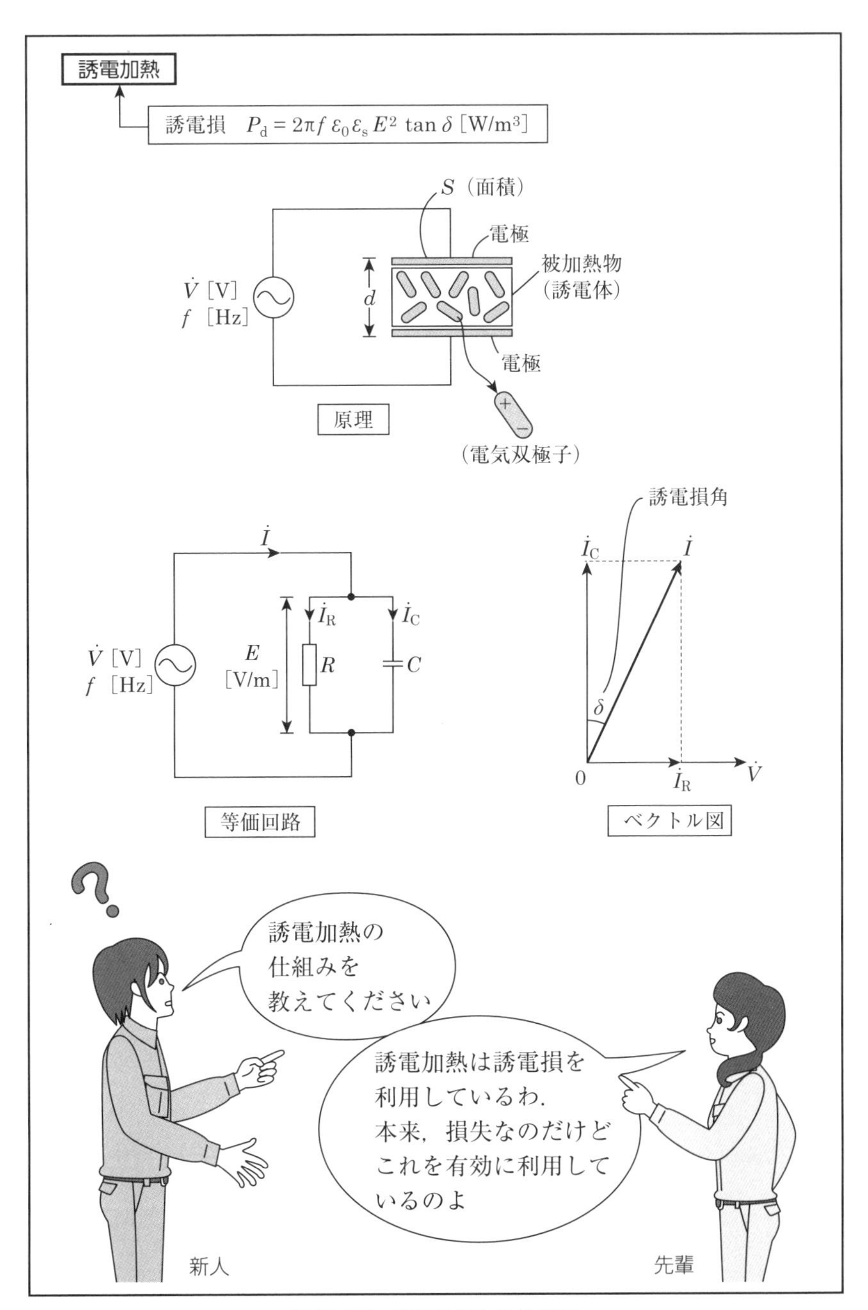

第27図　誘電加熱の仕組み

自動制御の疑問解決！

28

複雑なブロック線図は分割して考える！

「先輩．**第28図**のような伝達関数を求める問題ですが，どこから手をつけたらいいかわからないので，解説をお願いします．」

「そうね．この場合は一度にやろうとすると無理があるから，フィードバック部とそれ以外に分けて考えることね．そして分岐点を$A(\mathrm{j}\omega)$とおくことがポイントね．」「そうか．二つに分けるのですね．」

「そうすると，次の2式が成り立つわ．下部では，

$$R(\mathrm{j}\omega)-A(\mathrm{j}\omega)\times\frac{1}{\mathrm{j}\omega T_2}=A(\mathrm{j}\omega) \quad ①$$

$A(\mathrm{j}\omega)$から先の上部と下部を合わせると，

$$A(\mathrm{j}\omega)\times\frac{T_1}{T_2}+A(\mathrm{j}\omega)\times\frac{1}{\mathrm{j}\omega T_2}=C(\mathrm{j}\omega) \quad ②$$

図の左の○では－，右の○では＋になっていることに注意だわね．あとは変形して計算するだけよ．①式から

$$R(\mathrm{j}\omega)=A(\mathrm{j}\omega)\left(1+\frac{1}{\mathrm{j}\omega T_2}\right) \qquad \therefore \quad A(\mathrm{j}\omega)=\frac{R(\mathrm{j}\omega)}{1+(1/\mathrm{j}\omega T_2)} \quad ③$$

②式を$A(\mathrm{j}\omega)$でまとめると，$A(\mathrm{j}\omega)\left(\dfrac{T_1}{T_2}+\dfrac{1}{\mathrm{j}\omega T_2}\right)=C(\mathrm{j}\omega)$　④

③式を④式に代入して

$$\frac{R(\mathrm{j}\omega)}{1+\dfrac{1}{\mathrm{j}\omega T_2}}\left(\frac{T_1}{T_2}+\frac{1}{\mathrm{j}\omega T_2}\right)=C(\mathrm{j}\omega)$$

$$\frac{C(\mathrm{j}\omega)}{R(\mathrm{j}\omega)}=\frac{\dfrac{T_1}{T_2}+\dfrac{1}{\mathrm{j}\omega T_2}}{1+\dfrac{1}{\mathrm{j}\omega T_2}}=\frac{\mathrm{j}\omega T_2\left(\dfrac{T_1}{T_2}+\dfrac{1}{\mathrm{j}\omega T_2}\right)}{1+\mathrm{j}\omega T_2}=\frac{1+\mathrm{j}\omega T_1}{1+\mathrm{j}\omega T_2}$$

となるわね．途中の計算が少し手間取るけど根気よくやってね．」

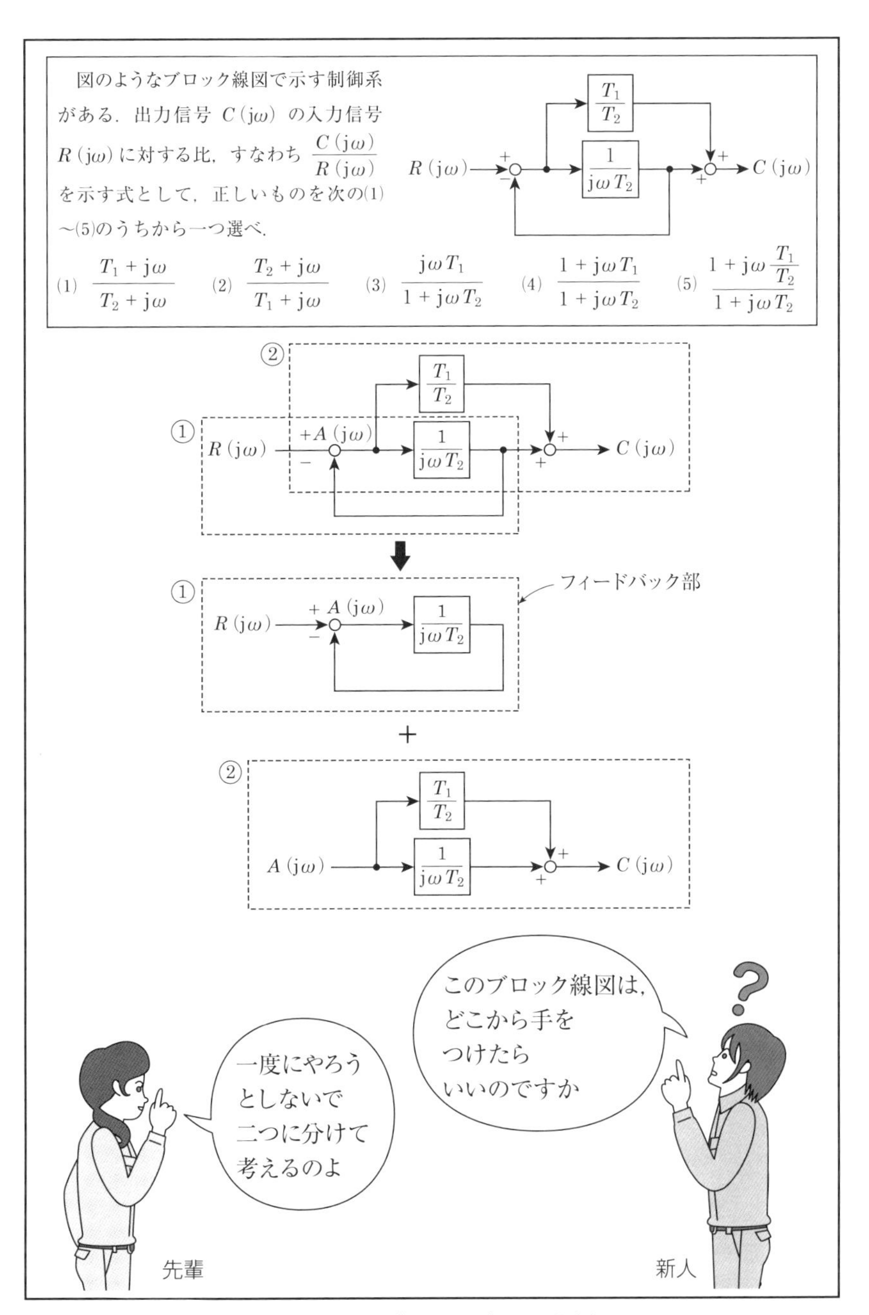

第28図　ブロック線図の分割

第4章　法　規

電気事業法・電気設備技術基準の疑問解決！

施設管理の疑問解決！

電気事業法・電気設備技術基準の疑問解決！　**1**

変圧器はどのようにして電圧変動に対処しているのだろうか？

「先輩．電圧の維持については，電気事業法施行規則第44条に，標準電圧に応じて維持すべき値が定められています．100 Vの場合は，101 Vの上下6 Vを超えない値，200 Vでは，202 Vの上下20 Vを超えない値としているのはわかったのですが，電圧変動があって，この範囲に収まらなかった場合はどうするのですか？」

「そうね．電圧変動が著しい場合は，電力会社の変圧器で調整するけど，需要家での対処方法もあるので，それについて少し現場のことを話すわね．」

「需要家の変電所に変圧器があるけど，このタップ切換えによって対応できる場合もあるわよ．変圧器のタップは，油入変圧器では上部のふたの下の絶縁油の中にあるわ．モールド変圧器では巻線の外部にあるのよ．」

「タップ切換えについては，油入変圧器では，上部のふたを開けて，油の中のタップ切換板にあるタップ切換片で接続換えを行うのよ．切換板は外からは見えないけどね．モールド変圧器のタップは，巻線外部に取り付けられているからわかりやすいよ．変圧器の外の作業だから，油入変圧器よりは簡単よ．」

「タップは電流の小さい高圧側に設けられているよ．6 600 Vの場合，タップは大きいほうから，6 750 V，6 600 V，6 450 V，6 300 V，6 150 Vの5種類があるよ．このタップを切り換えるということは，つまり一次巻線と二次巻線の巻数比を変えることになるのよ．巻数比を変えるから，二次電圧が変化するわけなのよ．たとえば，電圧が低い場合，タップ6 600 Vを6 450 Vに切り換えることをタップを下げるというの．巻数比が小さくなるから，二次電圧が上がるというわけよ．」

「そうか．変圧器のタップ切換えは，巻数比の応用なのだな．現場では，電験で学んだことが役立つのだな．(**第1図**参照)．」

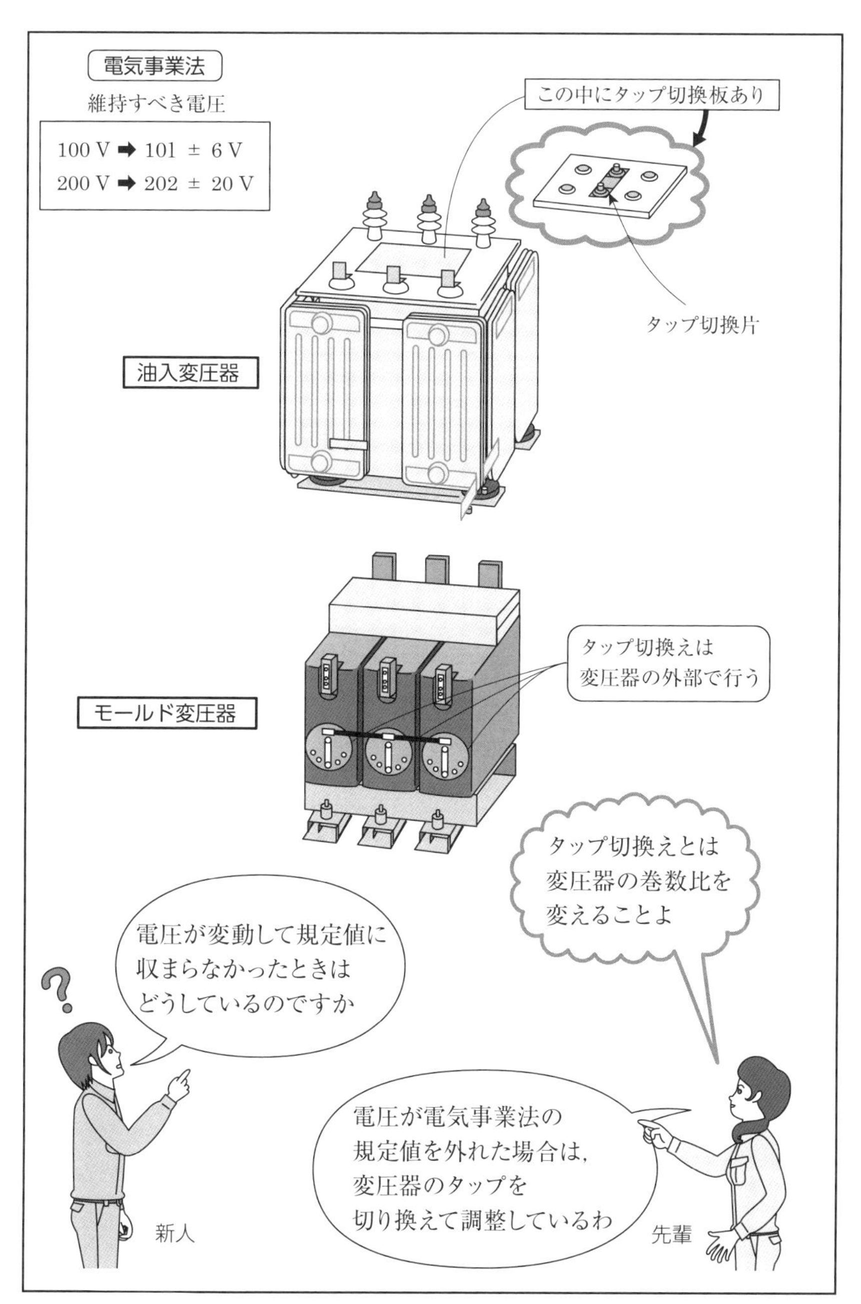

第１図　変圧器における電圧変動への対処

電気事業法・電気設備技術基準の疑問解決！ **2**

電気主任技術者を選任しないでも，認められることがあるのはなぜ？

「先輩．法規の問題に次のような記述がありましたが，電気主任技術者を選任しない，というところが疑問なのですが．」

「問題とは，次のものです．」

『受電電圧6 600 Vの需要設備を直接総括するD事業所については，その需要設備の工事，維持及び運用に関する保安の監督に係る業務を委託する契約をZ法人（電気保安法人）と締結し，保安上支障のないものとしてY産業保安監督部長の承認を受けたので，電気主任技術者を選任しないこととした．』

「ああ，それね．それは主任技術者不選任という制度よ．」

「自家用電気工作物を設置した場合は，電気事業法により，電気主任技術者を定め，経済産業局に届け出なくてはならないよ．しかし，よく聞く言葉に「主任技術者不選任」があるの．初めて聞く人は，主任技術者を選任しなくてもいいように聞こえるので，不思議に思うかもしれないけどね．」

「よく調べればわかるけど，条件付きで，事業所に電気主任技術者を置かないで，外部に委託してもよいという意味なの．条件とは，詳しいことは省略して，電圧7 000 V以下で受電する需要設備などよ．したがって，われわれに身近な6 600 V受電の自家用電気工作物がこれに該当するわけなのよ．問題文にも6 600 Vとあったでしょ．」「はい．」

「小規模の当該事業所は，自ら専門家である電気主任技術者を置くのではなく，○○電気保安協会や○○電気管理技術者協会に外部委託する場合が多いの．そのほうが，社内に技術者をかかえるコストを考えると，安くなるからよ．裏を返せば，すべての自家用の需要家に専任の技術者を置かなければならないという法規をつくったならば，それに対応する技術者が不足するという事情も考慮したものと思われるわ（**第2図**参照）．」

第2図　主任技術者の不選任制度

電気事業法・電気設備技術基準の疑問解決！ **3**

電気事故が起こったとき，実際はどのように対処しているの？

「法規科目で電気事故報告の問題が出ていましたが，電気事故が起こったとき，現場ではどのように対処しているのですか．」

「まず，法的なことを説明するわよ．自家用電気工作物の事故には，機器故障による事故と人身に関する事故があるのよ．電気関係報告規則第3条によれば，次のようになっているわ．①感電または破損事故，人が死傷した事故（死亡または入院した場合に限る．），②電気火災事故（半焼以上の場合に限る．），③社会的に影響を及ぼした事故，④主要電気工作物の破損事故，などがあるのよ．」

「このような事故が発生したときは，事故の発生を知ったときから24時間以内に，事故の概要について，電話やFAXの方法によって報告するのよ．また，事故の発生を知った日から起算して30日以内に報告書を，管轄する産業保安監督部長に提出しなければならないの．一般的に前者を速報，後者を詳報というの．」

「では実際にあった事故について話すわね．以前私がある会社で，先輩とキュービクルの扉を開いて点検をしていたとき，先輩が上部の蛍光ランプが切れていることに気づいたの．早速，脚立を用意しランプを交換しようとしたときだったわ．先輩が態勢を崩して，肘（ひじ）が断路器（DS）の充電部に触れてしまったの．先輩はそのショックで，はじき飛ばされて脚立から落ちて，火傷と打撲の重傷を負ってしまったの．幸い安全靴を履いていたので，足には電流は流れず一命はとりとめたけどね．」

「私は慌てて，主任技術者のところに向かったの．それを聞いた主任技術者は，周りのものに負傷者を病院へ搬送するよう指示した．一方では，事故の状況を克明にメモするよう伝えた．そして，経済産業局へ報告するよう指示したわ．これがいわゆる速報ね．ベテランでも，慣れによる事故もあるから注意が必要だと痛感したわ（**第3図**参照）．」

第3図　電気事故が起こったときの対処

電気事業法・電気設備技術基準の疑問解決！ 4

混触防止板付変圧器は，どんなところに使うの？

「先輩．法規科目で混触防止板が出てきたのですが，どんなとき使うのですか？」

「そうね．これはまず，電気設備の技術基準の解釈第24条を勉強しなければならないわね．それによると，高圧電路と低圧電路とを結合する変圧器には，B種接地工事を施すことになっているのよ．接地の場所は，①，②，③の場合があって，まず①低圧側の中性点，②300V以下の場合で，中性点に施し難いときは低圧側の1端子．③低圧電路が非接地の場合において，高圧巻線と低圧巻線の間に設けた金属製の混触防止板．とあるわ．」

「混触防止板を付けた変圧器のことを，混触防止板付変圧器というのよ．構造は**第4図**のように，高圧巻線と低圧巻線の間に混触防止板が取り付けられていて，ここで接地を施しているのよ．変圧器の上部に混触防止板接地端子があって，ここから出した電線にB種接地を施しているのよ．」

「混触防止板付変圧器は従来から，危険物を扱う工場などで，防爆構造変圧器として使われているのよ．近年では，通信情報設備や医療設備などの技術の高度化に伴って，停電を避けて信頼性を向上させるという意味があるの．変圧器の二次側電路には接地しなくてもよい，この変圧器の採用事例が増えているわ．高圧側で短絡事故が発生した場合でも，低圧側への事故波及を防ぐことができるのよ．」

「この変圧器の特徴は，変圧器の二次側に接地が施されていないので，万一，低圧回路で地絡が発生しても大きな地絡電流は流れないのよ．だから，感電災害・漏電火災・停電事故などの被害を減らすことができるのよ．また近年は，電源の信頼度を要求される，データセンタのUPS用電源として使われているわよ．」

「なるほど，混触防止板は，大切な役割を担っているのだな．」

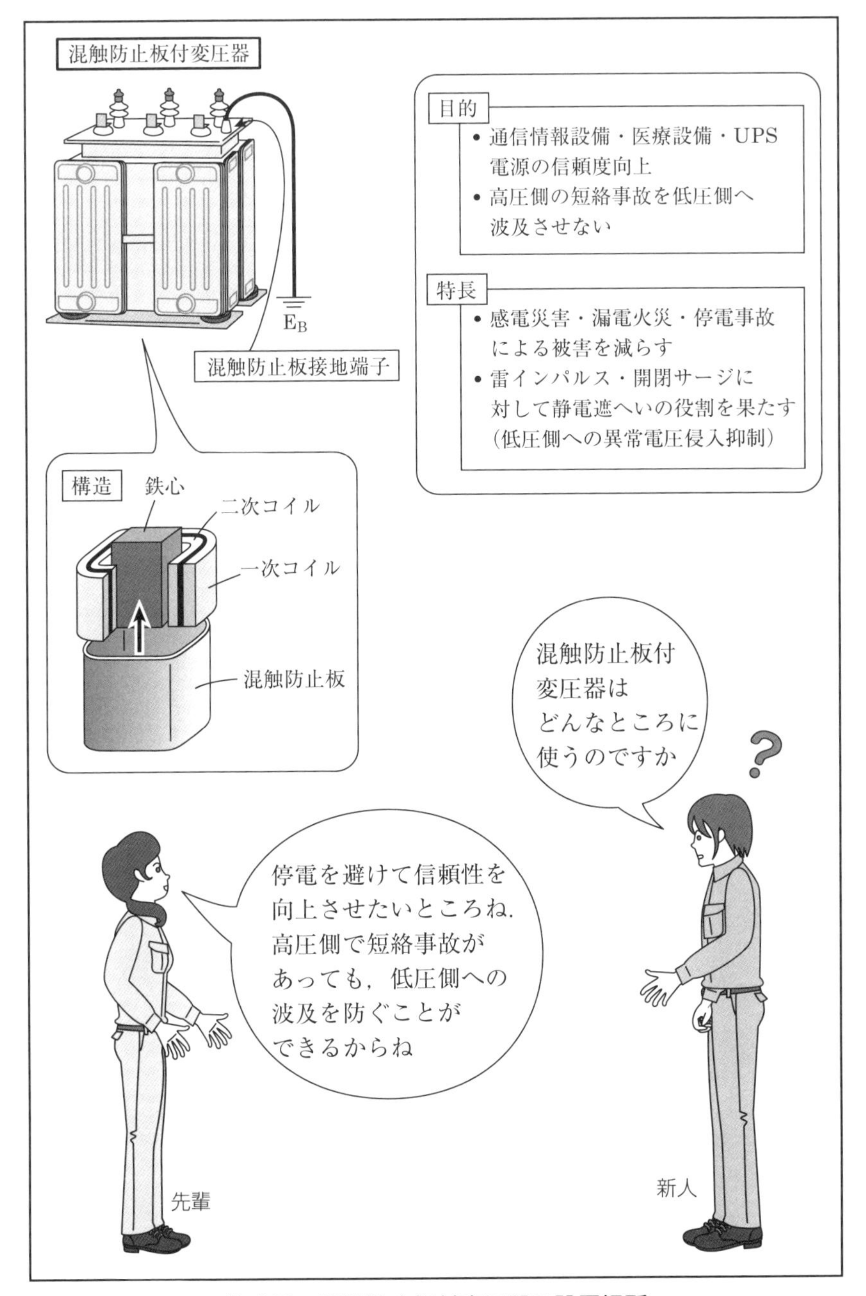

第4図　混触防止板付変圧器の設置場所

電気事業法・電気設備技術基準の疑問解決！ **5**

6 600 V変圧器の絶縁耐力試験電圧は，なぜ10 350 Vを10分間加えるの？

「先輩．法規科目でよく変圧器の絶縁耐力試験の問題が出ますね．6 600 Vの変圧器の絶縁耐力試験電圧は，最大使用電圧の1.5倍を10分間加えると丸暗記していますが，何か根拠はあるのでしょうか？」

「変圧器の絶縁耐力試験は，電気設備の技術基準の解釈第15条に規定されているわね．たしかに6 600 Vの場合は，最大使用電圧の1.5倍の電圧を10分間加えたとき，これに耐えることとされているわね．」

「だけど私も調べてみたけど，この規定は，経験的に定められたもので明確な根拠はないことがわかったの．昔は30分間も印加していた時期もあったそうだけど，絶縁不良の変圧器は，おおむね10分以内に破壊したことから，この値に設定されたそうなの（**第5図**参照）．」

「少し現場的な話になるけど，この試験は定期保安検査では実施しないの．何度も耐圧試験を行うことは，変圧器に無用のストレスを与えることになるから，新設時の自主検査および立会試験にとどめておくべきなのよ．」

「絶縁耐力試験前後には，絶縁抵抗測定を行うよ．この絶縁抵抗測定は，絶縁耐力試験の直前および終了直後に行うけど，前者は，耐圧試験を開始するにあたって，変圧器の異状がないかどうかを確認するためのものなの．後者は，試験後の値を試験前の値と比べて，その差がないかどうかを確認するためよ．」

「絶縁耐力試験と絶縁抵抗試験は，電気主任技術者になったら，体験できることだけどね．電験受験者にとっては，経験がないとぴんとこないかも知れないね．現在の電験の問題は学問的になり過ぎているようにも思うわね．だから，電験3種に受かって電気主任技術者の職に就いたけど，現場に対応できず立ち往生している，というようなことをよく耳にするんだね．将来のために，もう少し実務的な問題が出題されてもいいのかなと思うわ．」

第5図　変圧器の絶縁耐力試験電圧

電気事業法・電気設備技術基準の疑問解決！ **6**

絶縁抵抗の管理値はどういう理由で定められているの？

「先輩．絶縁抵抗の管理値は，電気設備技術基準で100 Vでは0.1 MΩ以上，200 Vでは0.2 MΩ以上と定められていますが，根拠はあるのですか．」

「そうね．それは電気設備の技術基準の解釈第14条第1項と深い関わりがあるわ．それによれば，『絶縁抵抗測定が困難な場合においては，当該電路の使用電圧が加わった状態における漏えい電流が，1 mA以下であること．』と規定されているの．絶縁抵抗は電源を切って測定しなければならないけど，漏れ電流は通電中でもクランプメータで測定できるわ．」

「低圧電路には，通常時でも対地絶縁抵抗と対地静電容量により，わずかだけど漏れ電流が流れているの．この様子を，単相交流2線式回路で考えると，等価回路は**第6図**のようになるわ．漏れ電流I_gは，

$$\dot{I}_g = \dot{V}\left(\frac{1}{R_g} + \mathrm{j}\omega C_g\right)$$

したがって，$V = 100$ Vの場合で漏れ電流が1 mAとすると，$I_g = 100\ \mathrm{V}/1\ \mathrm{mA} = 0.1\ \mathrm{M\Omega}$となるわね．$V = 200$ Vの場合は，$I_g = 200\ \mathrm{V}/1\ \mathrm{mA} = 0.2\ \mathrm{M\Omega}$となるわね．$I_g$が1 mA以下であれば，$R_g$は少なくとも0.1 MΩ以上となるので，電気設備技術基準省令第58条の絶縁抵抗値を満足することになるの．」

「ちなみに，人体に電流が1 mA流れるとピリッと感じる程度．5 mAでは相当に痛い．10 mA流れると耐えられないほどビリビリくるわ．20 mAでは筋肉の硬直が激しく呼吸も困難．50 mA流れると，短時間でも生命にかかわる．そして，100 mAでは致命的な障害を起こすことになるわ．つまり，漏電した場合の漏れ電流が1 mA以上にならないように絶縁抵抗管理値を決めているというわけなの．」

「なるほど，そういう深い意味があったのですね．」

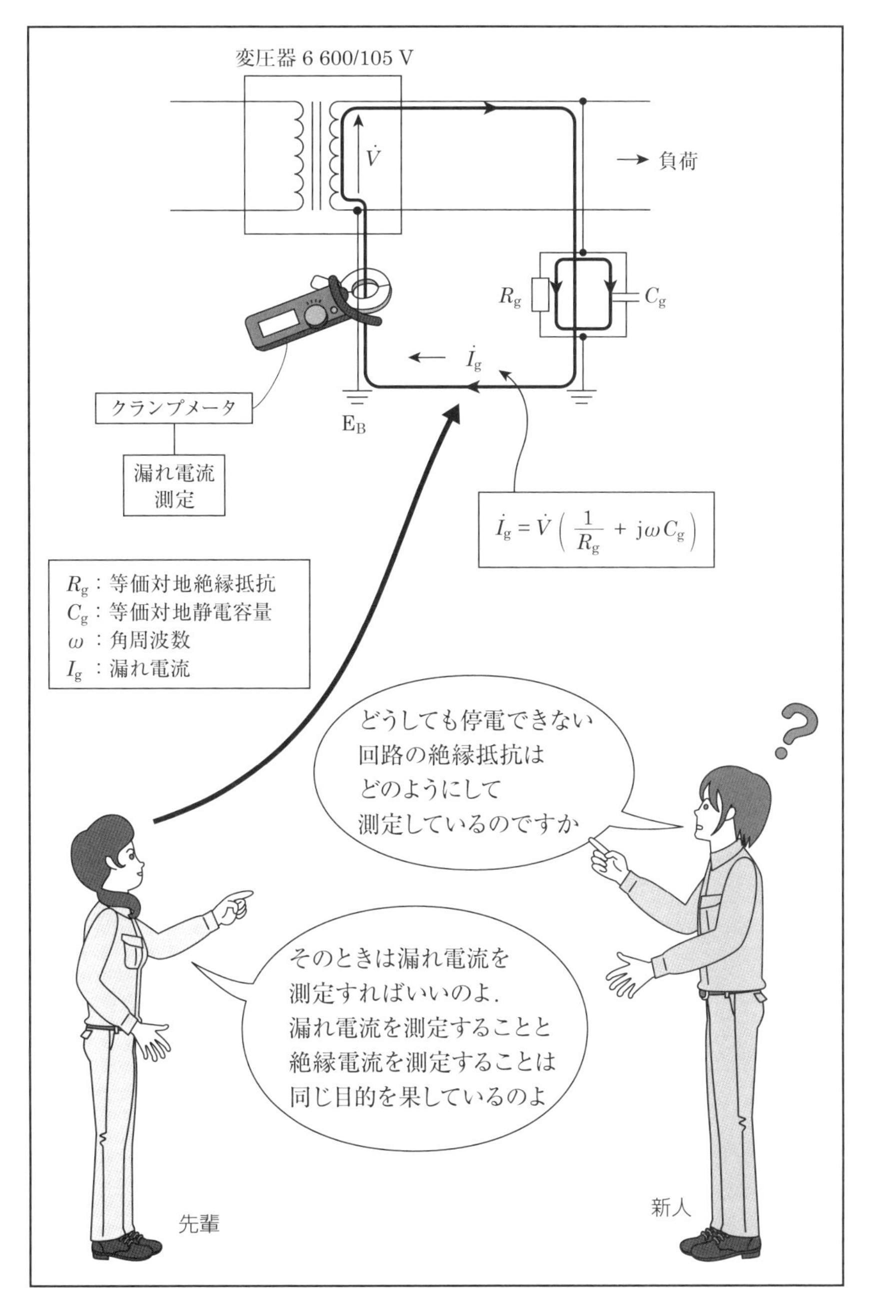

第6図　絶縁抵抗測定と漏れ電流測定

電気事業法・電気設備技術基準の疑問解決！ **7**

B種接地抵抗許容値は，どのようにして決まるのだろうか？

「先輩．B種接地抵抗許容値は，どのようにして決まるのですか．」

「それは，電気設備の技術基準の解釈第17条にあるわね．B種接地工事の抵抗値は一般的には，$150/I_g$（I_gは1線地絡電流）となっているわ．そもそも，B種接地工事は，変圧器が混触を起こしたとき，その電流を大地へ逃がすためのものなのよ．混触とは，変圧器の一次側と二次側の絶縁が破壊することよ．」

「B種接地工事の接地抵抗値は，原則として低圧の電圧上昇が150 V以上にならないように定められたものなの．高低圧が混触した場合に電路を速く遮断すれば，低圧側の機器の絶縁破壊を防止できるということから，その遮断する時間との関係で電圧上昇限度が定められているのよ．」

「変圧器の一次電圧が35 kV以下の場合に限り，その電路を1秒以内に遮断する場合は600 Vまで，1秒を超え2秒以内に遮断する場合は300 Vまで低圧側の電圧が上昇してもよいとして接地抵抗を計算することが認められているのよ．これは配電系統の拡大とケーブル系統の増加に伴って，要求されるB種接地抵抗値が年々低下して，接地抵抗の維持が困難になってきたことに対応したものなのよ．」

「では，1線地絡電流I_gはどのようにして求めたらいいのですか．」

「それについても電気設備の技術基準の解釈同条に計算式があって，それに基づいて求めるのよ．電験問題にも出てきて，この式が与えられているでしょ．式の中に電線延長やケーブル延長があるように，電力会社の延々と続く配電網によって定まるというわけなの．需要家が決めるものではないの．したがって，B種接地抵抗許容値は，電力会社に問い合わせる必要があるのよ．」

新人は，このことがわかって，一つ進歩したように思えたのである（第7図参照）．

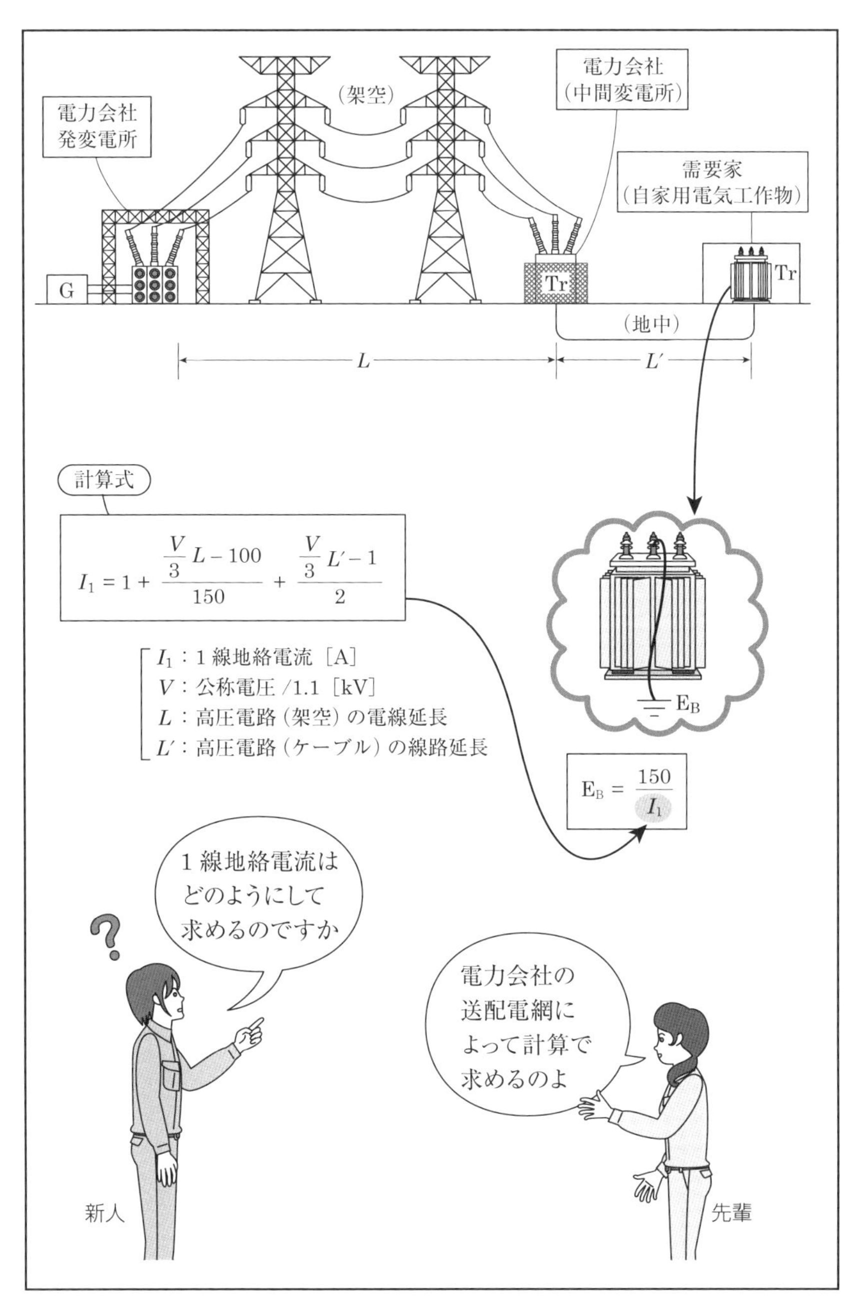

第7図　B種接地抵抗許容値の求め方

8

施設管理の疑問解決！

受変電設備のシステムは，どのようになっているの？

「先輩．高圧受変電設備のシステムはどのようになっているのですか．」

「そうね．これは現場へ行って一つひとつたどっていくと理解できるのだけど，一般の電験受験者にはそういう機会がないかもしれないわね．一般的な6 kV受変電設備を例に挙げると，概略は**第8図**のようになるわ．その構成を表す図は通常，単線結線図（骨組みという意味で，スケルトンと呼ばれる）で表されるわ．高圧機器は，電力会社からの引込みから流れを追っていくと，PAS（高圧気中開閉器），DGR（地絡方向継電器），VCT（電力需給用計器用変成器），DS（断路器），CB（遮断器），CT（変流器），OCR（過電流継電器），LA（避雷器），高圧交流負荷開閉器（LBS），変圧器（T），高圧コンデンサ（SC），直列リアクトル（SR）などがあるのよ．」

「主任技術者になったら，これらの機器の構成を学んで，各機器の働きを理解しなければならないのよ．一つひとつの機器については，機械科目に出てくるから，そこで学習できるけどね．ここでは大まかな流れをつかんでほしいの．一機器を追求していくと，かなり奥深い原理があって，次々と疑問が湧いてくるものよ．私も駆け出しのころはそうだったから，先輩に質問したり，書物で調べたりしたわ．でも未だに疑問は湧いてくるわ．」

「近年の傾向として，引込み位置に取り付けられるPASは，地絡方向継電器（DGR）付きのものとすることで，もらい事故や外部波及事故等を防止しているわ．変圧器では環境への配慮などから，油入式のものに代わって，モールド式のものが多くなっているわ．省エネルギーの観点から超高効率変圧器も採用されているわよ．高圧コンデンサには高調波対策として直列リアクトルの設置が義務付けられたわ．まだまだ語り尽せないほど多様なことがあるわ．」

「そうか．もっと現場的なことも勉強しなくてはならないのだな．」

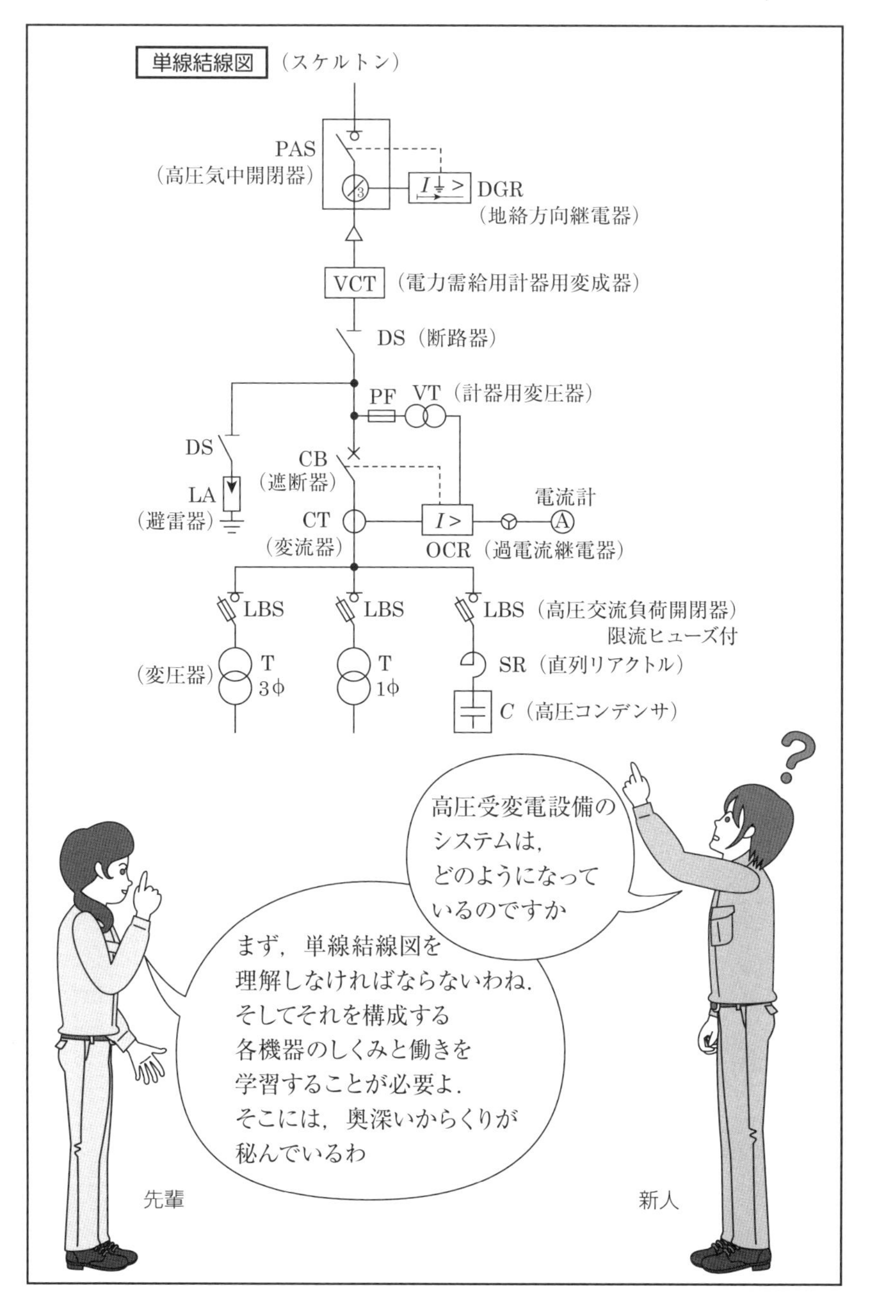

第8図　受変電システムの構成

施設管理の疑問解決！

9

主遮断装置（CB形・PF-S形）にはどのような違いがあるの？

「先輩．キュービクル受電設備は主遮断装置によって，CB形とPF-S形がありますが，どういう違いがあるのですか？」

「まず簡単に言うと**第9図**のように，CB形は，主遮断装置として高圧交流遮断器，一般的なキュービクルでは真空遮断器（VCB）が使われているわ．過負荷や短絡事故のときは，過電流継電器（OCR）からの信号を受けて，遮断器を遮断させているわ．」

「PF-S形は，主遮断装置として，高圧交流負荷開閉器（LBS）と高圧限流ヒューズ（PF）を組み合わせているのよ．LBS自体には遮断能力はないから，PFを取り付けているの．PFが溶断することによって，その使命を果たしているわ．引外しは，ストライカによる引外し方式になっているのよ．」

「ストライカってどういうものですか．」

「限流ヒューズが溶断すると，その下部にあるストライカが突出して，トリップレバーを押すことによって遮断するのよ．」

「CB形とPF-S形は，どのように使い分けているのですか．」

「それは変圧器容量の違いよ．JIS C 4620によって，CB形は4 000 kV·A以下，PF-S形は300 kV·A以下と規定されているわ．だからPF-S形は，ごく小さなキュービクルにしか使えないわ．変圧器容量の小さなキュービクルにおいて，設備を簡素化する目的で開発されたものなの．」

「このようなことは，現場実務に就けば自ずとわかってくるものだけれど，机上の学問だけでは，充分には理解できないかもしれないわね．私が初心者の頃，CB形ばかり点検していて，ある施設でいきなりPF-S形に遭遇したの．これには本当に遮断機能があるのか，疑問で操作には不安があったわ．先輩に聞いてわかったけどね．」

「そうか．やはり現場での実務も大切なのですね．」

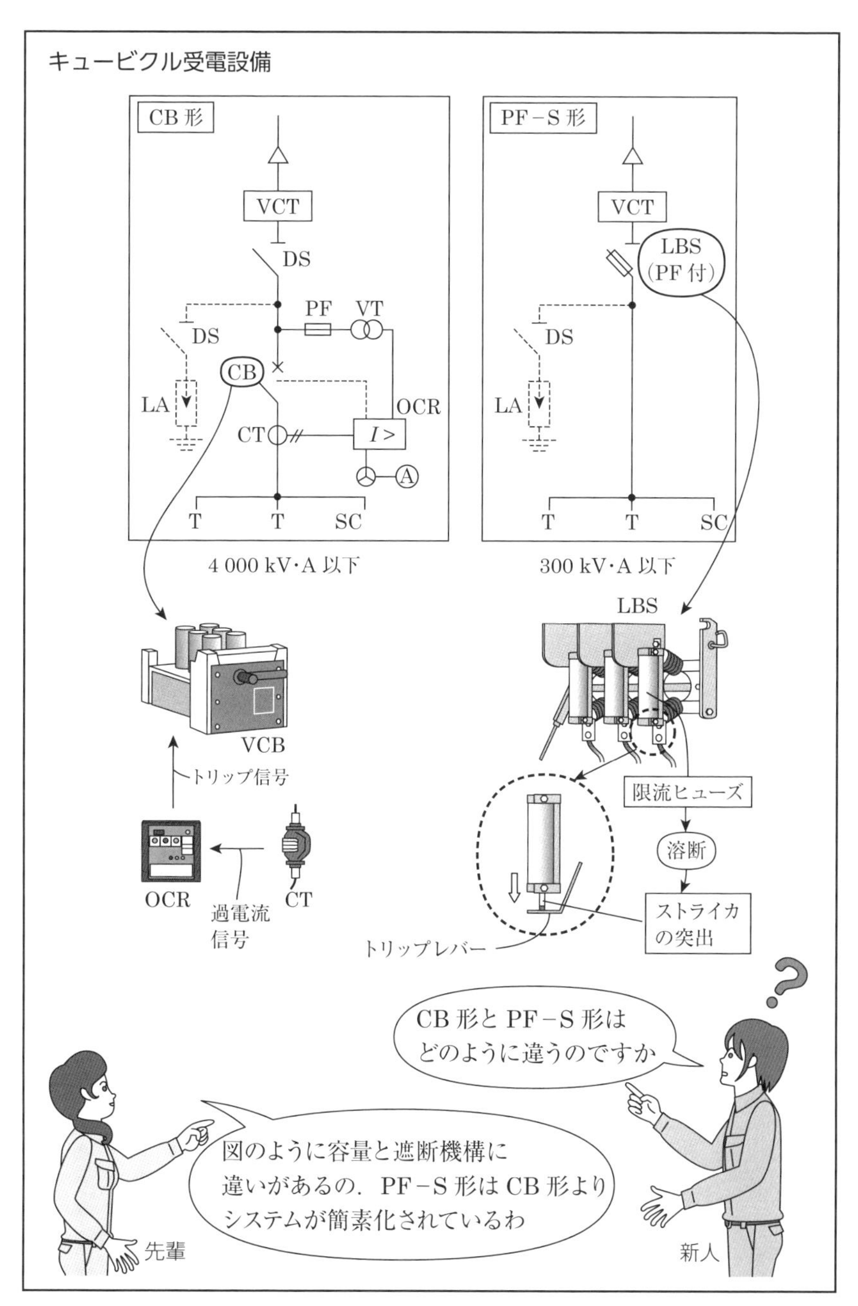

第9図　主遮断装置（CB 形・PF-S 形）の違い

施設管理の疑問解決！ **10**

電源に高調波が含まれると，どのような現象が起きるの？

「先輩．法規科目に高調波の問題があったのですが，自家用電気工作物の現場では，どのような現象が起きているのですか？」

「では，まず基本的なところから説明するわね．交流電源の電圧波形は，基本的には正弦波だけど，これを電気機器に接続したときに流れる電流は必ずしも正弦波とはならないわ．ひずんだ波形，つまりひずみ波になることもあるわ．ひずみ波は，基本周波数（50 Hzまたは60 Hz）と基本周波数の整数倍の周波数に分けられるのよ．この整数倍の波のことを高調波というのよ．たとえば，基本波の3倍の波は第3調波，5倍の波を第5調波というの．この高調波によってできるひずみ波は，電気機器に障害を発生させる場合があるのよ．」

「コンピュータや電子機器では，交流を直流に変換しているね．この直流の矩形（くけい）波に高調波が含まれているの．つまり，この矩形波を分解すると，**第10図**のように基本波・第2調波・第3調波・第5調波…第n調波の組み合わせとなるのよ．」

「電気機器は本来，正弦波を要求しているのに，このひずんだ高調波が入ってくると異常をきたすのよ．たとえば，高圧コンデンサでは，過熱することもあるのよ．高調波は，コンデンサなどの容量性負荷では，周波数が高くなるほど，そのインピーダンスは小さくなるため，高調波電流が大きくなって，過熱の原因となるのよ．この高調波には主として，図のような第5調波を多く含んでいるの．この対応策として，直列リアクトルを設置するのよ．また変圧器では，その励磁電流がひずんだ波形だから，磁気ひずみなどの現象を起こして，異音（うなり音）を発生するわ．このひずみ波は図のように，第2調波を含んでいるのよ．」

新人は，高調波一つを取りあげても，複雑な現象があるのだなと感じ取ったのである．

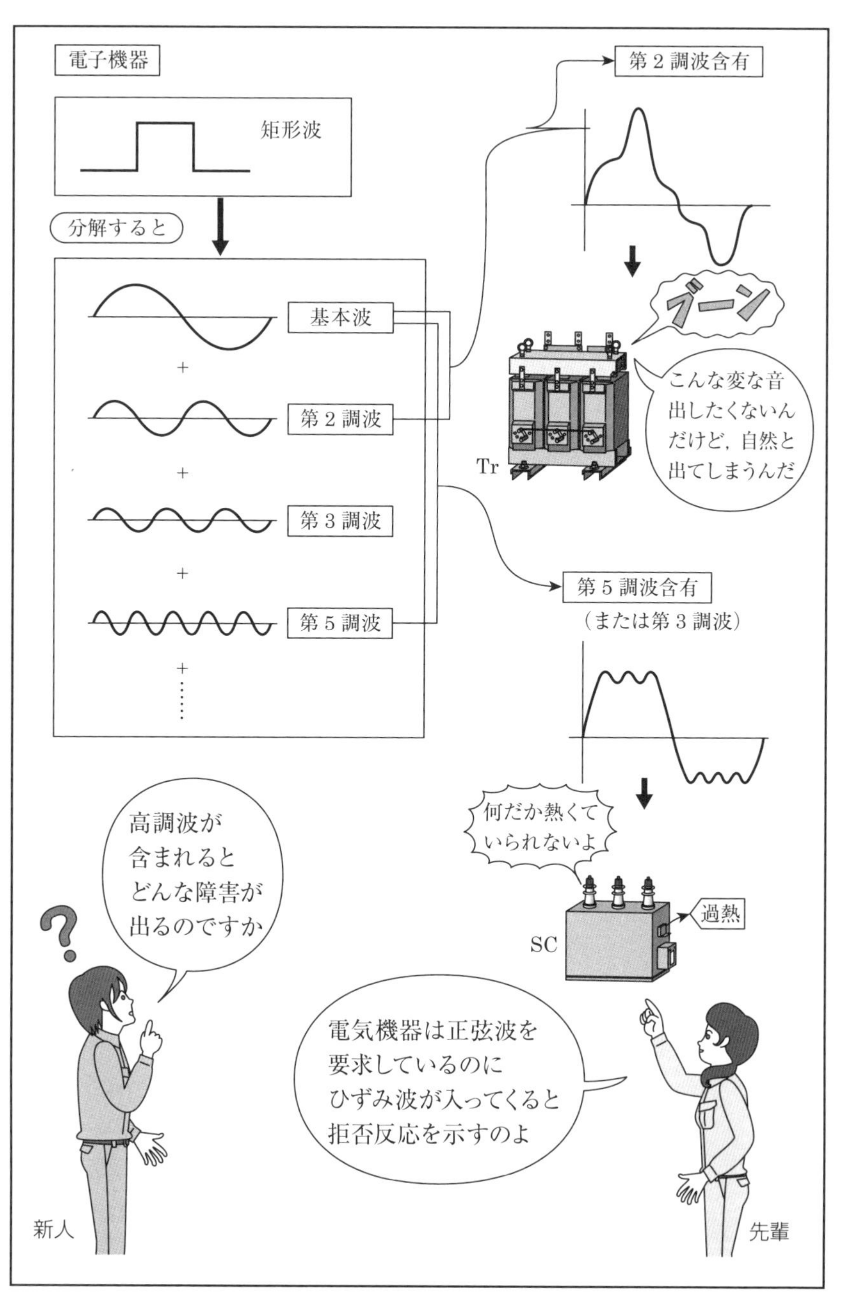

第10図　高調波によって起こる現象

施設管理の疑問解決！ **11**

なぜ，計器用変流器（CT）の二次側は開放してはならないの？

新人は法規科目の勉強をしていて，計器用変流器（CT）の問題で疑問が湧いたので，先輩に質問した．「問題の中に『変流器は，通電中に二次側が開放されると，変流器に異常電圧が発生し絶縁が破壊される危険性がある．』とあったのですが，なぜですか？」

「通常の使用状態では，CTの二次側にはOCR（過電流継電器）が接続されていて，二次側は閉じられているのよ．一次電流による起磁力は，二次電流による起磁力によってほとんど打ち消されているのよ．」

「ここで，二次側が開放されると，一次電流は変わらないのに，これを打ち消す二次電流がゼロになってしまうわ．一次電流のすべてが励磁電流となって，磁束は非常に大きくなって，磁気飽和してしまうの．磁気飽和を超えて磁束は上昇しないから，**第11図**のように方形波になるの．一次電流がゼロの点で磁束は急変するのよ．」

「磁束をϕ [Wb]，二次側コイルの巻数をN_2，時間をt [s]とすると，二次側に発生する電圧E_2 [V]は，電磁誘導の法則から

$$E_2 = N_2 \frac{\mathrm{d}\phi}{\mathrm{d}t}$$

上式から，磁束変化率が大きいと，CT二次側に高電圧が発生することがわかるわよね．この電圧は，磁束が変化するときにだけ発生するから，図のように，電流の向きが変わるとき，パルス状の尖鋭（せんえい）な波形になるのよ.」「こんな鋭い電圧がかかるのですか.」

「そうよ．CT二次側を開放すると高電圧が発生して，CTが絶縁破壊するおそれがあるのよ．その場合，極端な磁気飽和状態で使用することになるから，鉄損が増加して鉄心が過熱してしまうわ．だから，CTの二次側は開放してはいけないのよ.」

「CTの二次側を開放すると，そんな高電圧が発生するのか.」

新人は頷いたのである．

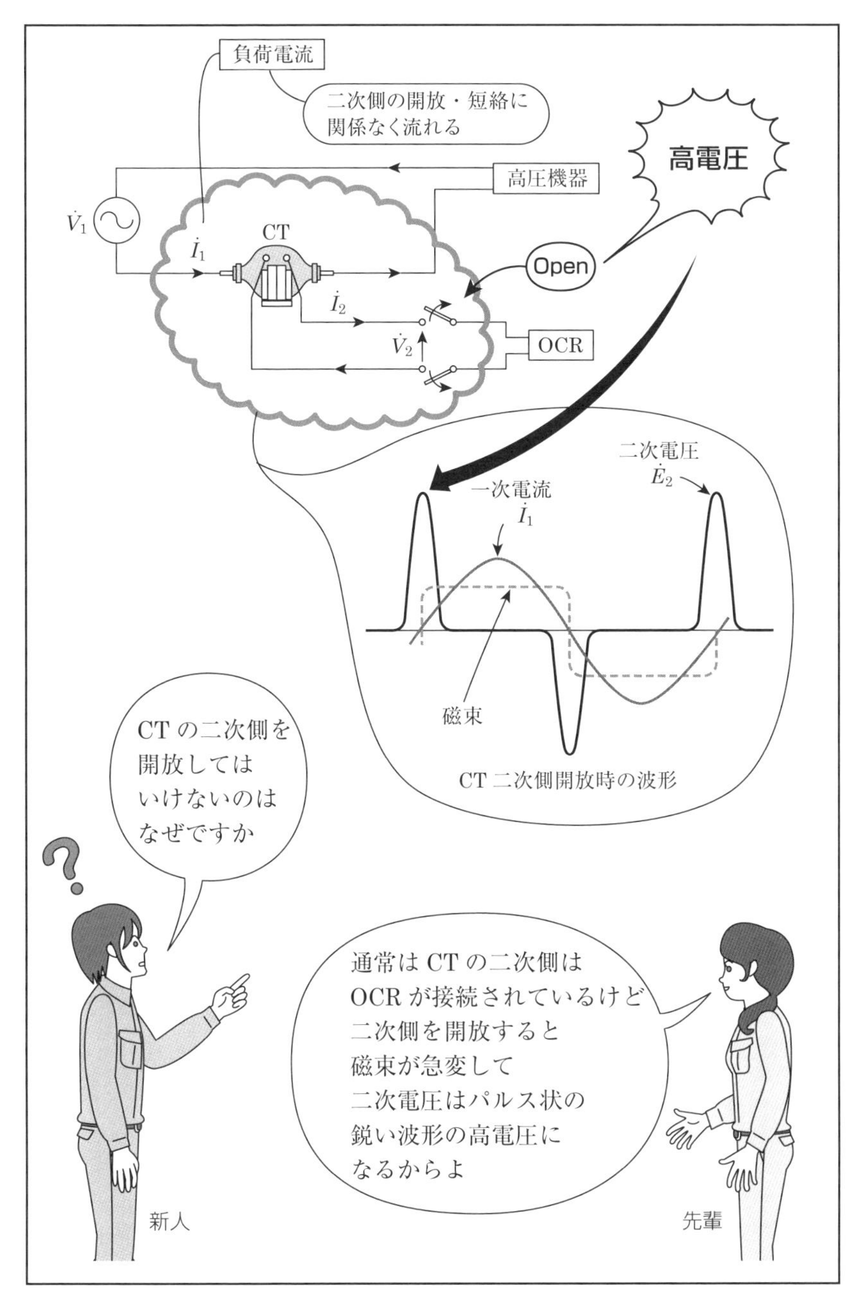

第11図　CT二次側開放時の現象

施設管理の疑問解決！ **12**

高圧引込みケーブル耐圧試験の試験用変圧器容量の求め方は？

「先輩．法規科目に高圧引込みケーブル耐圧試験の問題があって，その試験用変圧器容量を求めるのですが，その考え方を教えてください．」「そうね．それには次の数値が必要になるわ．ケーブルの種類と断面積と長さと1線の対地静電容量だけど，問題に与えられているかな．」

「はい，あります．6 600 V CVTケーブルの38 mm^{2}が150 mで，1線当たりの静電容量は0.22 μF/kmです．」

「試験用変圧器容量Sは，次式で求められるわね．E_tを試験電圧とすると，　$S = E_t I_C$ [kV·A].

最大使用電圧が7 000 V以下の場合の試験電圧は，最大使用電圧の1.5倍だから，

$$E_t = 6\,600 \times 1.15/1.1 \times 1.5 = 10\,350\ \mathrm{V}$$

これはわかるわね．」「はい．」

「次に充電電流I_Cは，$I_C = 3\omega C E_t = 3 \times 2\pi f C E_t$で計算できるわよ．

あとは数値を入れて計算するだけよ．

$$I_C = 3 \times 2\pi \times 50 \times 0.22 \times 10^{-6} \times 0.15 \times 10\,350 = 0.322\ \mathrm{A}$$

$$S = 10\,350 \times 10^{-3} \times 0.322 \fallingdotseq 3.333\ \mathrm{kV\cdot A}$$

直近上位の5 kV·Aの変圧器でいいわ．」

「実際に現場で耐圧試験を行うときも，このような計算をするのよ．ただ，電験問題のように数値が与えられているわけではないから，自分で調べなければならないわよ．1線当たりの静電容量は見てもわからないから，電線要覧で調べるのよ．また，距離の長い高圧ケーブルは対地静電容量が大きくなるから，充電電流が大きくなって試験用変圧器の容量が不足する場合があるよ．こんなときは，高圧リアクトルを使うと，充電電流を減らすことができるから，試験用変圧器の容量を小さくすることができるのよ（**第12図**参照）．」

「そうか．この電験問題の考え方は，実務でも活用できるのだな．」

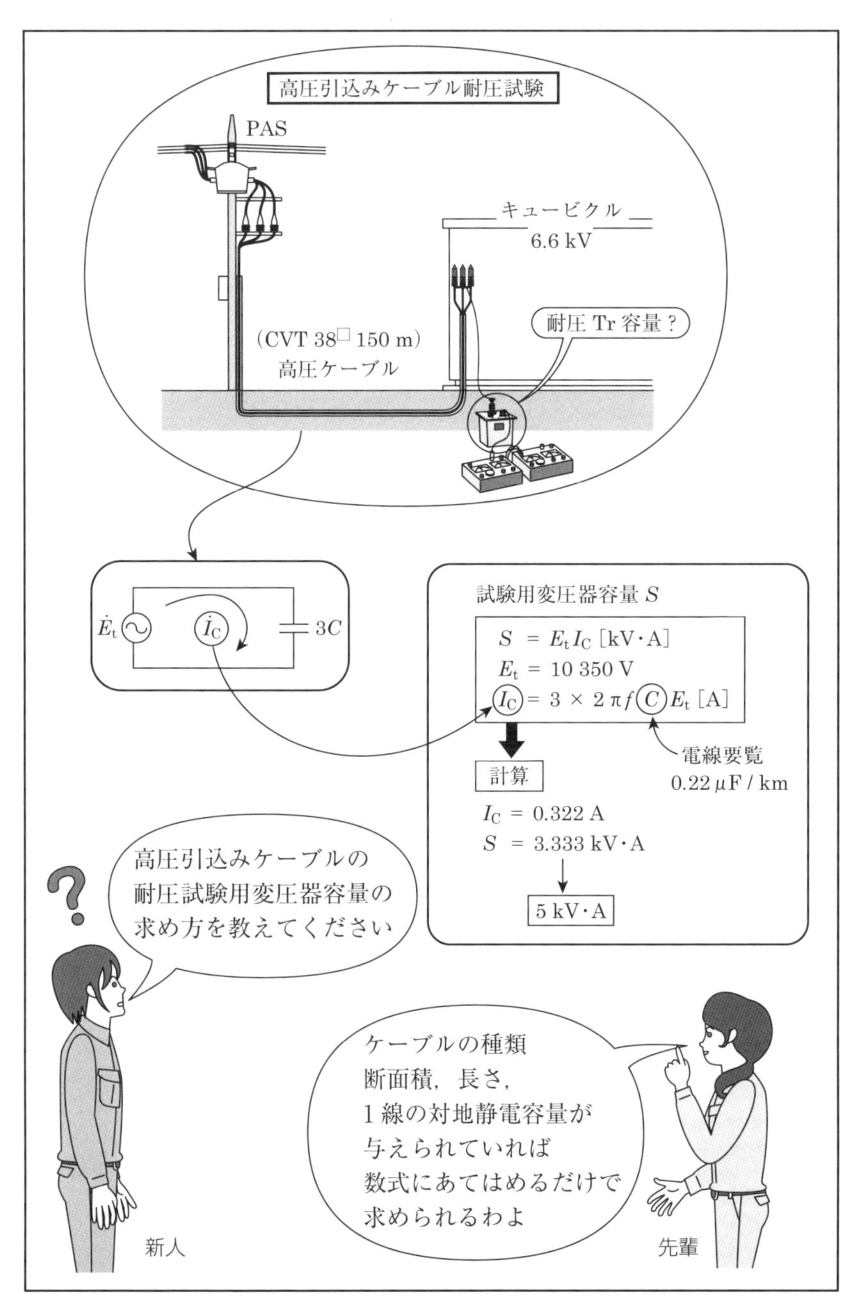

第12図　高圧引込みケーブル耐圧試験の変圧器容量の求め方

13

施設管理の疑問解決！

ケーブルの絶縁耐力試験で補償リアクトルを使うのはなぜ？

新人は，法規科目の高圧引込ケーブルの絶縁耐力試験で，試験回路図（**第13図**）に補償リアクトルがあるのがなぜか疑問であった．

「先輩．なぜ補償リアクトルを使っているのですか．」

「それは多分，距離の長い高圧ケーブルだね．よくあることなの．ケーブルには対地静電容量があって，長くなるほど大きくなるから，大きな耐圧試験器（試験用変圧器）が必要になるわけなの．」

「試験電圧をV，電流をI，ケーブルの対地静電容量をCとすると，

$$\dot{I}=\mathrm{j}\omega C\dot{V}$$

となるから，電流Iは対地静電容量Cに比例して大きくなるのよ．これは，電験の理論で勉強したと思うわ．」

「この耐圧試験は，主に設備の竣工検査のときに実施するけど，現場にそんなに大きな試験器を持ち込むには，運搬や現場での設営の問題が出てくるからね．それに，そんなに大きな試験器を常時かかえておくわけにはいかないから，リースしなければならないので，コスト高になってしまうのよ．」

「そこで，使われるのが高圧補償リアクトルよ．つまり，高圧補償リアクトルを耐圧試験器と組み合わせるのよ．」

「図のように，被試験物の対地静電容量による容量性成分の電流を$\dot{I}_{\mathrm{C}}$とするよ．誘導性であるリアクトルの電流を$\dot{I}_{\mathrm{L}}$とすれば，試験器の二次電流$\dot{I}_2$は，そのベクトル和となるわね．つまり，大きな$\dot{I}_{\mathrm{C}}$を逆向きの$\dot{I}_{\mathrm{L}}$で，一部打ち消してやるのよ．これによって$\dot{I}_2$が減少して，試験器の一次電流$\dot{I}_1$も減少するから，試験器は小形のものですむわけなの．」新人は，現場では試験がやりやすいように，工夫がなされていることを知ったのである．

「電験3種では，計算の裏側で，そのような知識を試すための出題をしているのよ．」

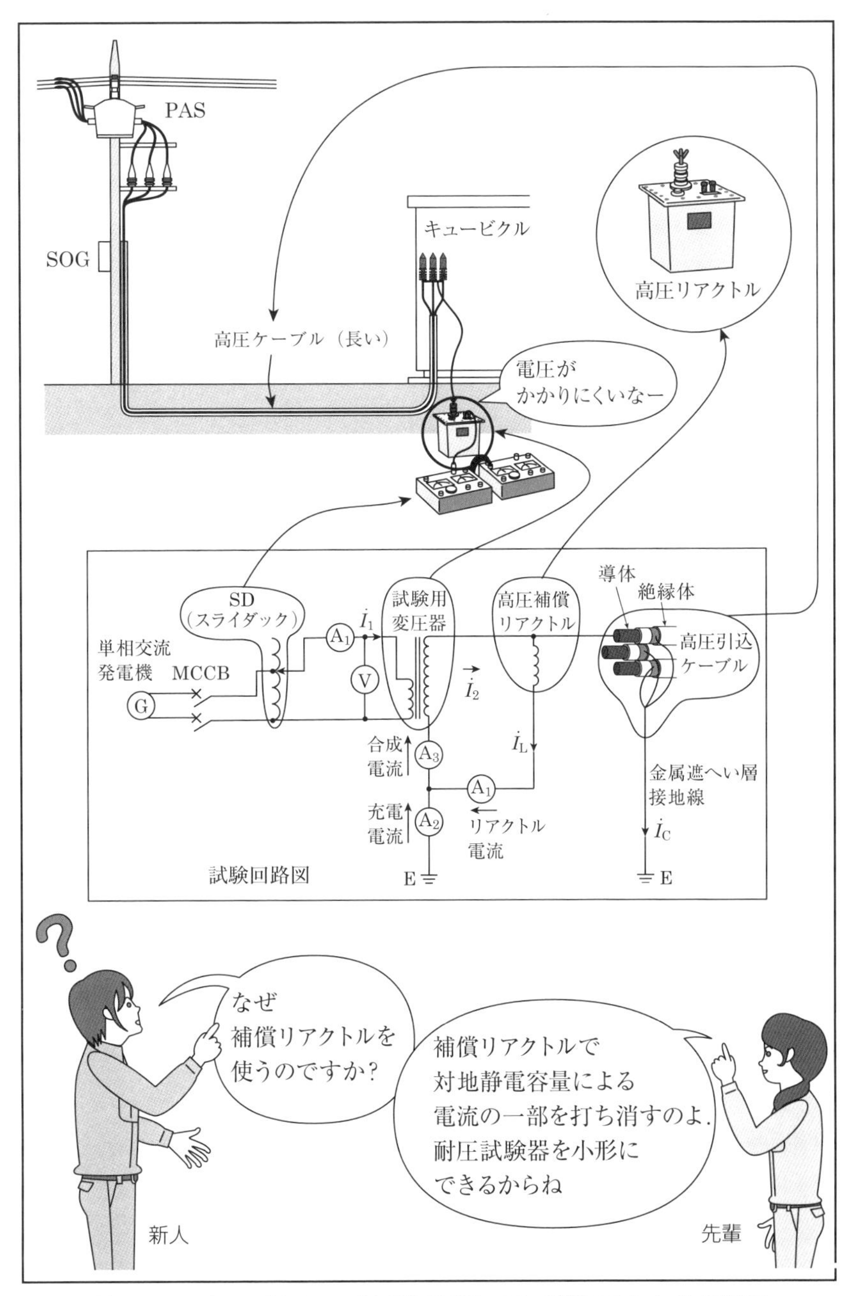

第13図　高圧引込ケーブル耐圧試験での補償リアクトルの活用

施設管理の疑問解決！

14

地絡方向継電器は，どのようにして「もらい事故」を防いでいるの？

「先輩．地絡保護システムの問題があったのですが，その考え方を教えてください．」

「需要家構外で地絡事故が発生した場合は，**第14図**のように表される．その等価回路は，テブナンの定理を用いると図のようになるわよ．」

「地絡電流の経路は，地絡事故点より配電線路三相一括の全対地静電容量 C_1 [μF] に向かって流出する電流 I_{C1} [mA] の回路および需要家側三線一括の全対地静電容量 C_2 [μF] に向かって流出する電流 I_{C2} [mA] の回路から構成されるの．このように地絡電流経路は，二つの閉回路で表される．ここで，需要家に関わる I_{C2} を求めると，

$$I_{C2} = \omega C_2 \frac{V}{\sqrt{3}}$$

（V：線間電圧 [V]，ω：角周波数 [rad/s]）」

「需要家構内のケーブルこう長が長い場合は，対地静電容量が大きくなるため，構外事故によって地絡継電器が動作してしまう．これをもらい事故というのよ．ここで，無方向性の地絡継電器を設置した場合は，ZCT に極性がないため，ZCT に流れる地絡電流は，K 側からでも L 側からでも，整定電流値以上であれば，地絡継電器は動作してしまうことになる．いわゆる，不必要動作を起こすことになるの．」

「この不必要動作を防止するためには，需要家構内の ZCT には，K 側からの入力のみを受けつけさせるよう，地絡方向継電器（DGR）を設置することが必要なのよ．」

「電気事業者の配電用変電所との地絡保護協調では，需要家の地絡継電器整定値は原則として 200 mA としている．よって，I_{C2} が 200 mA 以上にならなければ，もらい事故のおそれはないことになるの．」

「このように，DGR を設置した場合の整定値は，電気事業者配電用変電所との地絡保護協調を図るため，動作時限，動作電流および動作電圧も考慮しなければならないのよ．」

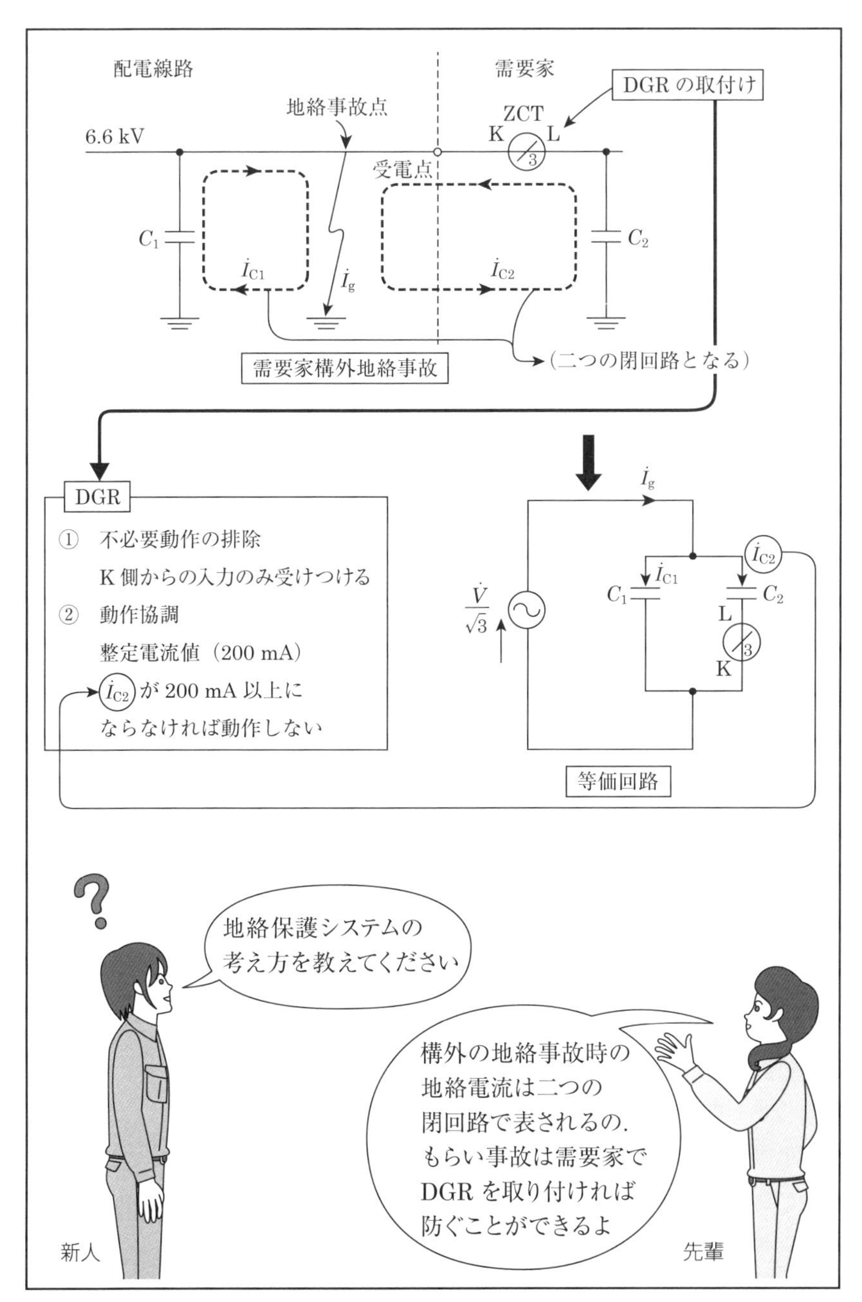

第14図　地絡保護システム

15

施設管理の疑問解決！

「日常巡視点検」では，五感を使って異状がないか観察する！

「先輩．日常巡視点検ではどんなことをすればいいのですか．」「日常巡視点検は基本的に，計測器は使わない点検なので，目視点検とも呼ばれているよ．人間のもつ「五感」を働かせて行うの．五感とは，視覚，聴覚，嗅覚，触覚，味覚だけど，その中でも「視る」…いつもと違って変に見えるものはないか，「聴く」…異音はしていないか，「嗅ぐ」…変な臭いはしていないかなどを捉えるの．触覚と味覚はまず必要はないけど，感覚的にいつもと比べて変化や異状はないかということを観察するのが，五感を働かすという意味なの．この点検によって，思わぬ事故を未然に防ぐこともできるのよ．」

「自家用電気工作物では，受変電設備，負荷設備，発電機設備等について，保安規程に定めたチェックリストに基づいて実施するのよ．大規模設備でスタッフが充実していれば，毎日でも実施するのことが可能だけど，小規模設備では通常，月に1～2回程度で，点検回数に明確な定めはないの．」

「変圧器を例に挙げると，いつもと違う音はしていないか，振動はないかなど注意深く観察するのよ．このとき，対象機器にあまり接近し過ぎて充電部に接触することのないよう，前後左右のゆとりを確保しておくことが注意点ね．またこのときに，各変圧器の電流計の最大値（置針指針）を読み取って記録しておけば，過負荷になっていないかどうか，需要状態を把握することができるよ．温度計を読めば，それも判断材料になるわね．」

「定期点検は常時行うわけにはいかないので，年に1回と定めているけど，電気機器は片時の休みもなく稼動しているから，いつ異変が起こってもおかしくはないの．そのために常日頃，その様子を把握するために行うのが日常巡視点検なの．地味な作業だけど大切なことなのよ（**第15図参照**）．」

第15図　日常巡視点検での実施事項

施設管理の疑問解決！ 16

油入変圧器の絶縁油劣化の判定は，どうすればいいの？

「変圧器の絶縁油の劣化については，法規科目で出てきますが，その判定はどのように行うのですか？」

「まず，油入変圧器の中身から説明するよ．鉄心に一次・二次巻線が巻かれて，外箱との間は絶縁油で満たされていて，この油で絶縁を保っているの．油の高い絶縁耐力が，油入変圧器の特長なの．」

「そこで，油入変圧器に使われている絶縁油の管理の問題が発生するの．試験としては，酸価度試験と絶縁破壊電圧試験が一般的だわ．これらの試験データでは，経年的な変化の把握が重要なのよ．絶縁油の劣化の要因には，呼吸作用があるのよ．呼吸作用とは，負荷変動によって，変圧器内部の油や空気が膨張収縮するため，変圧器内部の圧力と大気圧との間に差が生じて，空気が変圧器に出入りすることをいうのよ．」

「そこで年次点検の際には，絶縁油を採取して酸価度試験を行って，その良否を判定するの．絶縁油採取は，変圧器上部のふたを取り外して行うのよ．そしてポリ容器に入れるの．採取した絶縁油の良否の判定は，容器に試薬を入れて，その色を比色板と見比べて行うわ．変圧器自体の絶縁抵抗が，明らかに悪い数値を示した場合は，この方法で即座に判定可能だよ．」

「ある施設の変圧器は，呼吸作用が激しく絶縁状態が非常に悪かったの．試薬を入れると急激に色が変化したので，後日，油交換を実施したわ．精密な検査としては，絶縁破壊電圧試験を行うのよ．採取した絶縁油に電圧を加えて徐々に上げていき，その破壊電圧値により判定を行うのよ．」

「そうか．こんな判定方法があるんだな．それと，変圧器の構造についても，理解しておかなければならないな．もう少し勉強してみよう（**第16図**参照）．」新人はそう思ったのである．

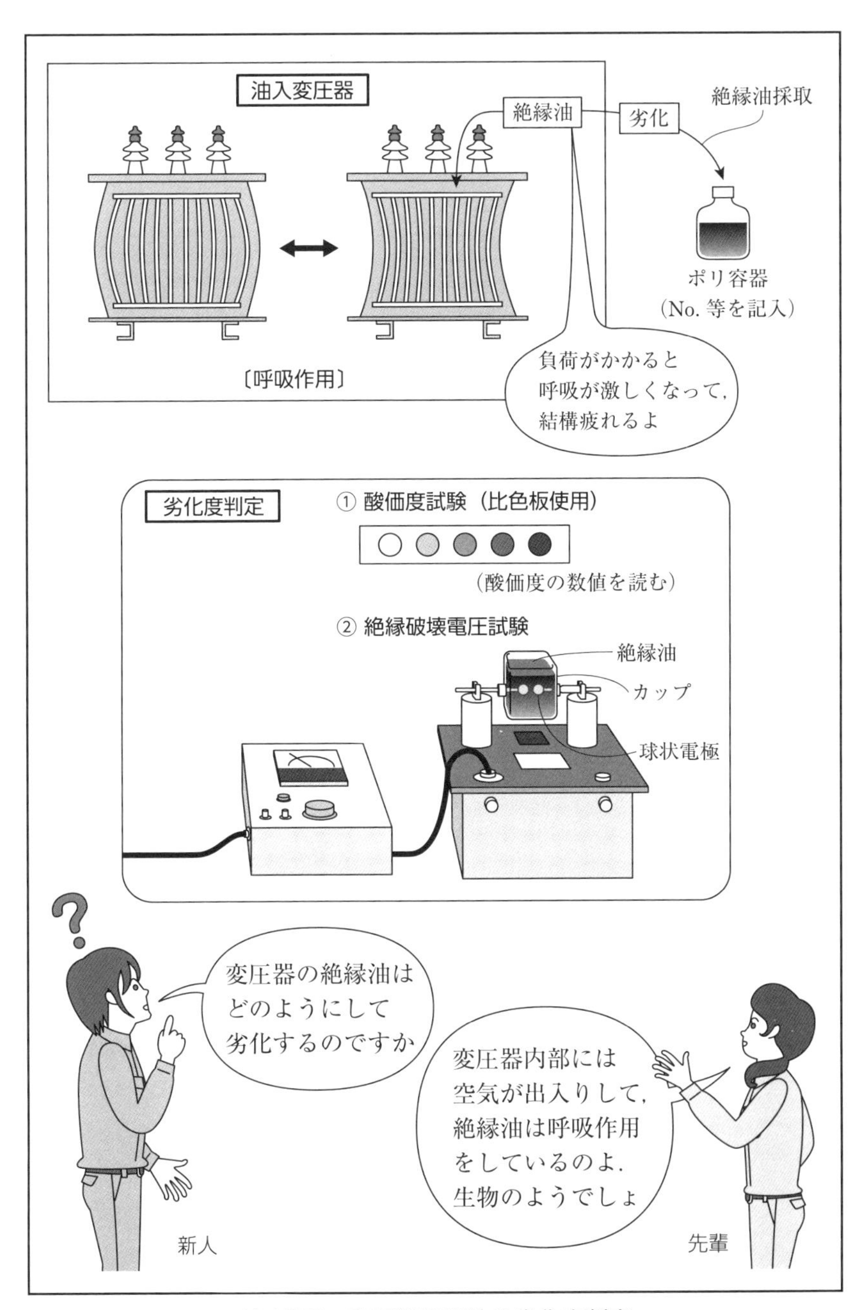

第16図　変圧器絶縁油の劣化度判定

施設管理の疑問解決！　**17**

高圧コンデンサ（SC）の劣化診断は，どのようにすればいいの？

「先輩．高圧進相コンデンサの劣化診断に関する問題が法規科目に出ていましたが，現場ではどのような試験をしているのですか.」

「定期点検では，まず高圧絶縁抵抗計で端子と対地間の絶縁抵抗を測定するの．そのほかにコンデンサ特有の容量試験があるわよ.」

「これは**第17図**のように，端子間の容量を測定することによって，定格容量と端子間容量の不平衡度を算出して，その値が基準値と比較して問題はないかを調べるのよ．この試験で，内部素子に異状（特に素子の短絡）がないかを間接的に調べることができるというわけね．測定には，コンデンサ容量測定器を使用するわ.」

「測定は，2端子を短絡線で結び，短絡した端子とほかの短絡していない端子間で行うの．端子を入れ換えて，3回同じように行うのよ．

① まずBCを短絡して，A端子との間の容量を測定すると，

$C_a = C_1 + C_3$ [μF]

② 次にCAを短絡して，B端子との間の容量を測定すると，

$C_b = C_1 + C_2$ [μF]

③ 最後にABを短絡して，C端子との間の容量を測定すると，

$C_c = C_2 + C_3$ [μF]

①，②，③から

$$全容量 C = \frac{1}{2}(C_a + C_b + C_c) \text{ [μF]}$$

$$SC容量 Q = 2\pi f C V^2 \times 10^{-9} \text{ [kVar]} \quad (V：定格電圧 [V])$$

となる.」「電験問題では，内部結線における素子破壊(素子極間短絡)が発生した場合の静電容量測定結果に関する設問があるわね．素子が短絡すると，測定値がアンバランスになるからね．考え方は，理論科目の静電容量と同じよ.」

「こんなふうに測定をしているのか.」

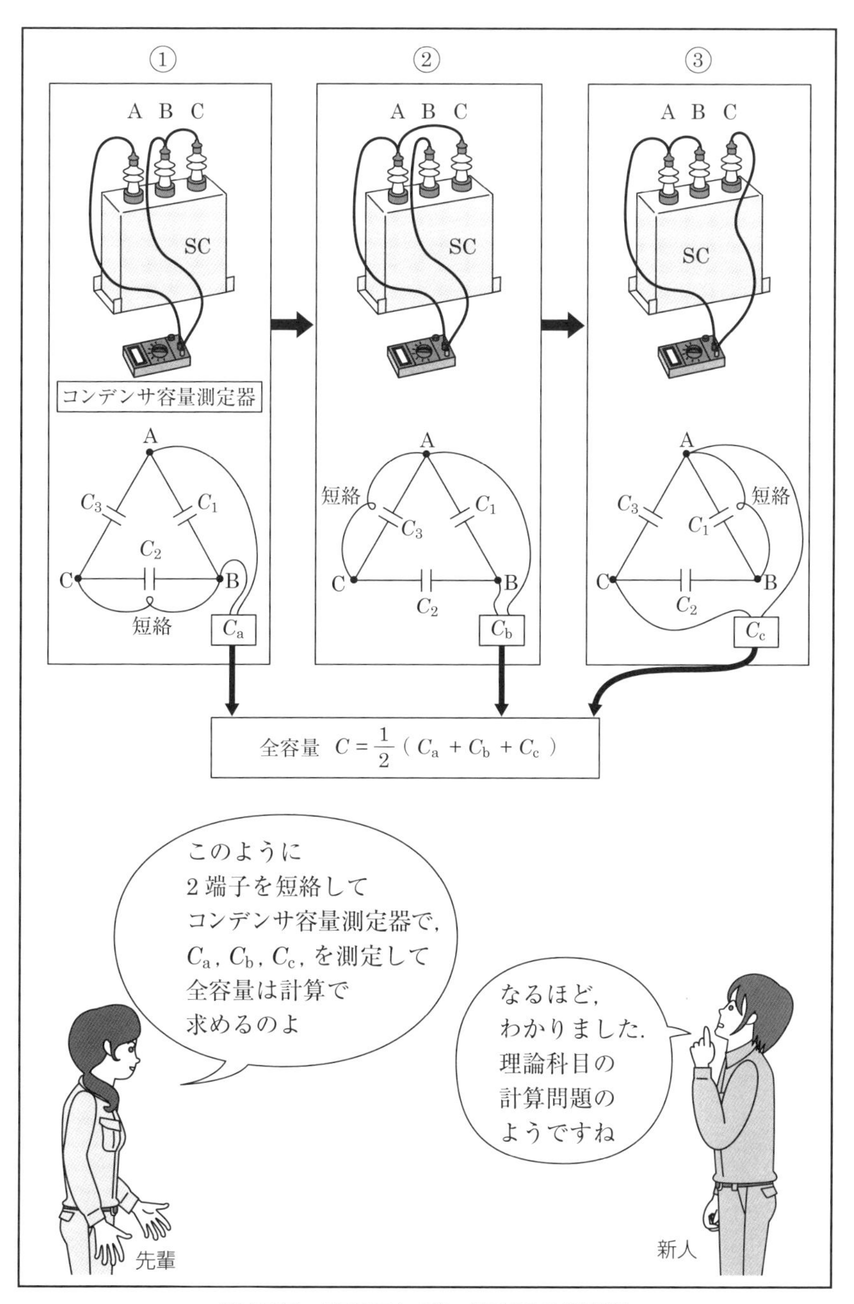

第17図　高圧コンデンサ容量の測定法

施設管理の疑問解決！ 18

高圧CVケーブルの水トリー現象は，どのようにして発生するの？

「先輩．高圧CVケーブルには，水トリーという現象がありましたが，具体的にはどのようにして発生するのですか．」

「まず，CVケーブルの劣化要因について説明するわよ．ケーブルの劣化が進行して，絶縁破壊に至るまでに起こる現象の要因には，次の4種類があるわ．①熱的劣化，②化学的劣化，③電気的劣化，④吸水劣化があるけど，この中でも④の吸水劣化が一番の要因ね．ケーブルは一般的に，地中に埋設されるから，地盤の水に影響されるのよ．」

「吸水現象は，短時間では問題になることはないけど，長時間水に浸かっていると吸湿して，そこに電界がかかると，樹枝状に水が進展していくの．水トリーとは，その白濁した部分のことをいうのよ．」

「水トリーの発生要因は，**第18図**のように絶縁体中に侵入した水と異物，ボイド，突起などに加わる局部的な電界集中によるものなの．水トリーの形態は，発生する起点によって，内導水トリー，外導水トリー，ボウタイ状水トリーに分けられるわ．内導水トリーと外導水トリーは，内外半導電層に導電性テープを用いた場合によく発生するわ．布テープのケバなどの突起物を起点として発生する．ボウタイ状水トリーは，その形状が蝶ネクタイに似ていることから名付けられたの．絶縁体のボイド，異物を起点として発生するの．」

「水トリーは，直径0.1～1 μmの無数の水滴の集合体なの．水トリーが発生したケーブルでは，tan δ や直流漏れ電流が増えるから，劣化状況を推定することができるわ．」

「現場では，ハンドホールの中でケーブルがどっぷり水に浸かっている場合があるのよ．こういう状況が長くつづくと，水トリー発生確率が高くなるわね．」

「ケーブル内部は見えないけど，刻々と劣化が進んでいる場合もあるのですね．」

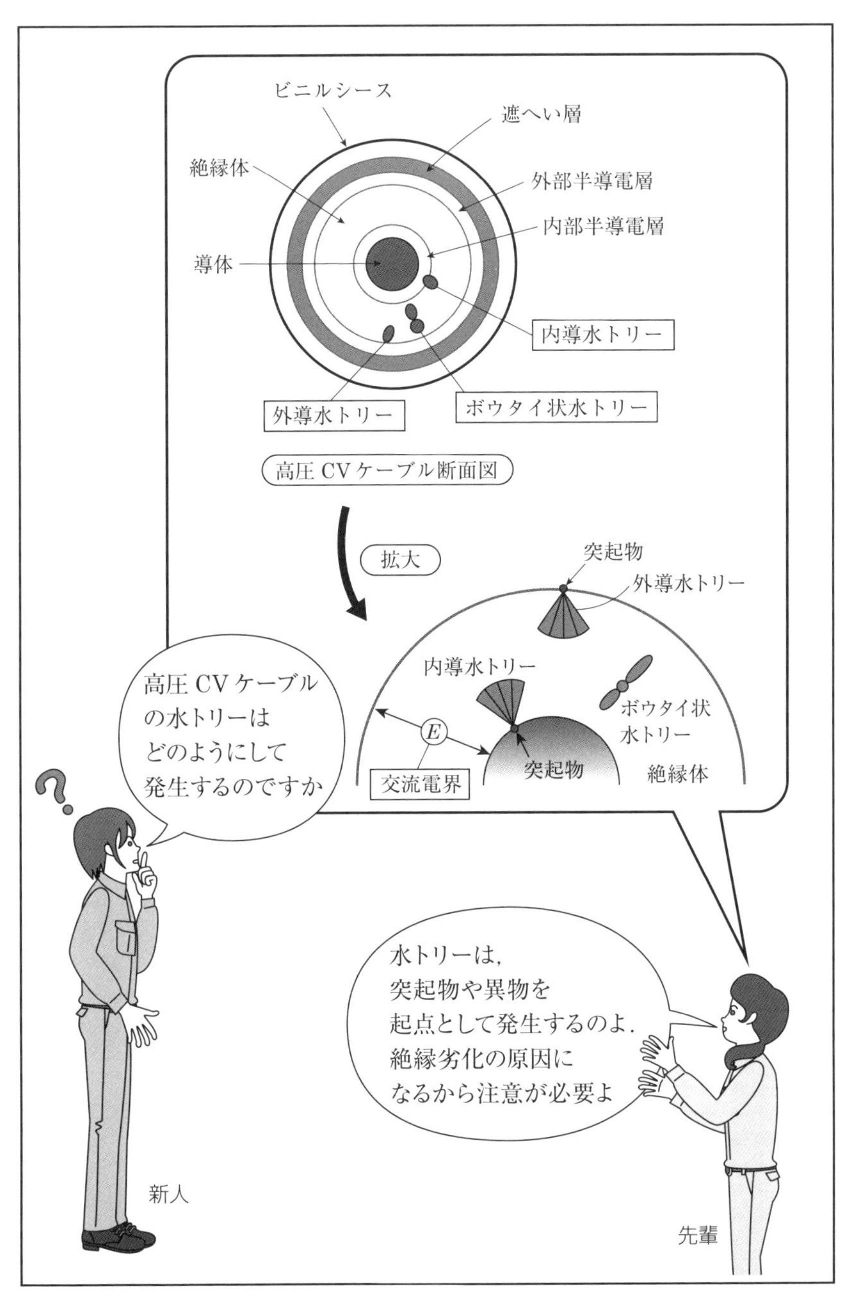

第18図　高圧CV ケーブルの水トリー現象

施設管理の疑問解決！

19

過電流保護協調は，どのようなシステムになっているの？

「先輩．法規科目に，過電流保護協調の問題がありましたが，その基礎的な考え方を教えてください．」新人は質問した．

「そうね．高圧受電設備規程に「過電流保護協調」の規定があるわ．『高圧の機械器具および電源を保護し，かつ，過電流による波及事故を防止するため，必要な箇所には，過電流遮断器を施設すること．』とあるわよ．」

「また，需要家の主遮断装置より負荷側の短絡事故に対して，供給支障（波及）事故防止のために，電力会社の保護装置と需要家の主遮断装置との間に保護協調をとる必要があることを定めているのよ．」

「その保護協調のとり方としては，受変電設備では段階時限による選択遮断方式が用いられているわね．この方式は，電力会社の電源から需要家の負荷に至るまでの間に設置されている保護装置の動作時間を，負荷に近いほど短く設定することによって，事故回路だけを選択して，遮断する方式のことなのよ．」

「もっと具体的な説明をするわね．需要家の変電所と電力会社の変電所では，それぞれの過電流継電器（OCR）の時限を変えるの．

OCRのレバー(時限)は，電力会社の変電所OCRより需要家の変電所OCRが早く動作するように設定するの．このことを表したのが，**第19図**だよ．需要家Bに通じるF点で短絡事故が発生した場合，電力会社の変電所のNO.1 CBおよび需要家の変電所NO.3 CBに短絡電流が流れるけど，図のように動作時限に時間差を設定しておけば，NO.3 CBのみ遮断しNO.1 CBは遮断せず，需要家Aへは支障なく電力が供給されるの．このように，電力会社のOCRと需要家のOCR，需要家内部のそれぞれのOCRでは，きめ細かな時限設定を施して，事故を最小限に抑える工夫をしているのよ．それぞれのOCRに時間差をもたせることによって，微妙な選択をしているわけよ．」

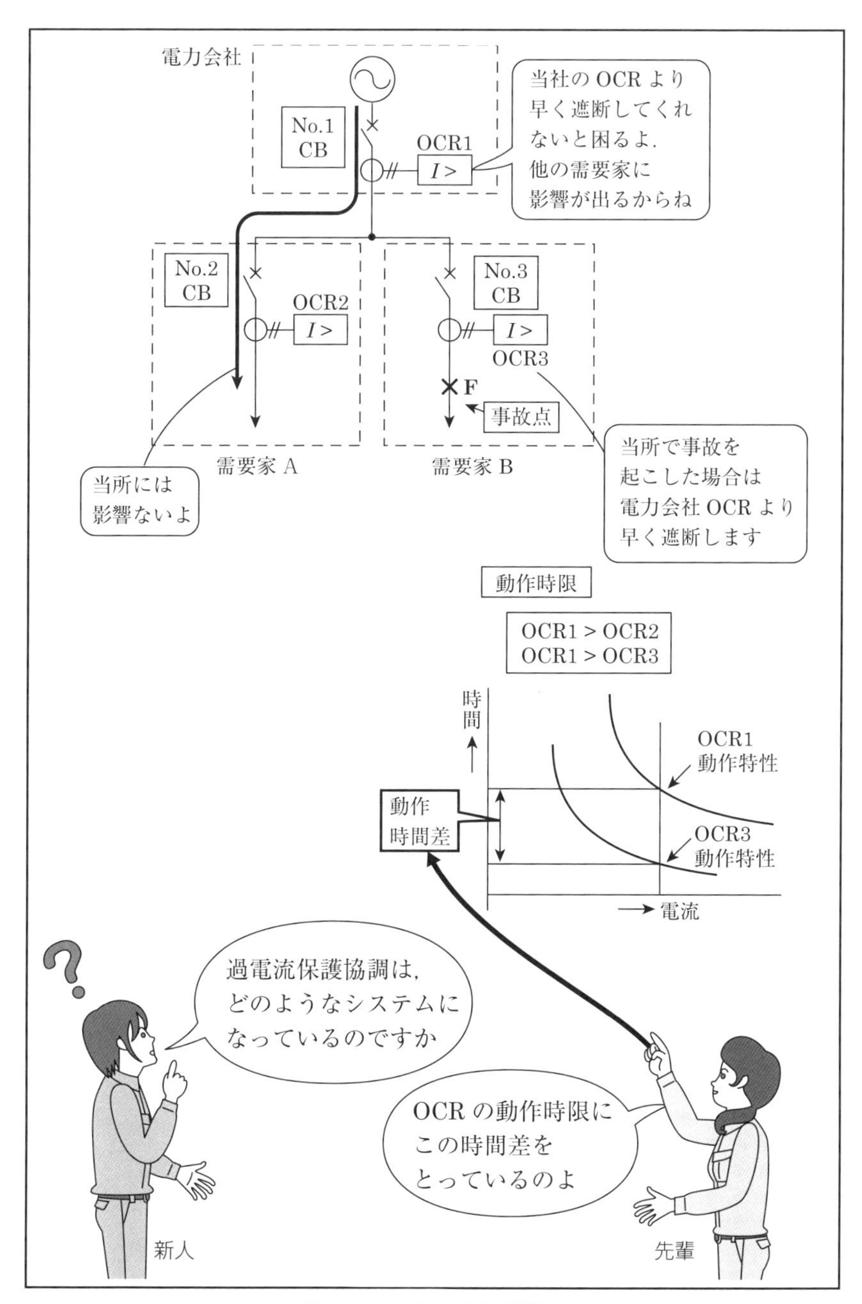

第19図　過電流保護協調

施設管理の疑問解決！

20

接地工事は，どのようにして施工するの？

「法規科目に接地抵抗の問題がよく出るけど，接地工事の施工方法について話してみるわね．机上の学問だけではわからないからね．」

「接地工事については，電気設備の技術基準の解釈第17条に規定された，A種，B種，C種，D種接地工事があるわ．それぞれに規定値以下となるように施工しなければならないわ．具体的には，接地極として接地棒や接地銅板を地面に打ち込んで，接地線を各機器や盤につなぐだけだから，そんなに難しくはないわ．」

「ただ，接地工事を終えて接地抵抗を測定するのだけど，その値が規定値を上回っているときがあるわ．そんなときの対処法について説明するわよ．」

「接地抵抗を低減するには二つの方法があるわ．一つは物理的低減法よ．接地極の寸法を拡大すればいいの．抵抗値は接地極の長さに逆比例するから，長くすれば抵抗値は低くなり，同時に接触抵抗も低くなるよ．また，接地極を並列に接続してもいいのよ．**第20図**のように，R_1とR_2の抵抗を並列に接続した場合の合成抵抗は，

$$R = \frac{R_1 R_2}{R_1 + R_2}$$

となって，R_1とR_2が同じ抵抗値であれば，その合成抵抗値は元の1/2となるわね．電気回路の問題のようでしょ．」

「もう一つの方法は，化学的低減法よ．接地極の周りに接地抵抗低減剤を撒いて，化学的処理によって疑似電極を形成させるの．接地極の見かけ上の表面積を大きくして接地抵抗値を低減させることができるの．ただ，土壌中の低減剤は，長い期間のうちに乾燥と湿潤を繰り返しながら，導電性を失うから，低減効果に永続性はあるけど，永久不変のものではないことを認識しておかなければならないのよ．」

新人は，先輩の話で接地抵抗のことを少し理解し始めたのである．

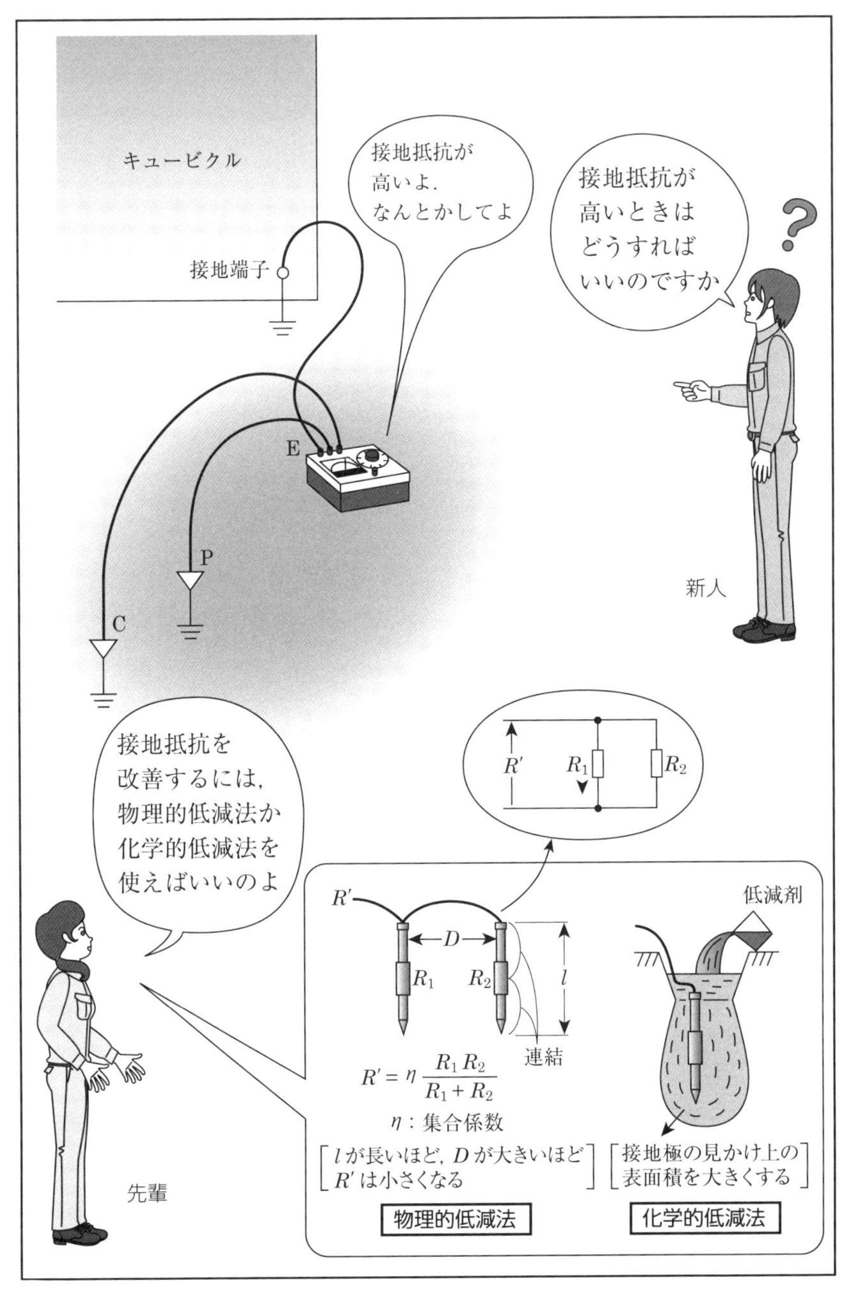

第20図　接地抵抗を低減する方法

施設管理の疑問解決！　**21**

PCB処理問題への対処は どのようにしているの？

「法規にPCBに関する問題があったのですが，その処理はどうしているのですか．」

「ではその経緯から話すわね．2004年12月より，一般企業等が保管しているPCB廃棄物を無害化処理する広域処理が始まったの．使用が終わったPCB使用電気機器は廃棄物として保管が義務づけられてきたの．だけど，長期にわたり処分されないPCB廃棄物対策を推進するために，「PCB特別措置法」が2001年7月に施行されたわ．この法律はPCB廃棄物保管事業者に対して，2016年7月までに処理することが義務づけられたの．」

「一方では，変圧器，電力用コンデンサ等に使用される絶縁油に微量のPCBが混入している可能性があることが判明して，電気関係報告規則が改正されたの．現在設置しているまたは予備として保有している変圧器，電力用コンデンサなどであって，PCBを含有する絶縁油を使用するものであることが判明した場合は，届出の義務が課せられるようになったの．なお，電気設備の技術基準の解釈第32条によると，PCBを含有する絶縁油とは，試料1 kgにつき0.5 mg以下である絶縁油以外のものなのよ．」

「ある施設の定期点検で，変圧器の絶縁油の劣化診断を実施したそうなの．あわせて，油のPCB含有量の分析を業者に依頼したの．その結果，1台の変圧器から12 mg/kgの含有が判明したので，電気関係報告規則により，届出を所轄産業保安監督部長に行ったそうよ．ここで問題なのは，処理費用が高額なことなの．たとえば，3ϕ 100 kV·A 1台の処理には約190万円かかるの．また，2点目の問題は，処理施設が全国5か所に限られていることなの．こういう状況なので，処理が思うように進まないで，期限までの処理が困難なため，特別措置法の期限が2027年3月までに改正となったというわけなの(**第21図**参照)．」

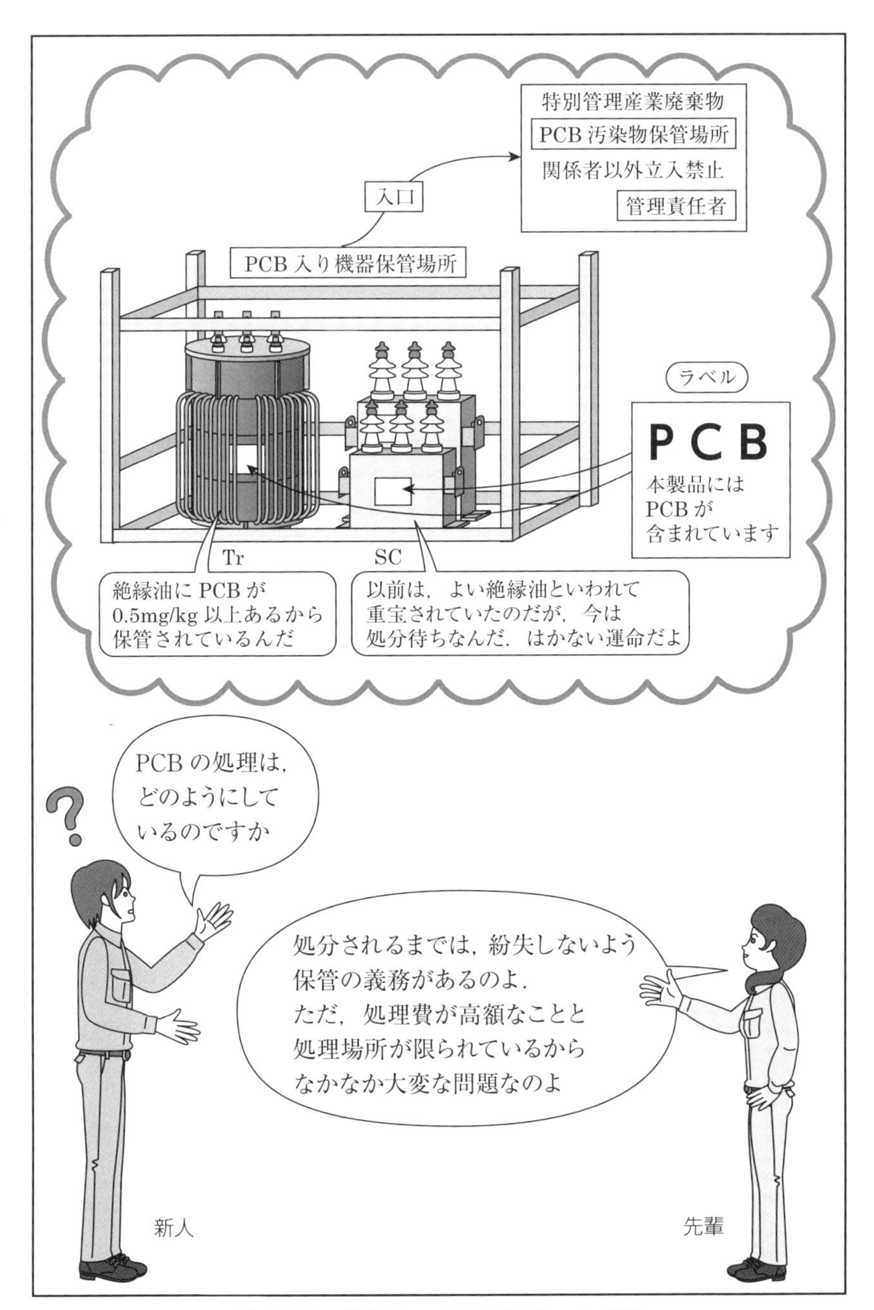

第21図　絶縁油のPCB 問題への対処

施設管理の疑問解決！

22 負荷率は，どのように管理するのかな？

「先輩．負荷率については，法規科目に頻繁に出てきます．理論的な計算問題として出題されていてほぼわかるのですが，現場ではどのように使われているのですか．」

「そうね．負荷率の定義は，$負荷率 = \dfrac{平均電力}{最大需要電力}$ [%]

すなわち，需要家の平均電力が最大電力に対して，どのくらいの割合になっているかを示す指標ね．最大電力が大きくなれば負荷率は下がり，電力の使用状態としては好ましくないわね．なぜなら，最大電力によって需要家の契約電力が決定されるため，負荷率が低いということは，電力料金のうちの基本料金が高くなるからなの．電力の低い時間帯においても，最大電力による基本料金を支払っていることになるの．逆に最大電力を抑えれば負荷率は上がって，需要家にとっては効率的な使用状態となるのよね．」

「オフィスビルや工場では，一般的に**第22図**のような日負荷曲線となり，昼間の使用時間帯にピークが発生し，夜間の電力は低いの．一方，特異な例だけど，私が主任技術者をしていた下水道処理施設では，図のように平均電力と最大電力がほぼ等しくて，負荷率は95 %以上を示して，限りなく100 %に近い状況だったわ．これは，処理水量が昼夜を問わず，ほぼ一定であったためであって，いわば理想的な使用状態（負荷率）なのよ．」

「オフィスビルではなかなか難しいけど，工場などでは，この昼間のピークを下げるために，一部の作業を夜間にシフトして，負荷率を上げる手法も実施されているわね．このことは，夜間の安価な電力を使用することで，電力量料金低減としても反映されているの．」

「そうか．電験では計算問題が解ければいいけど，実際，現場では負荷率の考え方を使って管理しているのだな．」

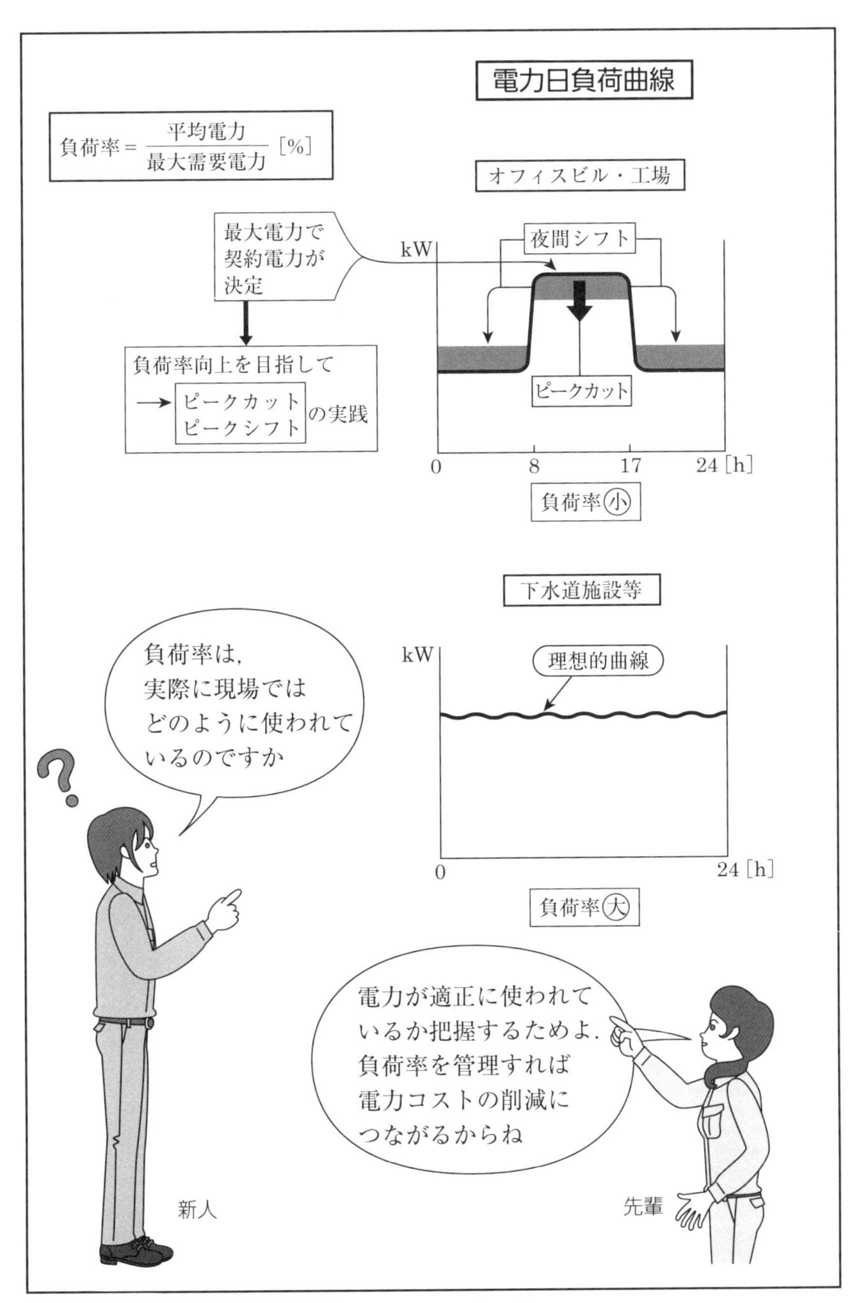
電力日負荷曲線
負荷率＝平均電力／最大需要電力［%］
オフィスビル・工場
最大電力で契約電力が決定
負荷率向上を目指して
→ピークカット ピークシフトの実践
kW
夜間シフト
ピークカット
0
8
17
24［h］
負荷率小
下水道施設等
kW
理想的曲線
0
24［h］
負荷率大
負荷率は，実際に現場ではどのように使われているのですか
電力が適正に使われているか把握するためよ．負荷率を管理すれば電力コストの削減につながるからね
新人
先輩

第22図　負荷率の管理

施設管理の疑問解決！

23

需要率，負荷率を求める問題はどのように解けばいいの？

「先輩．**第23図**のような日負荷曲線からどのようにして需要率や負荷率を求めればいいのですか．」「需要率は次式で表されるわね．」

$$需要率 = \frac{最大需要電力}{設備容量} \quad ①$$

「設備容量に対してどの程度，電力が使われているかを表す指標よ．電力管理には大切なことよ．まず，最大需要電力を求めるのよ．このような問題では，必ず負荷曲線が出てくるから，これを使って求めるの．手順としては，B工場の電力の上にA工場の電力を乗せて，A工場とB工場の合成需要電力のグラフを描くの．描いたグラフから合成需要電力の最大値を読み取ると，700 kWになるわね．A工場とB工場の設備容量の合計は，1 100 kWになるから，これを①式に当てはめると，63.6 %になるわね．」「次に負荷率だけど，

$$負荷率 = \frac{平均需要電力}{最大需要電力} \quad ②$$

設備が，どの程度有効に使われているかを表す指標よ．今度は合成平均需要電力を求める必要があるね．これはグラフから読み取って計算するのよ．

$$合成平均需要電力 = \frac{700 \times 6 + 500 \times 6 + 600 \times 6 + 700 \times 6}{24}$$

$= 625\ \mathrm{kW}$　　②式に代入すると，89.3 %になるわね．」

「ちなみに，この問題では問われていないけど，不等率があるわ．

$$不等率 = \frac{個々の需要家の最大需要電力の合計}{合成最大需要電力} \quad ③$$

不等率は必ず1より大きくなるわ．これはA工場とB工場の最大需要電力は通常，同時には発生しないからよ．計算すると，$(200 + 600)/700 = 1.14$になるわね．」「はい．」

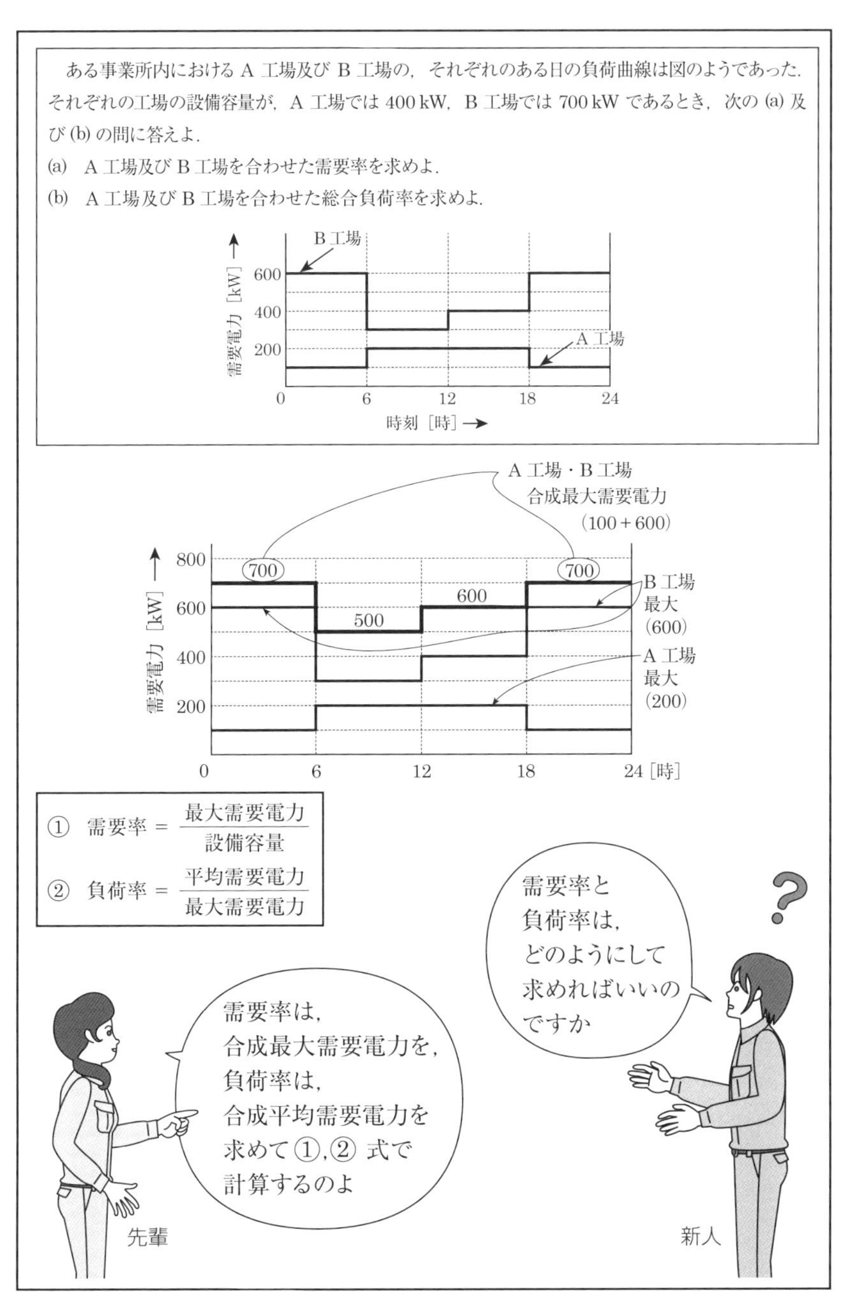

第23図　需要率，負荷率の求め方

施設管理の疑問解決！

24 太陽光発電所の絡んだ電力量を求める問題の解き方は？（その1）

「先輩．**第24図**のような太陽光発電所を設置したショッピングセンターの問題があったのですが，どこから手をつけたらいいのですか．」

「そうね．前提として，太陽光発電システムの理解が必要だわね．電力テーマ2で扱ったけど，太陽光発電所の発電電力が消費電力を上回った場合は，電力系統に逆に送電して買い取ってもらうわね．反対に太陽光発電所の発電だけでは足りないときは，電力会社から電力を供給してもらうのだったわね．」

「はい．そこは理解しています．」

「この類の問題は，最近頻出しているわ．最初に考えなければならないのは，次の各電力量よ．つまり，ここの施設では，

①　ショッピングセンターの消費電力量，

②　太陽光発電所の発電電力量，

③　太陽光発電所による自給電力量，

④　余剰電力が発生した場合の電力系統への送電電力量

なのよ．この四つの電力量の関係はわかるかな．」

「えーっと．①と②はわかりますが，③と④がはっきりしないです．」

「この問題では，そこが大切なのよ．消費電力量をⒶ，発電電力量をⒷ，自給電力量をⒸ，送電電力量をⒹとすると，

Ⓑ＝Ⓒ＋Ⓓ　　①

となるのよ．それからもう一つ，自給比率α[%]は，次の式で表されるわ．

$$\text{自給比率}\,\alpha=\frac{\text{自給電力量}}{\text{消費電力量}}=\frac{\text{Ⓒ}}{\text{Ⓐ}}\,[\%] \qquad ②$$

になるのよ．これがこの問題のポイントなのだけどわかったかな．」「はい．大分わかってきました．」「あとは，各電力量を図から計算で求めるだけよ．」「計算に当たって，**第25図**のⓍ，Ⓨ，Ⓩの時刻はどうやって求めればいいのですか．」

出力 600 kW の太陽電池発電所を設置したショッピングセンターがある．ある日の太陽電池発電所の発電の状況とこのショッピングセンターにおける電力消費は図に示すとおりであった．すなわち，発電所の出力は朝の6時から12時まで直線的に増大し，その後は夕方18時まで直線的に下降した．また，消費電力は深夜0時から朝の10時までは 100 kW，10時から17時までは 300 kW，17 時から 21 時までは 400 kW，21 時から 24 時は 100 kW であった．

このショッピングセンターは自然エネルギーの活用を推進しており太陽電池発電所の発電電力は自家消費しているが，その発電電力が消費電力を上回って余剰を生じたときは電力系統に送電している．次の(a)及び(b)の問に答えよ．

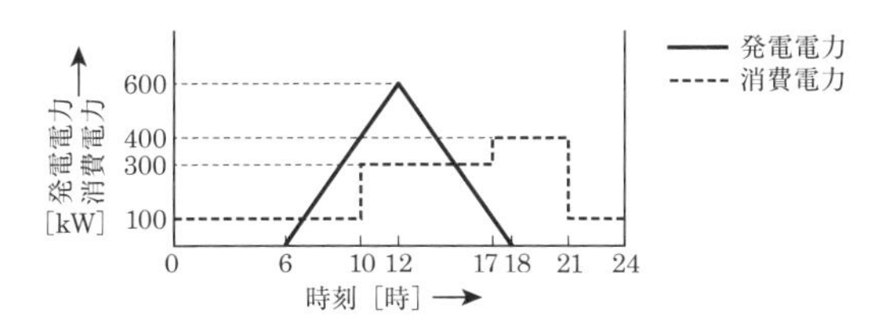

(a) この日，太陽電池発電所から電力系統に送電した電力量［kW･h］の値として，最も近いものを次の(1)～(5)のうちから一つ選べ．

(1) 900 (2) 1 300 (3) 1 500 (4) 2 200 (5) 3 600

(b) この日，ショッピングセンターで消費した電力量に対して太陽電池発電所が発電した電力量により自給した比率［%］として，最も近いものを次の(1)～(5)のうちから一つ選べ．

(1) 35 (2) 38 (3) 46 (4) 52 (5) 58

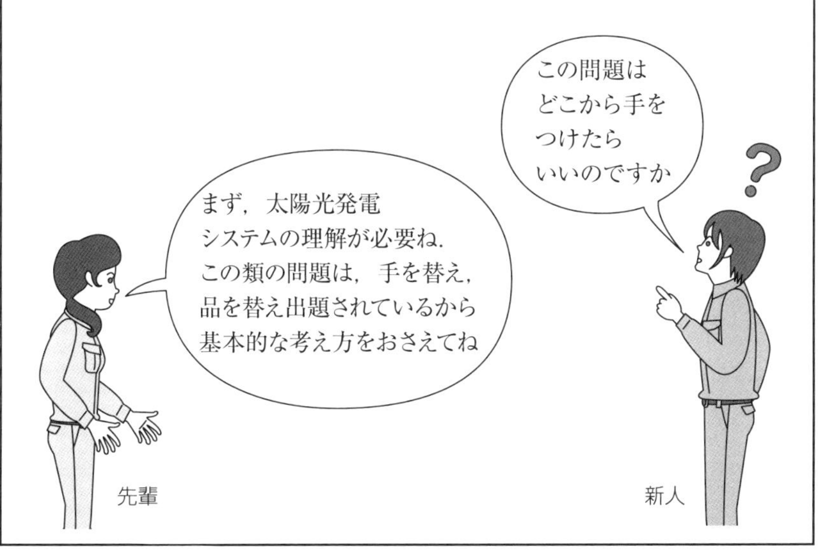

第24図 太陽光発電所の絡んだ電力量（その1）

施設管理の疑問解決！

25

太陽光発電所の絡んだ電力量を求める問題の解き方は？（その2）

「t_1は600：100＝6：xのようにしてね.」

「わかりました. $t_1 = 7$時, $t_2 = 14$時, $t_3 = 15$時ですね.」「そうよ.」

「では, 各電力量を計算します. 電力系統に送電した電力量を面積Ⓧ, Ⓨ, Ⓩに分けて考えると,

Ⓧ：$(400 - 100)\ \mathrm{kW} \times 3\ \mathrm{h} \times (1/2) = 450\ \mathrm{kW{\cdot}h}$

Ⓨ：$(600 - 400)\ \mathrm{kW} \times 4\ \mathrm{h} \times (1/2) = 400\ \mathrm{kW{\cdot}h}$

Ⓩ：$(400 - 300)\ \mathrm{kW} \times (4 + 5)\ \mathrm{h} \times (1/2) = 450\ \mathrm{kW{\cdot}h}$

よって, 送電電力量Ⓓ [kW·h] は

Ⓓ＝Ⓧ＋Ⓨ＋Ⓩ＝$450 + 400 + 450 = 1\,300\ \mathrm{kW{\cdot}h}$

となります.」「そうだね.」

「次にショッピングセンターで消費された電力量Ⓐ [kW·h]を求めます.

$$100\ \mathrm{kW} \times (10 - 0)\ \mathrm{h} + 300\ \mathrm{kW} \times (17 - 10)\ \mathrm{h} + 400\ \mathrm{kW} \times (21 - 17)\ \mathrm{h} + 100\ \mathrm{kW} \times (24 - 21)\ \mathrm{h} = 5\,000\ \mathrm{kW{\cdot}h}$$

太陽光発電所の発電電力量Ⓑ [kW·h] は,

$$600\ \mathrm{kW} \times (18 - 6)\ \mathrm{h} \times 1/2 = 3\,600\ \mathrm{kW{\cdot}h}$$

このなかで, 1 300 kW·hは, 設問(a)において, 送電した電力量であるから, 自給した電力量Ⓒは, ①式よりⒸ＝Ⓑ−Ⓓとなります.」

「それでいいわ.」

「Ⓒ＝$3\,600 - 1\,300 = 2\,300\ \mathrm{kW{\cdot}h}$となります. よって, 自給比率 α [%] は②式より

$$\alpha = \frac{Ⓒ}{Ⓐ} = \frac{2\,300}{5\,000} = 0.46 = 46\ \%$$ となります.」

「そうよ. それでいいわ. 各電力量の関係がわかっていれば, そんなに難しくはないわ. だけど, 試験時間が限られているから, この問題を短時間で解くのは至難の業かもしれないわね. 解答方針を素早く立てることと演算力の速さが求められているわね.」

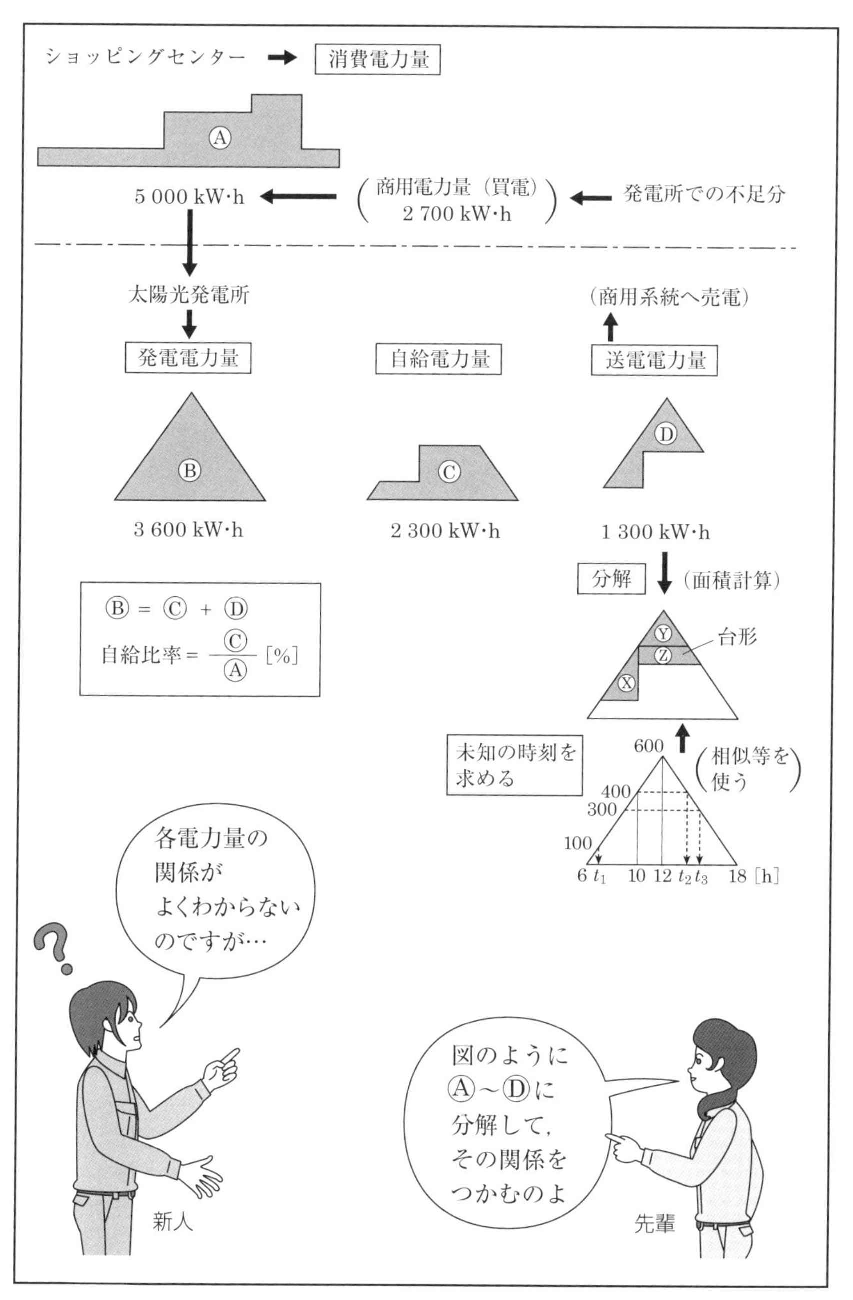

第25図　太陽光発電所の絡んだ電力量（その2）

索　引

記号

数字

アルファベット

あ行

か行

さ行

た行

な行

は行

ま行

や行

ら行

著者■**武智　昭博**（たけち　あきひろ）

略歴■1949年　愛媛県生まれ
「坂の上の雲」に登場する正岡子規が学んだ藩校・明教館，現愛媛県立松山東高等学校卒業．
1973年　山梨大学工学部電気工学科卒業．埼玉県庁に奉職．
自家用電気設備の設計・監理，メンテナンス，省エネ・省コスト等を手がける．
埼玉県荒川右岸下水道事務所電気保安担当部長．特別高圧自家用電気工作物の主任技術者として従事．
その後，東光電気工事株式会社環境企画室部長．省エネルギー・新エネルギー提案等を展開．併せて，社員の電験教育にも取り組む．
現在，電気技術コンサルタントとして活動．エネルギー管理や執筆に取り組む．

資格■第2種電気主任技術者・エネルギー管理士・1級電気工事施工管理技士・第1種電気工事士等合格

著書■自家用電気設備の疑問解決塾（オーム社）
イラストでわかる電気管理技術者100の知恵（電気書院）
イラストでわかる電力コスト削減現場の知恵（電気書院）
イラストでわかる電気管理技術者100の知恵PART2（電気書院）

イラストでわかる 電験3種疑問解決道場

2020年 5月31日　　第1版第1刷発行
2021年12月 3日　　第1版第2刷発行

著　者　武（たけ）　智（ち）　昭（あき）　博（ひろ）
発行者　田　中　聡

発　行　所
株式会社　電　気　書　院
ホームページ　www.denkishoin.co.jp
（振替口座　00190-5-18837）
〒101-0051　東京都千代田区神田神保町1-3ミヤタビル2F
電話(03)5259-9160／FAX(03)5259-9162

印刷　中央精版印刷株式会社
Printed in Japan／ISBN978-4-485-12034-7

書籍の正誤について

万一，内容に誤りと思われる箇所がございましたら，以下の方法でご確認いただきますようお願いいたします．

なお，正誤のお問合せ以外の書籍の内容に関する解説や受験指導などは**行っておりません**．このようなお問合せにつきましては，お答えいたしかねますので，予めご了承ください．

正誤表の確認方法

最新の正誤表は，弊社Webページに掲載しております．「キーワード検索」などを用いて，書籍詳細ページをご覧ください．

正誤表があるものに関しましては，書影の下の方に正誤表をダウンロードできるリンクが表示されます．表示されないものに関しましては，正誤表がございません．

弊社Webページアドレス
http://www.denkishoin.co.jp/

正誤のお問合せ方法

正誤表がない場合，あるいは当該箇所が掲載されていない場合は，書名，版刷，発行年月日，お客様のお名前，ご連絡先を明記の上，具体的な記載場所とお問合せの内容を添えて，下記のいずれかの方法でお問合せください．

回答まで，時間がかかる場合もございますので，予めご了承ください．

郵送先　〒101-0051
東京都千代田区神田神保町1-3
ミヤタビル2F
㈱電気書院　出版部　正誤問合せ係

FAXで問い合わせる　ファクス番号　**03-5259-9162**

ネットで問い合わせる　弊社Webページ右上の「**お問い合わせ**」から
http://www.denkishoin.co.jp/

お電話でのお問合せは，承れません

（2015年10月現在）